Android 工业平板电脑编程实例

周长锁　编著

電子工業出版社
Publishing House of Electronics Industry
北京 • BEIJING

内 容 简 介

Android 工业平板电脑按外形可分为便携式工业平板电脑和嵌入式工业平板电脑。便携式工业平板电脑要求防水、防尘、防震，在危险环境下使用还要求防爆，在工厂设备巡检、无线遥控操作中应用较多。嵌入式工业平板电脑通过串口通信或网络通信与工控产品连接，可替代传统触摸屏和工控机，安装到机柜或设备操作台上，作人机界面。本书针对上述应用，以具体实例讲解工业控制领域 Android App 的开发。

本书编程实例使用谷歌公司的 Android Studio 开发环境，由 Android Studio 常用控件应用实例、硬件接口应用实例和项目实例组成，读者需要有 Java 语言基础，对 XML 语言有所了解，通过对书中实例程序的学习，能较快入门 Android 编程。

本书适合 Android 初学者、 Android 物联网开发人员、Android 驱动开发人员、Android 应用开发人员阅读。

图书在版编目（CIP）数据

Android 工业平板电脑编程实例/周长锁编著. —北京：电子工业出版社，2019.7
ISBN 978-7-121-36769-4

Ⅰ. ①A… Ⅱ. ①周… Ⅲ. ①移动终端－应用程序－程序设计 Ⅳ. ①TN929.53

中国版本图书馆 CIP 数据核字（2019）第 106594 号

策划编辑：陈韦凯
责任编辑：康 霞
印　　刷：北京七彩京通数码快印有限公司
装　　订：北京七彩京通数码快印有限公司
出版发行：电子工业出版社
　　　　　北京市海淀区万寿路 173 信箱　邮编 100036
开　　本：787×1 092　1/16　印张：17　字数：432 千字
版　　次：2019 年 7 月第 1 版
印　　次：2021 年 1 月第 2 次印刷
定　　价：69.00 元

凡所购买电子工业出版社图书有缺损问题，请向购买书店调换。若书店售缺，请与本社发行部联系，联系及邮购电话：（010）88254888，88258888。

质量投诉请发邮件至 zlts@phei.com.cn，盗版侵权举报请发邮件至 dbqq@phei.com.cn。

本书咨询联系方式：chenwk@phei.com.cn，（010）88254441。

前　言

Android 系统的开放性使其应用范围从手机到智能设备和可穿戴设备，再到工业控制，越来宽广，本书通过实例重点讲解了工业控制方面的 Android 编程，对基于 Android 系统的智能设备和物联网设备开发编程也具有一定的参考价值。

谷歌公司推出的 Android Studio 是面向对象的 Android 集成开发工具，能让初学者很快掌握 Android 编程。Android Studio 的版本更新较快，本书实例使用的是 2018 年 7 月推出的 3.1.4 稳定版，支持的最高版本为 Android 8.0。

本书共分为 9 章，其中第 1～3 章介绍 Android Studio 编程基础、常用控件和数据处理；第 4 章介绍 Android 工业平板电脑硬件接口编程方法，包括蓝牙、WiFi、GPS、NFC、串口和以太网接口；第 5~8 章则是每章介绍 1 个具体的项目实例，第 9 章介绍工业平板电脑与西门子 PLC、欧姆龙 PLC 的通信。各章节的具体内容安排如下。

第 1 章介绍了常见工业平板电脑的特点和应用范围，重点讲解了 Android Studio 开发环境搭建和使用方法。

第 2 章介绍了 Android Studio 常用控件的使用方法及程序界面中的控件布局方法，用 8 个实例分别讲解了 TextView、ListView、ImageView、Button、Switch、Spinner 和 EditText 控件的应用，用 4 个实例讲解了界面布局及多界面切换的方法。

第 3 章介绍了 Android 数据处理和数据类型的基础知识，包含文件操作、数据库操作、文件与数据库的数据交换及不同数据类型的转换方法。

第 4 章介绍了蓝牙、WiFi、GPS、NFC、串口和以太网接口等硬件接口的编程方法。其中蓝牙部分详细讲解了低功耗蓝牙的应用方法，串口部分讲解了 USB 转串口的实现方法。

第 5 章介绍了便携式工业平板电脑在工厂动设备巡检方面的应用编程。利用工业平板电脑蓝牙接收传感器数据，既可以将巡检数据集中上传至巡检管理系统，也可以查看振动波形和频谱波形，辅助分析振动原因。

第 6 章介绍了便携式工业平板电脑在工控装置遥控方面的应用编程。将一套油田用采油管线解堵装置加装了 WiFi 遥控接口，使用工业平板电脑实现 WiFi 遥控功能。

第 7 章介绍了嵌入式工业平板电脑在低压抽屉柜无线测温系统中的应用。工业平板电脑通过串口接收温度数据，实现数据显示、超限报警、历史趋势查询功能。

第 8 章介绍了嵌入式工业平板电脑在高压配电所运行监控系统中的应用。工业平板电脑通过以太网接口和微机综合保护装置通信，通过串口和配电所内直流电源、小电流选线装置等装置通信，把数据统一上传至运行值班室，实现高压配电所的远程监控。

第 9 章介绍了嵌入式工业平板电脑通过串口或以太网与 PLC 通信的编程。测试的 PLC 包括西门子的 S7-200 SMART 和欧姆龙的 CJ2M。

为方便读者测试学习，本书提供实例源程序下载，读者可以登录 www.hxedu.com.cn（华信教育资源网）查找本书后免费下载。

由于编者理论知识有限，书中的错误和不妥之处在所难免，殷切期望广大读者给予指正。

编著者

目　　录

第 1 章　Android Studio 编程基础 …… (1)

1.1　Android 工业平板电脑简介 …… (1)

1.2　Android Studio 开发环境的搭建 …… (3)

1.2.1　安装 JDK …… (3)

1.2.2　安装 Android Studio …… (8)

1.3　Android Studio 开发环境简介 …… (16)

1.3.1　第一个 Android Studio 项目 …… (16)

1.3.2　Android Studio 开发环境界面的组成 …… (20)

1.3.3　项目的常用操作 …… (22)

第 2 章　Android Studio 常用控件 …… (27)

2.1　控件应用基础 …… (27)

2.1.1　控件选取 …… (27)

2.1.2　控件属性 …… (28)

2.2　显示输出控件 …… (29)

2.2.1　TextView 控件 …… (29)

2.2.2　ListView 控件 …… (32)

2.2.3　ImageView 控件 …… (35)

2.3　输入控件 …… (37)

2.3.1　Button 控件 …… (37)

2.3.2　Switch 控件 …… (39)

2.3.3　Spinner 控件 …… (41)

2.3.4　EditText 控件 …… (42)

2.4　控件布局 …… (45)

2.4.1　常用布局 …… (45)

2.4.2　布局组合与嵌套 …… (45)

2.4.3　多界面切换 …… (45)

第 3 章　Android 数据处理 …… (57)

3.1　文件操作 …… (57)

3.1.1　文件的存储位置 …… (57)

3.1.2　文件操作相关的类 …… (58)

3.1.3 文件操作的步骤 …… (60)
3.2 SQLite 数据库 …… (66)
3.2.1 SQLiteDatabase 类的常用方法 …… (66)
3.2.2 创建数据库 …… (68)
3.2.3 记录的操作 …… (70)
3.3 数据库与文件 …… (72)
3.3.1 CSV 文件 …… (72)
3.3.2 记录导入与导出 …… (73)
3.4 数据类型及其转换 …… (77)
3.4.1 基本数据类型 …… (77)
3.4.2 基本数据类型之间的转换 …… (78)
3.4.3 String 类的常用方法 …… (79)
3.4.4 String 类与数值之间的转换 …… (79)
3.4.5 Date 类转 String 类 …… (80)
第 4 章 Android 工业平板电脑的硬件接口 …… (81)
4.1 蓝牙 …… (81)
4.1.1 蓝牙通信相关的类 …… (81)
4.1.2 蓝牙通信步骤 …… (82)
4.1.3 低功耗蓝牙特点 …… (91)
4.1.4 低功耗蓝牙通信 …… (92)
4.2 WiFi …… (101)
4.2.1 WiFi 操作相关类 …… (101)
4.2.2 Socket 通信 …… (106)
4.3 GPS …… (111)
4.3.1 GPS 相关的类 …… (111)
4.3.2 GPS 远程定位 …… (114)
4.4 NFC …… (122)
4.4.1 NFC 简介 …… (122)
4.4.2 读取 NFC 标签 ID 值 …… (123)
4.5 串口 …… (125)
4.5.1 嵌入式平板电脑串口 …… (125)
4.5.2 串口通信步骤 …… (126)
4.5.3 CH341 串口 Android 驱动 …… (129)
4.5.4 USB 转串口通信步骤 …… (131)
4.6 以太网接口 …… (135)
4.6.1 以太网通信参数设置 …… (135)
4.6.2 以太网 Socket 通信 …… (135)

4.7　其他接口 …… (141)

第 5 章　工厂动设备巡检 …… (143)

5.1　项目概况 …… (143)

5.1.1　项目任务 …… (143)

5.1.2　项目技术方案 …… (143)

5.2　动设备巡检程序设计 …… (145)

5.2.1　程序界面设计 …… (145)

5.2.2　程序代码编写 …… (146)

5.2.3　动设备巡检步骤 …… (157)

5.3　动设备振动分析程序设计 …… (158)

5.3.1　分析用无线振动传感器 …… (158)

5.3.2　程序界面设计 …… (159)

5.3.3　程序代码编写 …… (159)

5.3.4　测试效果 …… (165)

第 6 章　采油管线解堵装置遥控 …… (167)

6.1　项目概况 …… (167)

6.1.1　原控制系统组成 …… (167)

6.1.2　遥控改造方案 …… (168)

6.2　遥控 App …… (172)

6.2.1　程序界面设计 …… (172)

6.2.2　程序代码编写 …… (173)

6.2.3　程序测试 …… (183)

第 7 章　低压抽屉柜无线测温 …… (184)

7.1　项目概况 …… (184)

7.1.1　项目任务 …… (184)

7.1.2　项目技术方案 …… (184)

7.2　Android 程序设计 …… (186)

7.2.1　程序界面设计 …… (186)

7.2.2　程序代码的编写 …… (186)

7.2.3　程序测试 …… (199)

第 8 章　高压配电所运行监控 …… (201)

8.1　项目概况 …… (201)

8.1.1　项目任务 …… (201)

8.1.2　项目技术方案 …… (201)

8.2　电力设备通信规约 …… (201)

8.2.1　小电流接地选线装置通信规约 …… (201)

8.2.2 直流电源通信规约 …… (202)
8.2.3 电度表通信规约 …… (203)
8.2.4 微机综合保护器通信 …… (204)
8.3 工业平板电脑 Android 程序 …… (208)
8.3.1 程序界面设计 …… (208)
8.3.2 程序代码的编写 …… (209)
8.3.3 程序测试 …… (221)
第 9 章 工业平板电脑与 PLC 通信 …… (223)
9.1 与西门子 S7-200 SMART 串口通信 …… (223)
9.1.1 S7-200 PPI 协议简介 …… (223)
9.1.2 PPI 协议通信测试 …… (230)
9.2 与西门子 S7-200 SMART 以太网通信 …… (237)
9.2.1 S7-200 SMART 开放式 TCP 通信 …… (237)
9.2.2 S7-200 SMART Modbus TCP 通信 …… (241)
9.3 与欧姆龙 CJ2M 串口通信 …… (244)
9.3.1 欧姆龙 Hostlink/C-mode 协议简介 …… (244)
9.3.2 Hostlink 协议通信测试 …… (246)
9.4 与欧姆龙 CJ2M 以太网通信 …… (251)
9.4.1 欧姆龙 FINS/TCP …… (251)
9.4.2 FINS/TCP 通信测试 …… (255)
参考文献 …… (262)

第 1 章　Android Studio 编程基础

Android 工业平板电脑的开发环境与普通 Android 手机一样，使用谷歌公司的 Android 平台集成开发环境 Android Studio。早期使用 Eclipse ADT（Android Development Tools）编写的 Android 程序可以在 Android Studio 中导入后直接使用。本章先介绍常见 Android 工业平板电脑及其 Android Studio 开发环境的建立，然后演示项目从建立到在工业平板电脑上运行的过程。

1.1　Android 工业平板电脑简介

Android 工业平板电脑按外形可分为便携式工业平板电脑和嵌入式工业平板电脑。

便携式工业平板电脑主要用于工厂内员工巡检、数据采集、设备遥控等方面，与普通平板电脑相比，其主要特点是外壳更坚实，有软胶作为跌落防护，外部接口均由挡板密封，用于防水、防尘，在爆炸危险环境下使用还要求防爆。

嵌入式工业平板电脑一般安装在机柜或其他设备上作人机界面，广泛应用于仪器仪表、工业自动化、医疗设备、电力电气设备等领域，其主要特点是有丰富的外部通信接口，基本的配置为有多个 USB、RS-232 和 RS-485 通信接口，以及 1～2 个以太网接口，有特殊需要时还可配置 CAN 通信接口和各种无线通信接口。

1. 便携式工业平板电脑

某款 7 寸（1 寸约等于 3.33cm）便携式工业平板电脑外形如图 1-1 所示。背部可加装绑带便于固定在手上，也可加装背带跨在身上。

（a）正面

（b）背面

图 1-1　某款 7 寸便携式工业平板电脑外形

防护等级：IP67。其中：

- IP 代表外壳的防护等级。
- 6 代表固态防护等级最高的“尘密”。
- 7 代表液态防护等级为“防短时浸泡”。

便携式工业平板电脑要有较好的抗跌落、抗冲击性能，能通过 1.8m 自由落体试验，屏幕采用强化玻璃盖板，可抗击 200g 钢球从 50cm 高度自由落体冲击。多数用于户外工作，需要耐受变化较大的环境温度。

某款防爆便携式工业平板电脑外形如图 1-2 所示。其显著特点就是有防爆标志，如图 1-3 所示，其中：

- Ex 表示“防爆”。
- ib 表示正常工作和一个故障条件下不能引起点燃的本质安全型电气设备。
- IIC 表示防爆气体分类为氢和乙炔。
- T5 表示防爆的最高温度为 100℃。
- Gb 表示设备适用于危险场所分类的 1 区或 2 区，不能用于 0 区。

（a）正面

（b）背面

图 1-2　某款防爆便携式工业平板电脑外形

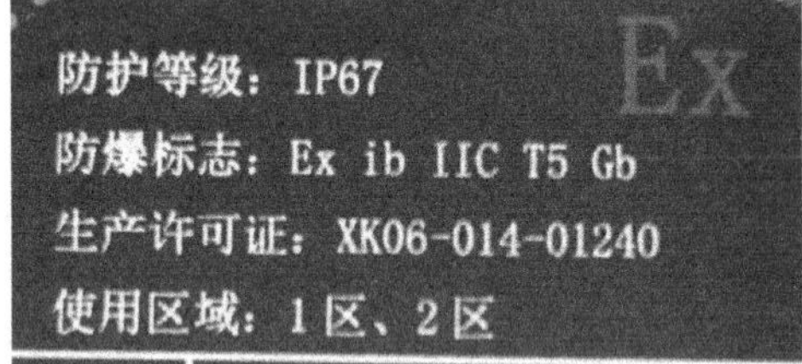

图 1-3　防爆标志

2. 嵌入式工业平板电脑

广州微嵌计算机科技有限公司的 7 寸嵌入式工业平板电脑外形如图 1-4 所示。

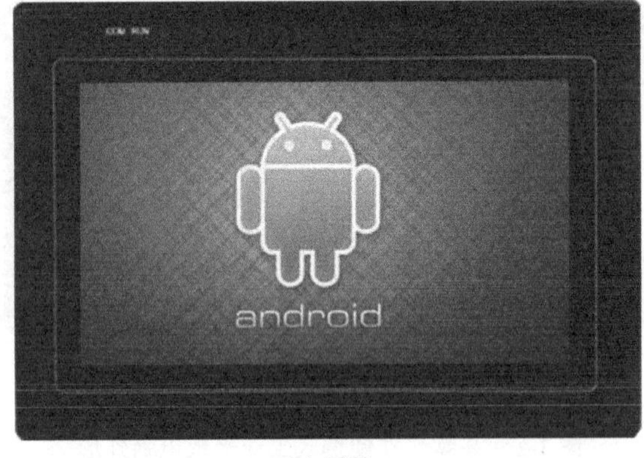

（a）正面

图 1-4　嵌入式工业平板电脑外形

(b) 背面

图 1-4 嵌入式工业平板电脑外形（续）

硬件接口有：

（1）四路三线制 RS-232 串口(COM1、COM2、COM3、COM4)，其中两路(COM1、COM2)可做 RS-485 接口。

（2）一路 USB Device 接口，支持与 PC 同步联调程序或文件传送等。

（3）二路 USB Host 接口，支持 U 盘、键盘、鼠标等设备。

（4）一路 100Mb/s 的以太网接口。

（5）一个 MicroSD 卡槽，支持 MicroSD 卡（TF 卡）的外部扩展。

（6）可选配内置 CAN 总线、WiFi 及蓝牙模块，标配不带。

嵌入式工业平板电脑的一些硬件接口，如串口、RS-485、CAN 总线等属于专用接口，在编程时必须使用厂家封装好的操控该产品硬件的类，编写好的程序无法在其他品牌平板电脑上运行，不具有通用性。

1.2 Android Studio 开发环境的搭建

1.2.1 安装 JDK

1. JDK 安装程序的下载

JDK（Java Development Kit）是 Java 语言的软件开发工具包，也是 Android 程序运行的基础。JDK 可以到官网（https://www.oracle.com/index.html）下载，最新版本是 JDK10，一般不推荐使用最新版本，JDK8 的下载页面如图 1-5 所示。先选中“Accept License Agreement”，再选择对应操作系统的文件，如计算机操作系统是 64 位 WIN7，可选择最后的“jdk-8u181-windows-x64.exe”，单击后开始下载，下载后的 JDK8 程序图标如图 1-6 所示。

https://www.oracle.com/technetwork/java/javase/downloads/jdk8-downloads-2133151.html

Java SE Development Kit...

ORACLE　Menu　Sign In　Country/Region　Call

Oracle Technology Network / Java / Java SE / Downloads

Java SE
Java EE
Java ME
Java SE Subscription
Java Embedded
Java Card
Java TV
Community
Java Magazine

Overview　Downloads　Documentation　Community　Technologies　Training

Java SE Development Kit 8 Downloads

Thank you for downloading this release of the Java™ Platform, Standard Edition Development Kit (JDK™). The JDK is a development environment for building applications, applets, and components using the Java programming language.

The JDK includes tools useful for developing and testing programs written in the Java programming language and running on the Java platform.

See also:

- Java Developer Newsletter: From your Oracle account, select **Subscriptions**, expand **Technology**, and subscribe to **Java**.
- Java Developer Day hands-on workshops (free) and other events
- Java Magazine

JDK 8u181 checksum

Java SE Development Kit 8u181

You must accept the Oracle Binary Code License Agreement for Java SE to download this software.

○ Accept License Agreement　○ Decline License Agreement

Product / File Description	File Size	Download
Linux ARM 32 Hard Float ABI	72.95 MB	jdk-8u181-linux-arm32-vfp-hflt.tar.gz
Linux ARM 64 Hard Float ABI	69.89 MB	jdk-8u181-linux-arm64-vfp-hflt.tar.gz
Linux x86	165.06 MB	jdk-8u181-linux-i586.rpm
Linux x86	179.87 MB	jdk-8u181-linux-i586.tar.gz
Linux x64	162.15 MB	jdk-8u181-linux-x64.rpm
Linux x64	177.05 MB	jdk-8u181-linux-x64.tar.gz
Mac OS X x64	242.83 MB	jdk-8u181-macosx-x64.dmg
Solaris SPARC 64-bit (SVR4 package)	133.17 MB	jdk-8u181-solaris-sparcv9.tar.Z
Solaris SPARC 64-bit	94.34 MB	jdk-8u181-solaris-sparcv9.tar.gz
Solaris x64 (SVR4 package)	133.83 MB	jdk-8u181-solaris-x64.tar.Z
Solaris x64	92.11 MB	jdk-8u181-solaris-x64.tar.gz
Windows x86	194.41 MB	jdk-8u181-windows-i586.exe
Windows x64	202.73 MB	jdk-8u181-windows-x64.exe

Java SDKs and Tools
Java SE
Java EE and Glassfish
Java ME
Java Card
NetBeans IDE
Java Mission Control

Java Resources
Java APIs
Technical Articles
Demos and Videos
Forums
Java Magazine
Developer Training
Tutorials
Java.com

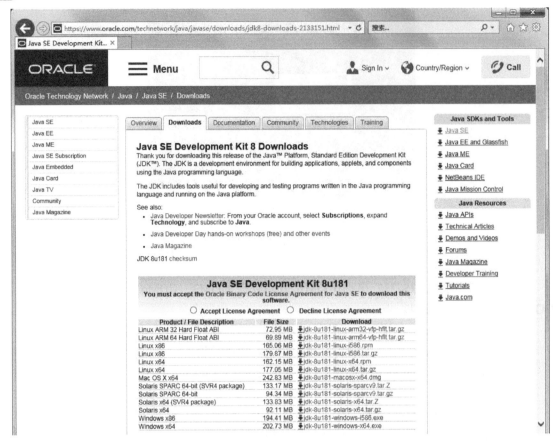

图 1-5　JDK8 的下载页面

2. JDK 安装程序的运行

JDK8 的安装界面如图 1-7 所示，直接单击“下一步”按钮即可完成安装。

jdk-8u181-windows-x64

图 1-6　JDK8 程序图标

3. 配置环境变量

JDK 安装完成后需要配置环境变量，进入配置环境变量界面的路径如图 1-8 所示，选择“控制面板→系统和安全→系统”，选择“高级系统设置”，弹出“系统属性”对话框，在“高级”选项卡下方就是“环境变量”按钮。需要配置的环境变量有 JAVA_HOME、PATH 和 CLASSPATH。

1）配置 JAVA_HOME

进入配置环境变量对话框后，单击“系统变量”中的“新建”按钮，弹出“新建系统变量”对话框，如图 1-9 所示，图中变量名填写“JAVA_HOME”，变量值填写 JDK 的安装路径“C:\Program Files\Java\jdk1.8.0_181”，然后单击“确定”按钮。创建完则可以利用%JAVA_HOME%作为引用 JDK 的路径。

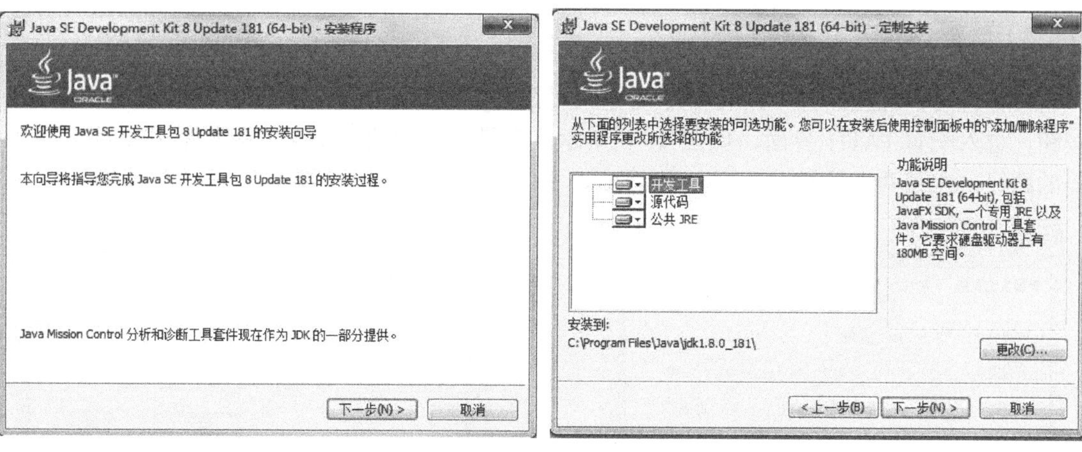

图 1-7　JDK8 的安装界面

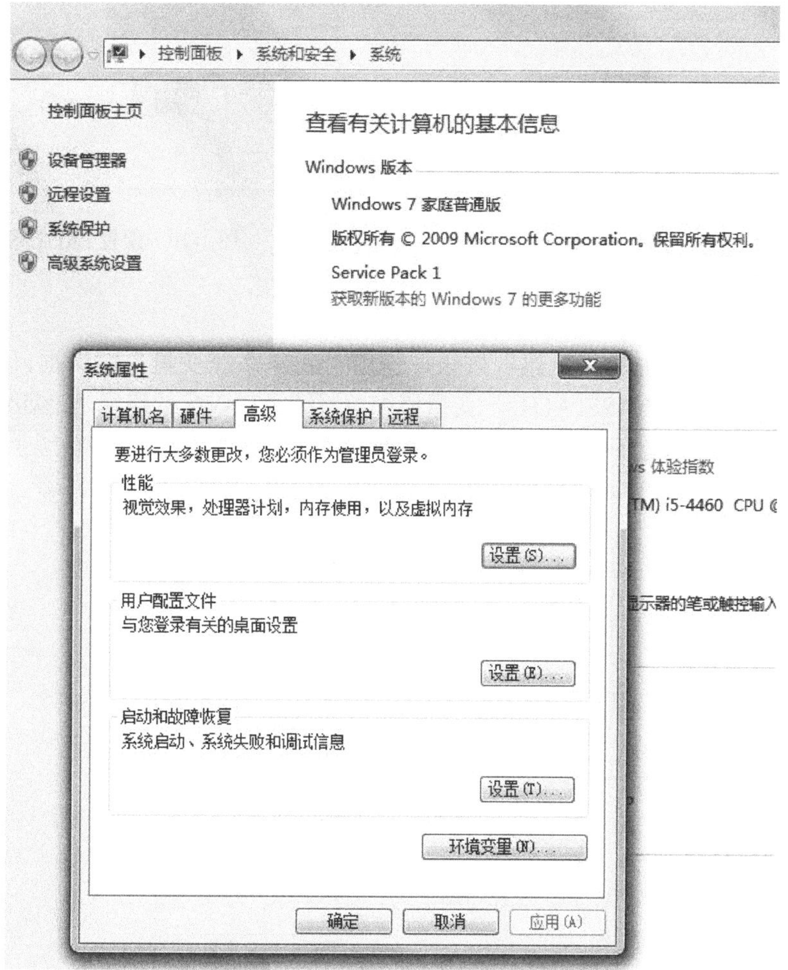

图 1-8　进入配置环境变量界面的路径

2）配置 PATH

PATH 用于配置路径，简化命令的输入。在系统变量中找到 PATH，然后单击“编辑”按钮，进入配置 PATH 界面，如图 1-10 所示，变量名不用改，变量值为多个用分号（;）分隔的路径，在某两个路径中间插入“%JAVA_HOME%\bin;”，然后单击“确定”按钮。

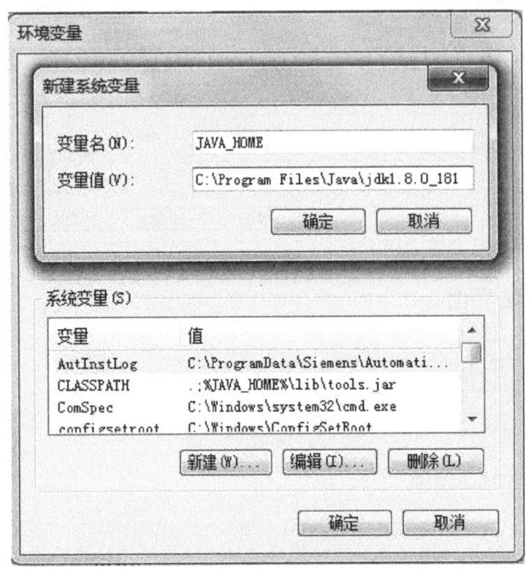

图 1-9　配置 JAVA_HOME

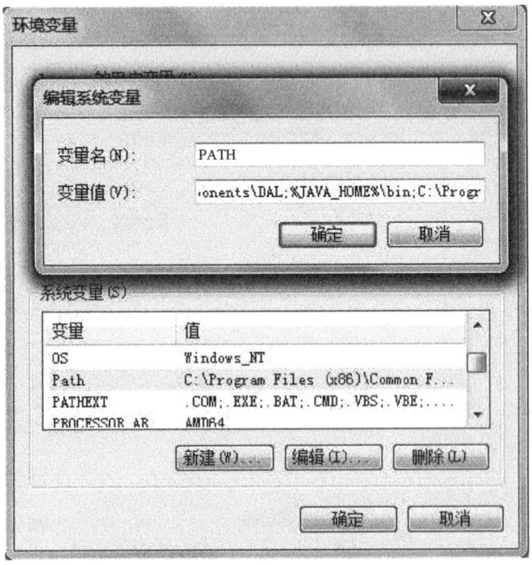

图 1-10　配置 PATH 界面

3）配置 CLASSPATH

单击“系统变量”中的“新建”按钮，弹出“新建系统变量”对话框，如图 1-11 所示，在变量名中填写“CLASSPATH”，变量值中填写编译 JAVA 的路径“.;%JAVA_HOME%\lib\tools.jar”，其中“.;”表示 JVM 先搜索当前目录。

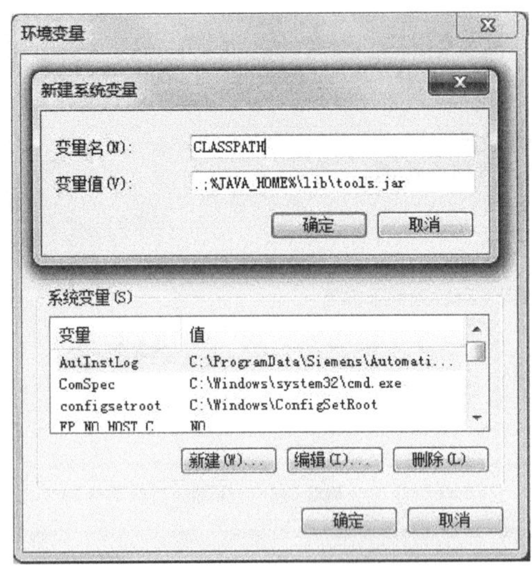

图 1-11　配置 CLASSPATH

配置完毕后，测试 JDK 是否安装成功的界面如图 1-12 所示，通过 cmd 运行命令：java -

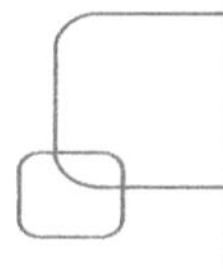

version，如果返回 JDK 版本信息，则说明 JDK 安装成功。

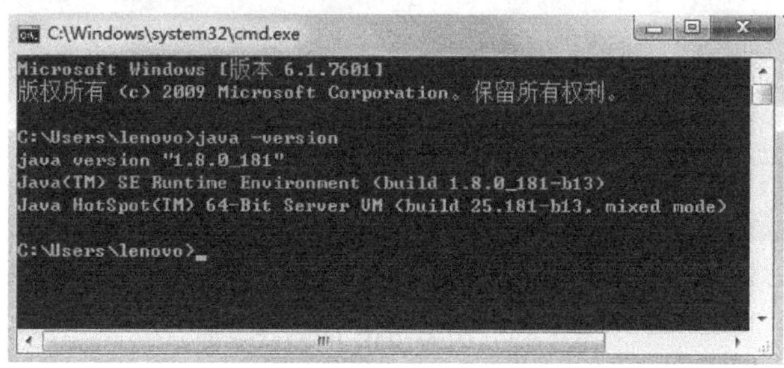

图 1-12　测试 JDK 是否安装成功的界面

4．使用 Android Studio 内嵌的 JDK

Android Studio 会自动安装好 JDK，默认的设置是使用内嵌 JDK，内嵌 JDK 的安装路径如图 1-13 所示，安装在“C:\Program Files\Android\Android Studio\jre”，如果想使用自己安装的 JDK，需要将路径设为自己安装的 JDK 路径，如“C:\Program Files\Java\jdk1.8.0_181”，同时取消“Use embedded JDK(recommended)”选择。

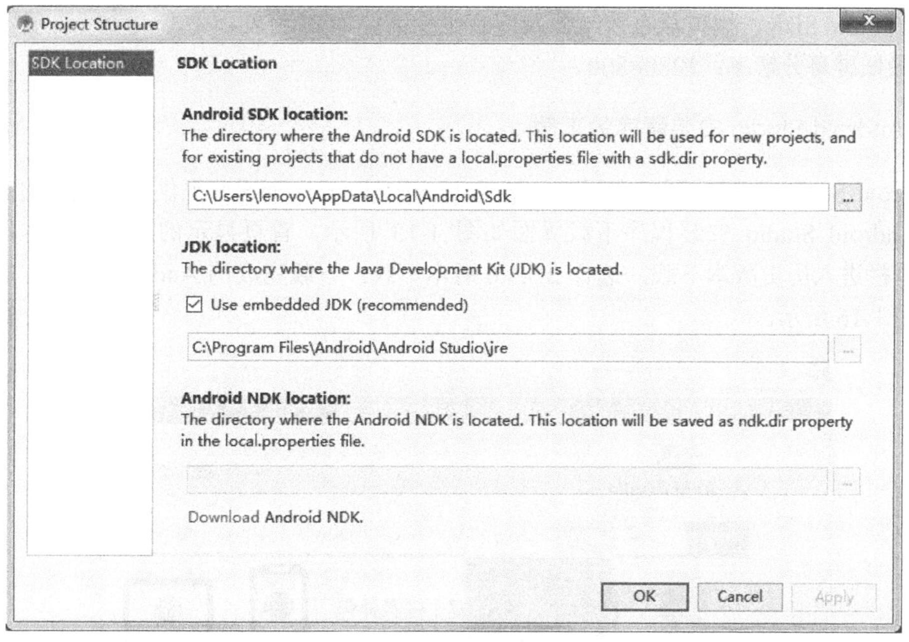

图 1-13　内嵌 JDK 的安装路径

Android Studio 内嵌的 JDK 不需要配置环境变量，如果有其他程序需要使用该 JDK，则需要配置环境变量才可以用，只需配置 JAVA_HOME 和 PATH，配置方法同上，其中 JAVA_HOME 变量值填写内嵌 JDK 的安装路径“C:\Program Files\Android\Android Studio\jre”，PATH 的变量值新增“%JAVA_HOME%\bin;%JAVA_HOME%\jre\bin;”配置完毕后，内嵌 JDK 的测试界面如图 1-14 所示，通过 cmd 运行命令：java -version，返回内嵌 JDK 的版本信息，比自己手动安装的 JDK 版本稍低。

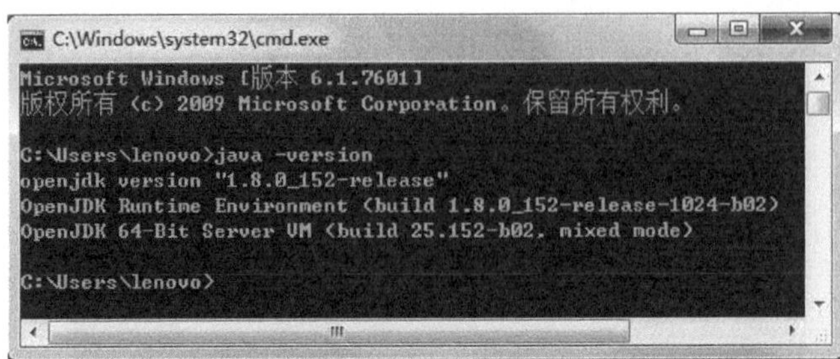

图 1-14　内嵌 JDK 的测试界面

1.2.2　安装 Android Studio

1．系统要求

- Microsoft® Windows® 8/7/Vista/2003（32 位或 64 位）。
- 最低 2GB RAM，推荐 4GB RAM。
- 400MB 硬盘空间。
- Android SDK、模拟器系统映像及缓存至少需要 1GB 空间。
- 最低屏幕分辨率：1280×800。

2．Android Studio 安装程序的下载

Android Studio 中文社区（官网 http://www.android-studio.org/）提供各种版本的安装程序下载。Android Studio 安装程序下载界面如图 1-15 所示，首页显示的是最新版本，在“下载”菜单栏进入历史版本下载，选择 2.3.3.0 版本下载，下载完成的 Android Studio 安装程序图标如图 1-16 所示。

（a）最新版本

图 1-15　Android Studio 安装程序下载界面

（b）历史版本

图 1-15 Android Studio 安装程序下载界面（续）

图 1-16 下载完成的 Android Studio 安装程序图标

3. Android Studio 安装程序运行

Android Studio 安装过程界面如图 1-17 所示，按提示操作逐步完成程序安装。

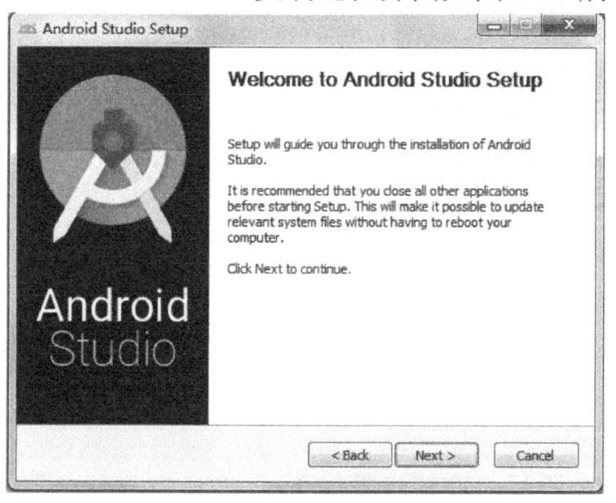

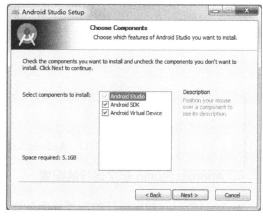

（1）开始安装　　　　（2）安装选项

图 1-17 Android Studio 安装过程界面

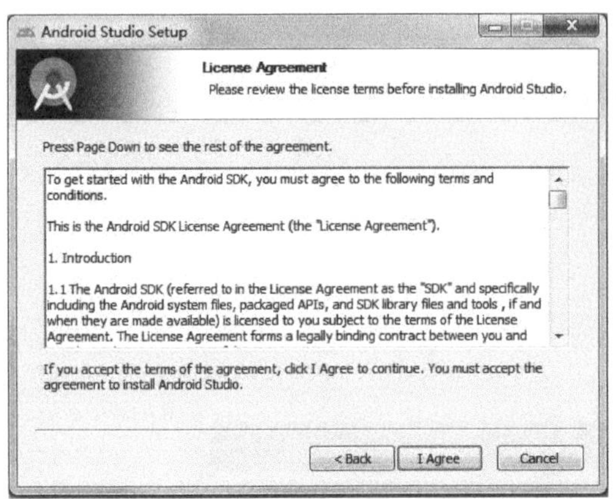

（3）许可协议

（4）安装路径

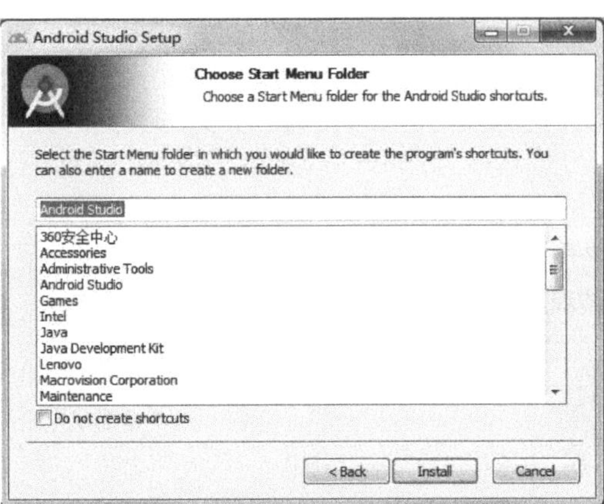

（5）选择快捷方式

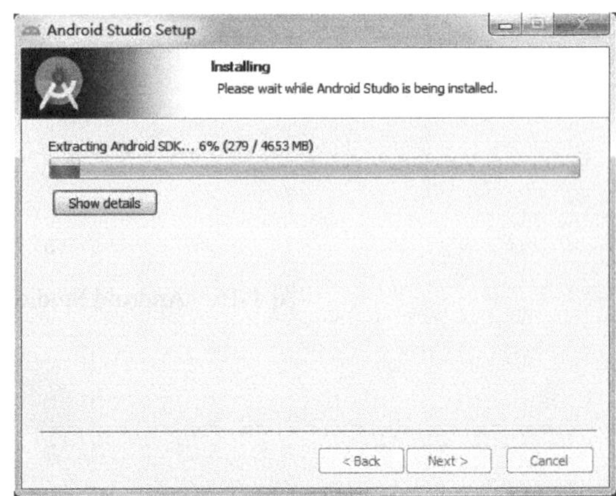

（6）安装中

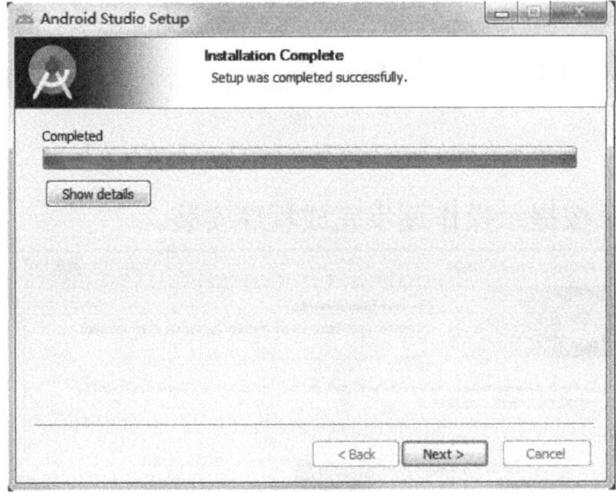

（7）安装成功

（8）安装完成

图 1-17　Android Studio 安装过程界面（续）

4. Android Studio 初次运行的配置

Android Studio 初次运行的配置界面如图 1-18 所示，安装步骤如下：

（1）配置选项，在选择导入原有配置还是重新配置时，一般选择后者。

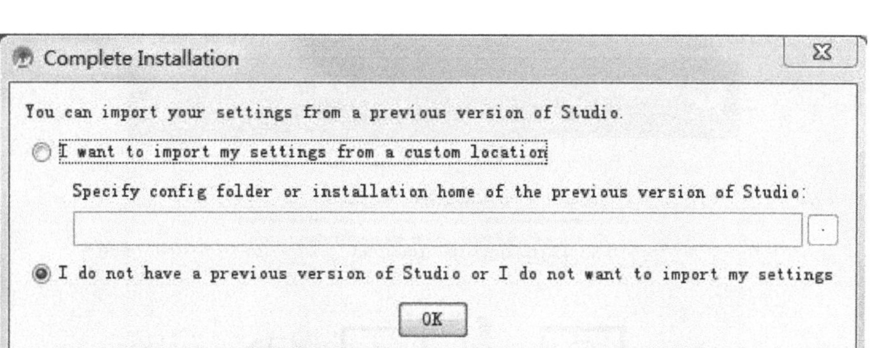

（1）配置选项

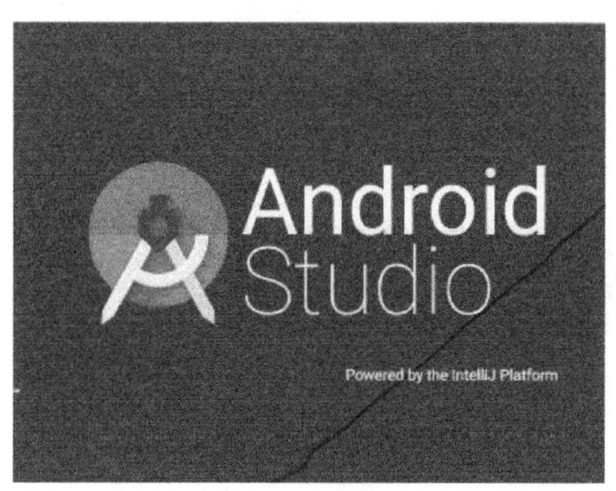

（2）启动安装程序界面

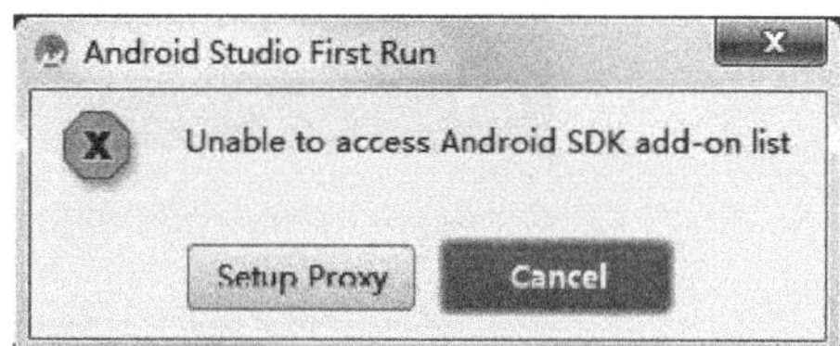

（3）SDK 检测对话框

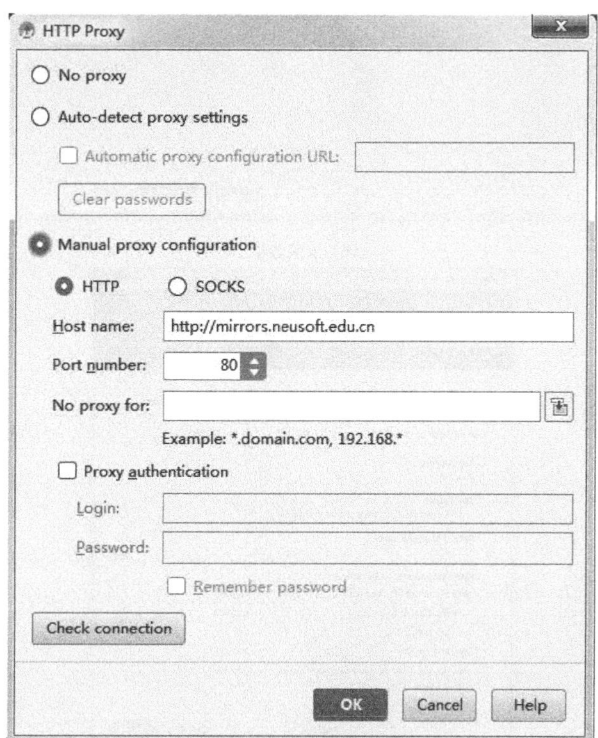

（4）SDK 下载代理设置对话框

图 1-18　Android Studio 初次运行的配置界面

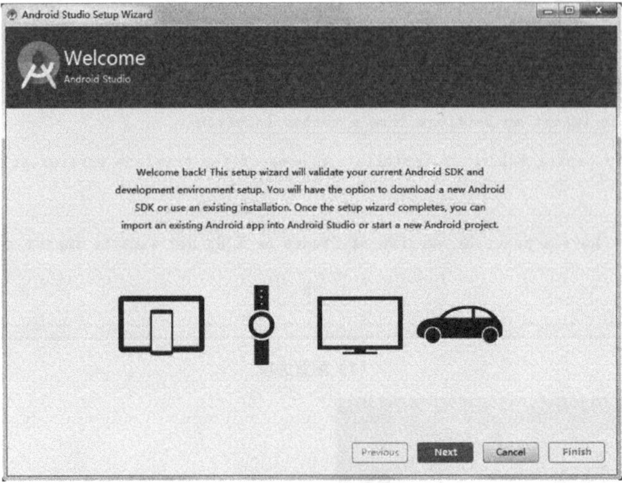

（5）开始安装 SDK

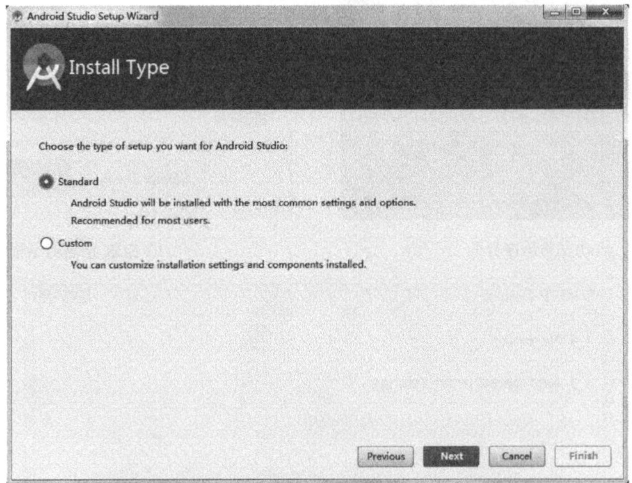

（6）安装选项

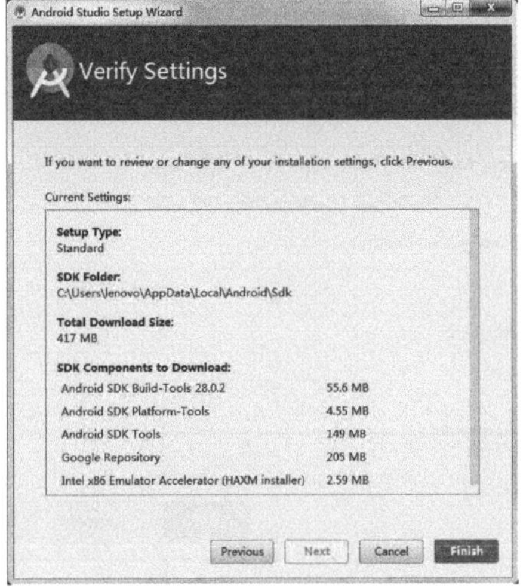

（7）选项列表

图 1-18 Android Studio 初次运行的配置界面（续）

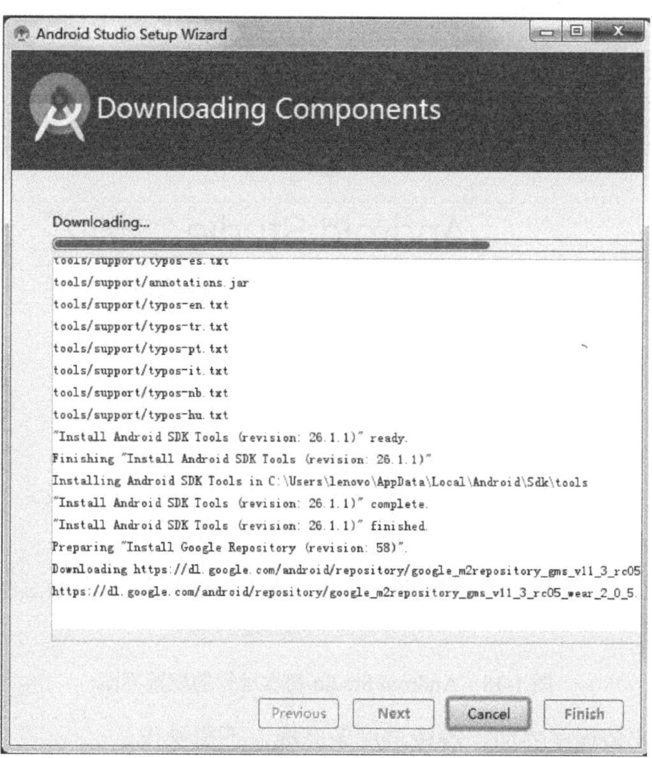

（8）自动下载，解压并安装 SDK

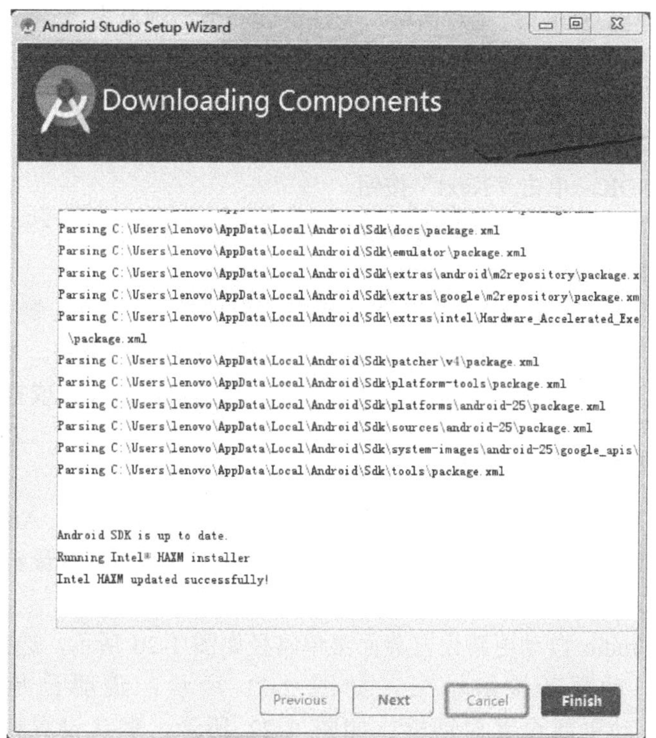

（9）SDK 和 Intel 的硬件加速安装成功

图 1-18　Android Studio 初次运行的配置界面（续）

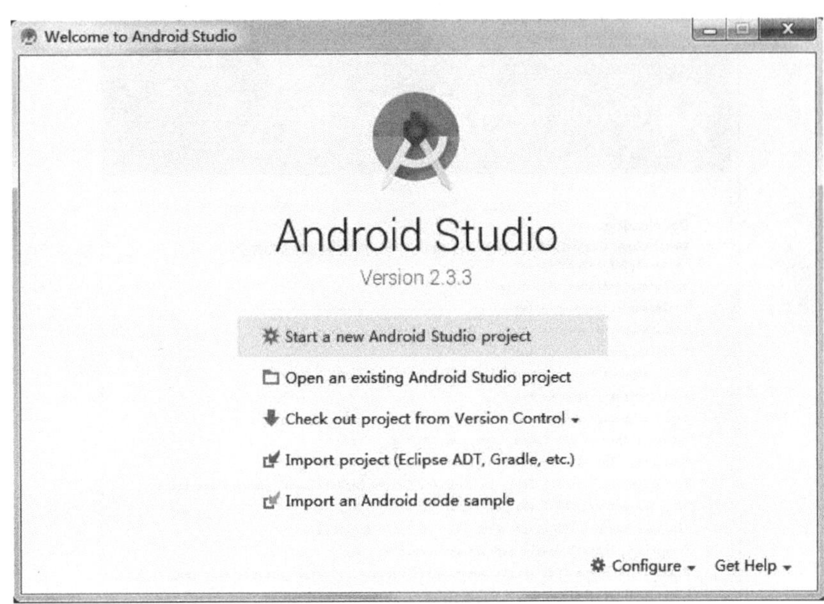

（10）进入 Android Studio 运行界面

图 1-18　Android Studio 初次运行的配置界面

（2）进入启动安装程序界面，等待进度条完成，不需操作。

（3）弹出 SDK 检测对话框，经测试不需代理，单击“Cancel”按钮往下安装，进入步骤（5）。如果反复弹出 SDK 检测对话框，无法继续安装，则单击“Setup Proxy”按钮，进入步骤（4）。

（4）进入 SDK 下载代理设置对话框，填入镜像服务器地址：http://mirrors.neusoft.edu.cn（大连东软信息学院）；Port number：80。设置完后单击“OK”按钮。

（5）开始安装 SDK，单击“Next”按钮。

（6）出现安装选项界面，使用默认选项，单击“Next”按钮。

（7）显示默认选项列表，单击“Finish”按钮。

（8）安装程序将从网上下载 SDK 程序，自动解压并安装，等待安装完成，无需操作。

（9）提示 SDK 和 Intel 的硬件加速安装成功，单击“Finish”按钮。

（10）配置完成，进入 Android Studio 运行界面，可选择新建项目或打开已有项目进入。

5．Android Studio 自动更新

Android Studio 默认设置当有新版本时提示更新，按提示操作进入 Android Studio 更新界面，如图 1-19 所示，单击“Update and Restart”按钮，会自动下载最新版本，安装后重启 Android Studio。

进入 Android Studio 自动更新设置界面菜单路径如图 1-20 所示，选择 Help→Check for Updates…，弹出自动更新检测结果，如图 1-21 所示，说明已是最新版本，单击“Updates”，进入自动更新设置对话框，如图 1-22 所示，默认设置检测稳定版（Stable Channel）的更新，不建议设置为更新预览版（Canary Channel）、开发版（Dev Channel）和测试版（Beta Channel）。

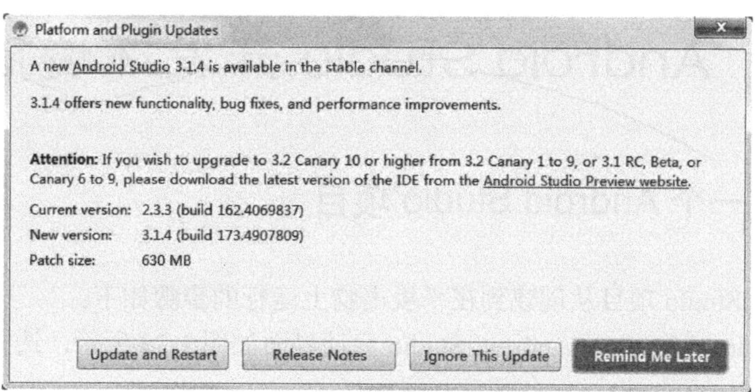

图 1-19　Android Studio 更新界面

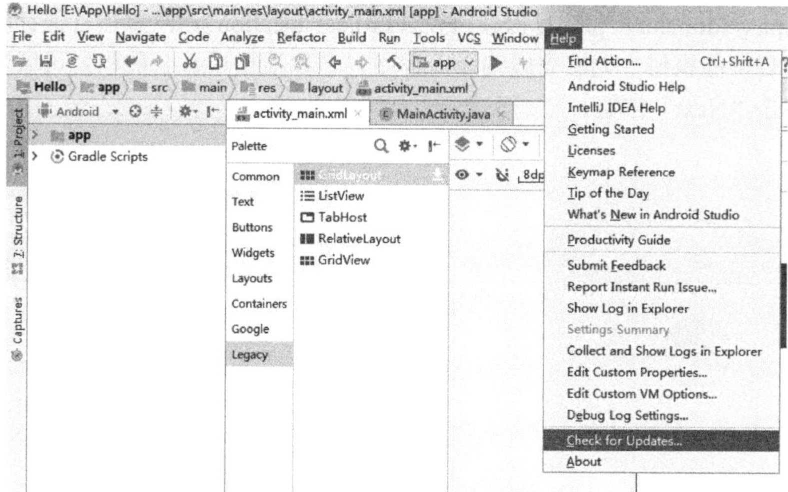

图 1-20　进入 Android Studio 自动更新设置界面菜单路径

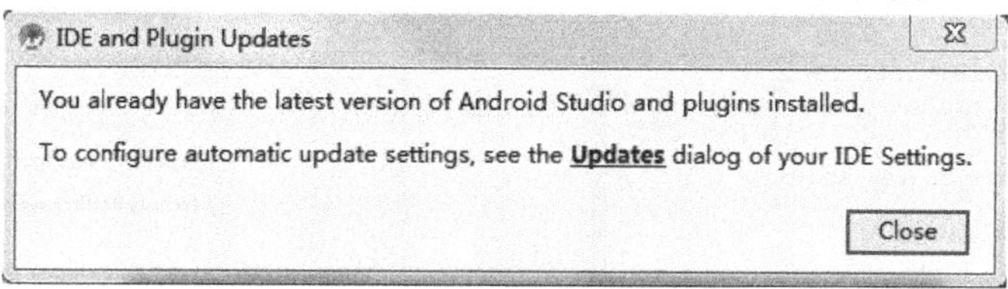

图 1-21　自动更新检测结果

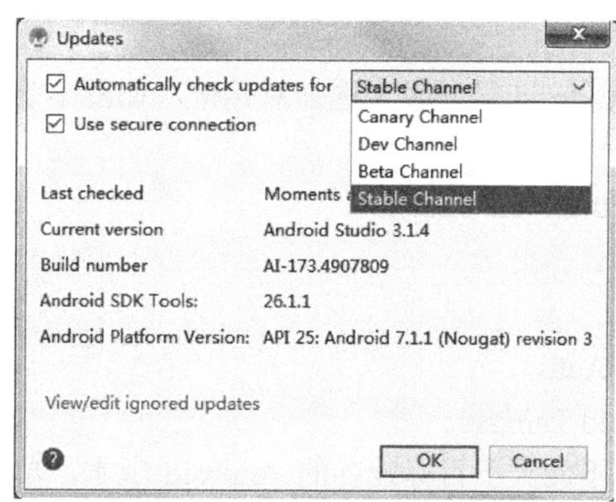

图 1-22　自动更新设置对话框

1.3 Android Studio 开发环境简介

1.3.1 第一个 Android Studio 项目

一个 Android Studio 项目从创建到在平板电脑上运行的步骤如下：

（1）运行 Android Studio，Android Studio 启动界面如图 1-23 所示，选择新建项目（Start a new Android Studio project）。

（2）创建新项目对话框如图 1-24 所示，需要填写的有项目名称（Application name）、公司域名（Company domain）和项目保存路径（Project location），注意项目保存路径不要含有汉字，否则项目可能报错，无法完成编译，程序包名称根据项目名称和公司域名自动生成，填写完成后单击“Next”按钮。

图 1-23　Android Studio 启动界面

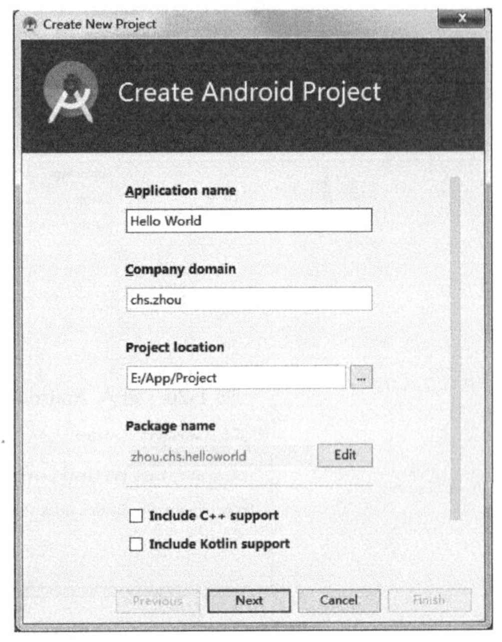

图 1-24　创建新项目对话框

（3）进入设备类型与 Android 最低版本选择对话框，如图 1-25 所示。

设备类型分为：

- 手机和平板电脑（Phone and Tablet）。
- 可穿戴设备（Wear）。
- 电视（TV）。
- 车载设备（Android Auto）。
- 嵌入式设备（Android Things）。

Android 最低版本选择不能大于目标设备的 Android 版本，单击“Help me choose”，弹出 Android 版本与 API 对应关系界面，如图 1-26 所示，多数设备的 Android 版本在 4.0～7.1

之间，选择后单击“Next”按钮。

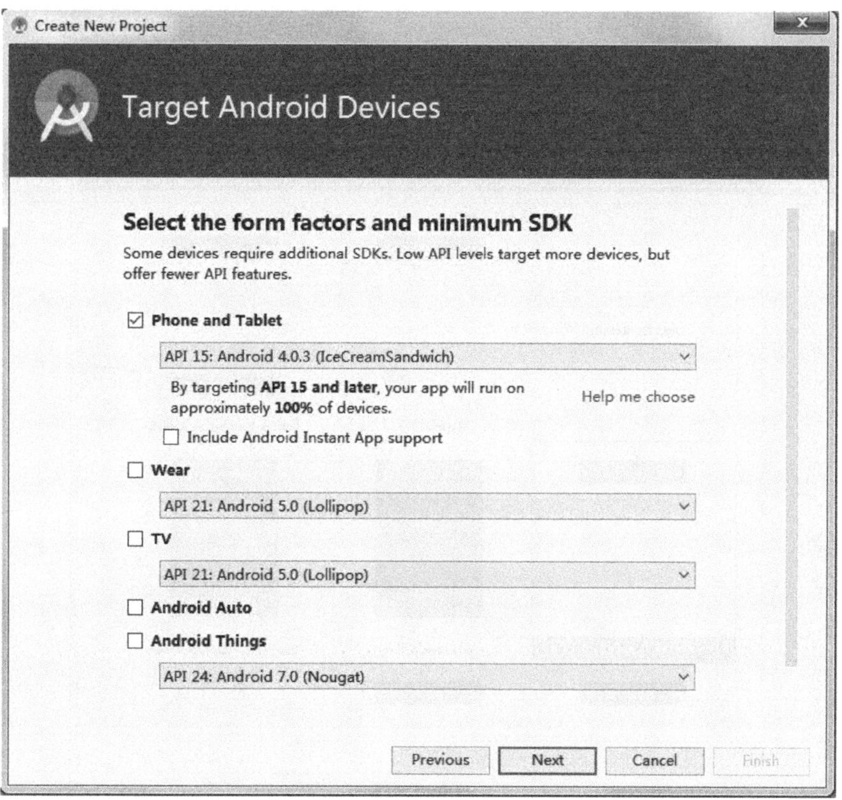

图 1-25　设备类型与 Android 最低版本选择对话框

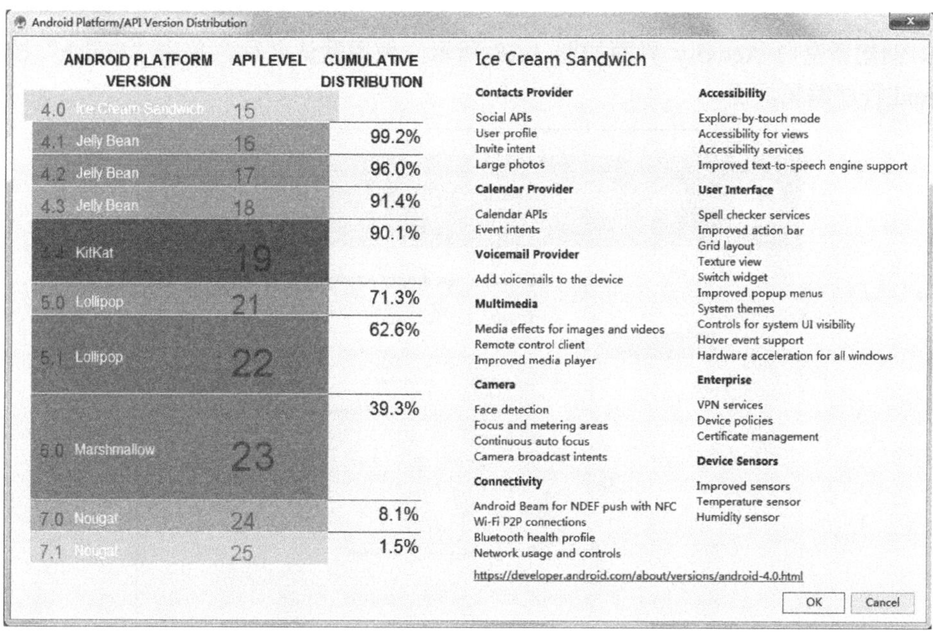

图 1-26　Android 版本与 API 对应关系界面

（4）进入 Activity 类型选择界面，如图 1-27 所示，一般选“Empty Activity”，然后单击“Next”按钮。

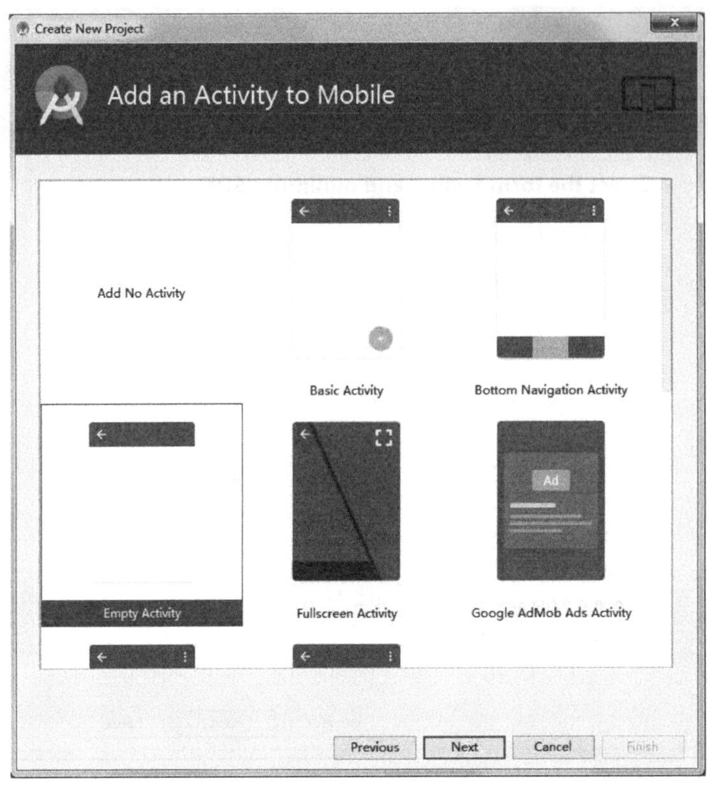

图 1-27　Activity 类型选择界面

（5）创建新空白 Activity 界面如图 1-28 所示，使用默认名称，单击“Finish”按钮，进入 Android 程序编辑界面。

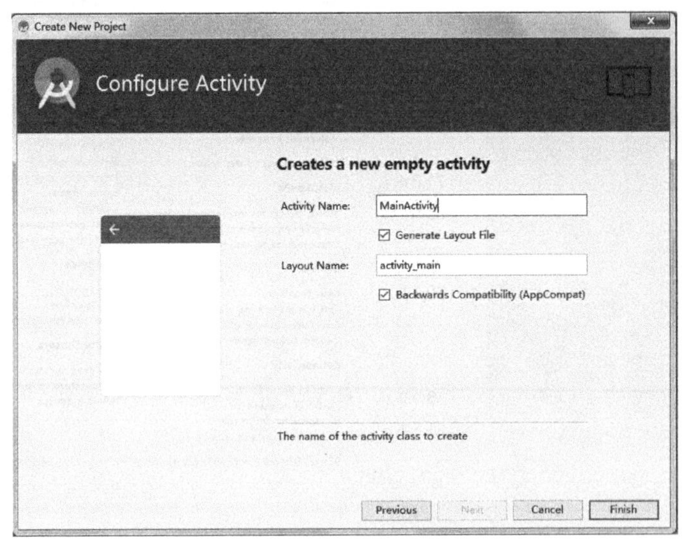

图 1-28　创建新空白 Activity 界面

（6）在首次进入 Android 程序编辑界面过程中，会自动从网站下载、安装配套组件程序，然后进入 App 控件布局界面，如图 1-29 所示，在此界面选用控件并放置到指定位置，组成 App 运行时要显示的界面，默认有个 TextView 控件，显示“Hello World!”。

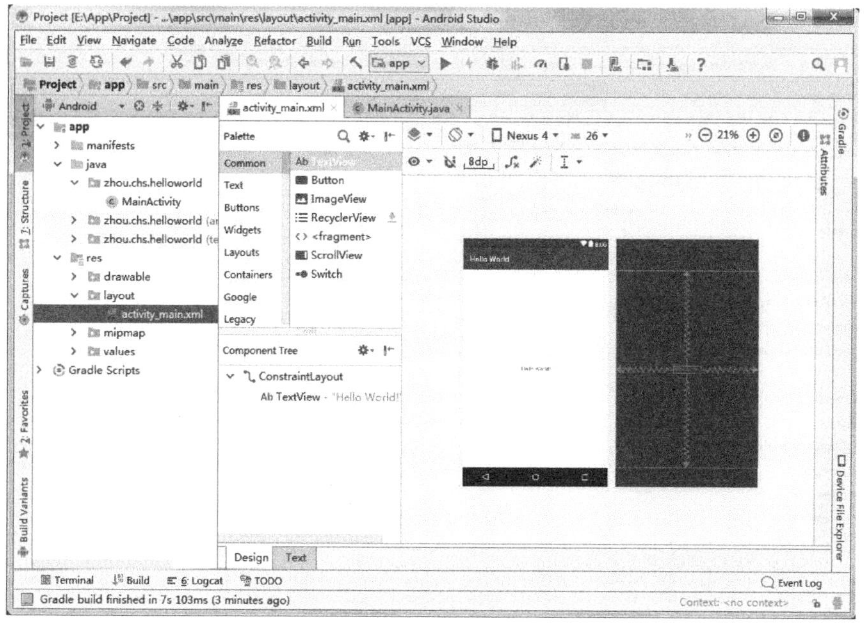

图 1-29　App 控件布局界面

（7）单击“MainActivity.java”进入 App 程序编辑界面，如图 1-30 所示，在此界面编辑 Java 代码。

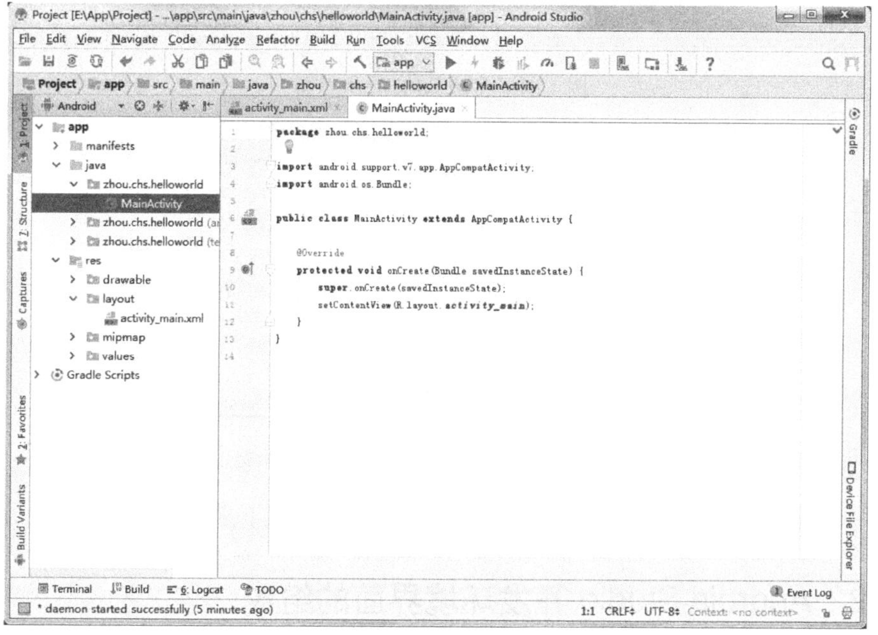

图 1-30　App 程序编辑界面

（8）项目的控件布局和对应代码完成后，就可以生成 App 的安装程序了，生成 APK 程序界面如图 1-31 所示，在菜单“Build”选项中单击“Build APK(s)”开始编译程序，完成后在右下角弹出生成成功的提示，单击“locate”进入新生成 APK 程序所在的文件夹，如图 1-32 所示，文件名为“app-debug.apk”。

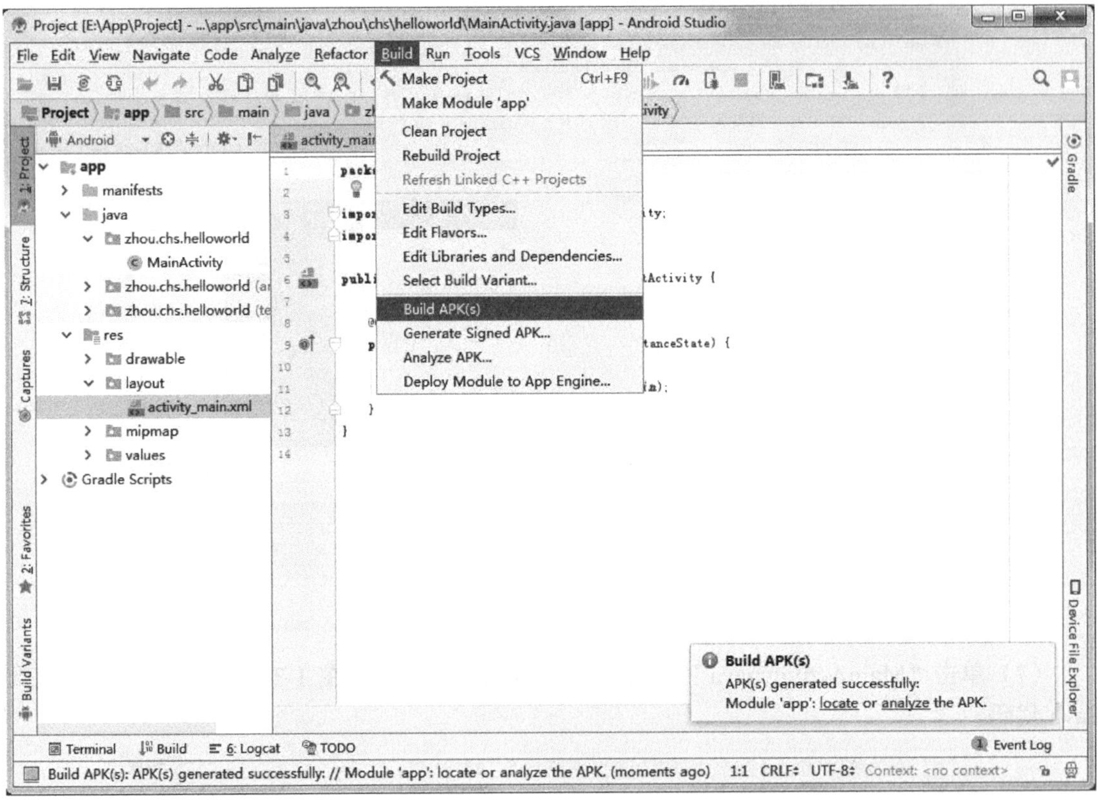

图 1-31　生成 APK 程序界面

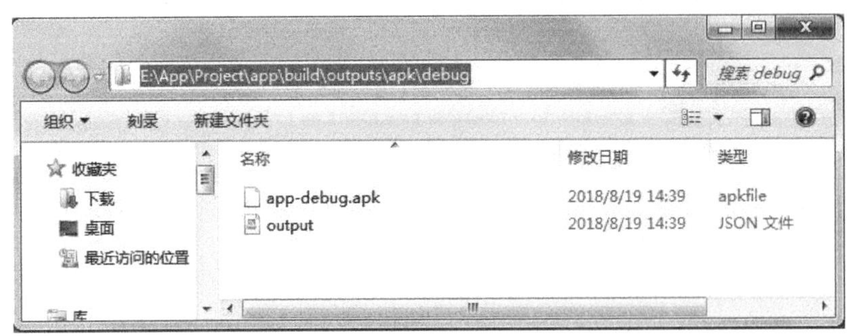

图 1-32　新生成 APK 程序所在的文件夹

（9）将 APK 文件复制、粘贴到工业平板电脑内存中，接下来就可以安装运行了。

1.3.2　Android Studio 开发环境界面的组成

Android Studio 开发环境界面参见图 1-31，主窗口的上侧从上到下依次由标题栏、菜单

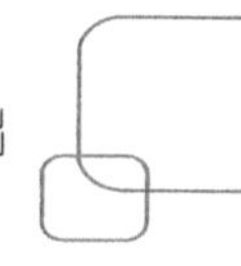

栏、工具栏、导航栏组成，主窗口下侧是工具按钮区和状态栏。

1. 标题栏

标题栏用于显示当前项目存储路径和主窗口当前文件路径。

2. 菜单栏

（1）File：可以进行项目的新建、打开、保存和参数设置等操作。
（2）Edit：可以进行编辑的剪切、复制、粘贴、查找和操作的撤销、重复等操作。
（3）View：可以进行窗口中各栏目的显示与隐藏等操作。
（4）Navigate：导航，用于查找项目中的文件等操作。
（5）Code：可以进行代码相关设置，如提示、自动生成等功能。
（6）Analyze：可以进行分析功能操作。
（7）Refactor：重构，可以进行修改程序包名称等操作。
（8）Build：编译、生成 APK 文件。
（9）Run：仿真运行，工业平板电脑程序多涉及硬件接口，无法仿真运行，直接在平板电脑上测试运行。
（10）Tools：可以进行 SDK 管理器、AVD 管理器等辅助工具的参数设置。
（11）VCS：版本控制。
（12）Window：可以进行窗口布局调整、保存默认设置和恢复默认设置等操作。
（13）Help：帮助、版本查看与更新。

3. 工具栏

工具栏中的按钮相当于频繁使用的菜单项的快捷方式。

4. 导航栏

导航栏以水平箭头的链状结构方式显示主窗口当前文件的路径。

5. 工具按钮区

单击按钮显示对应工具区，再次单击则隐藏。

6. 状态栏

显示当前的操作及其响应过程和结果。

7. 主窗口

主窗口左侧是项目的文件结构，右侧是选中项目文件的编辑区。项目文件结构含 app 和 Gradle Scripts 两大部分，其中 Gradle Scripts 中的文件基本不用编辑，是和菜单中有关编译部分的设置相关联的，更改部分设置后，文件中的内容随之改变，改变文件的内容后，所设置的内容也会同步改变。app 中的文件结构如图 1-33 所示，主要文件功能如下：

- AndroidManifest.xml：app 配置文件，自动生成，硬件权限许可需要手动添加。

- MainActivity.java：程序文件。
- activity_main.xml：存放布局文件，可视化编辑，也可切换到“Text”模式用 xml 语言编辑。
- mipmap：存放图形文件，app 的图标也存放在这里。
- string.xml：存放程序界面需要显示的字符串。

图 1-33　app 中的文件结构

1.3.3　项目的常用操作

1. 项目的打开

打开 Android Studio 后会自动打开上次编辑的项目，如果该项目已被移走，则会显示欢迎界面，提示新建或打开 Android Studio 项目，选择打开，然后在弹出的文件目录中选择想要编辑的项目。打开用其他配置编辑的项目时，会自动进行一些转换，甚至会从网络自动下载文件安装，等待时间稍长。

2. 项目的复制与重命名

积累了一定项目资源后，需要新建的项目可能和某个已有项目相似，这时可以复制已有项目的文件夹，粘贴到新项目的文件夹，根据新项目内容修改文件夹名称，打开项目后再修改程序包名称。

修改程序包名称的方法有些复杂，原因是程序包名称已经含在多个文件的代码中，修改方法如下：

（1）在主窗口左侧项目结构栏中，右击 zhou.chs.helloworld，弹出修改程序包名称菜单，如图 1-34 所示，选择 Refactor→Rename…。

（2）弹出修改程序包名称选项对话框，如图 1-35 所示，单击“Rename package”按钮。

（3）弹出修改程序包名称对话框，如图 1-36 所示，将原来的名称 helloworld 改为 btdemo，单击“Refactor”按钮。

（4）在工具栏中列出待修改的项目，修改程序包名称确认界面如图 1-37 所示，选择 Do Refactor，app 文件夹内所需修改内容即完成。

（5）修改 Application Id 菜单如图 1-38 所示，单击 File→Project Structure…，准备修改 Application Id。

（6）进入修改 Application Id 对话框，如图 1-39 所示，将 helloworld 改为 btdemo，单击“OK”按钮，程序包名称修改完成。

如果想修改完整的程序包名称，需要在图 1-34 中显示的 package=“zhou.chs.helloworld”

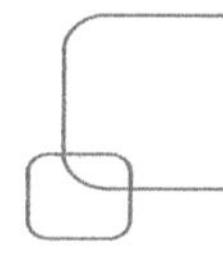

这行代码选中 zhou.chs.helloworld，其余操作同上。

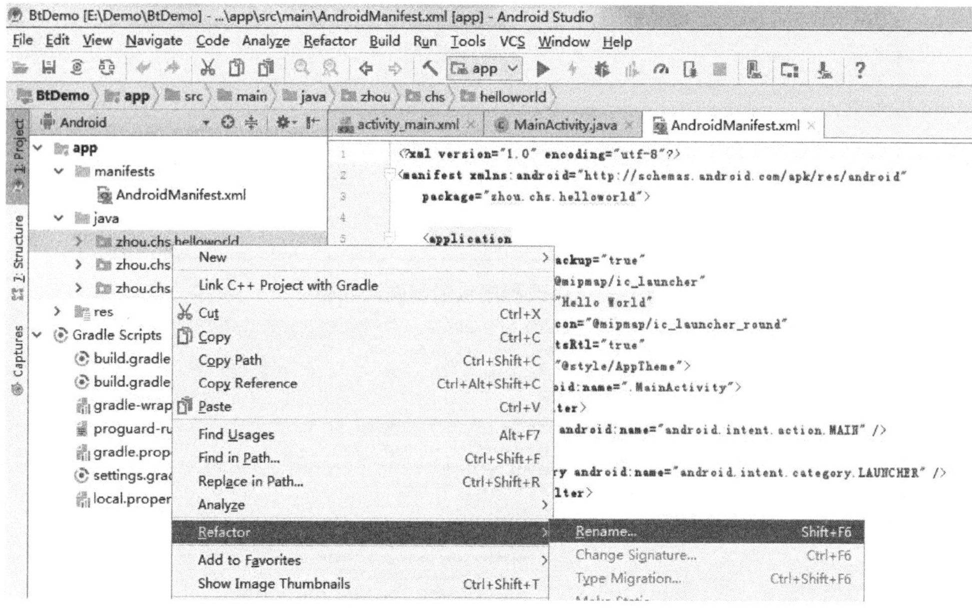

图 1-34　修改程序包名称菜单

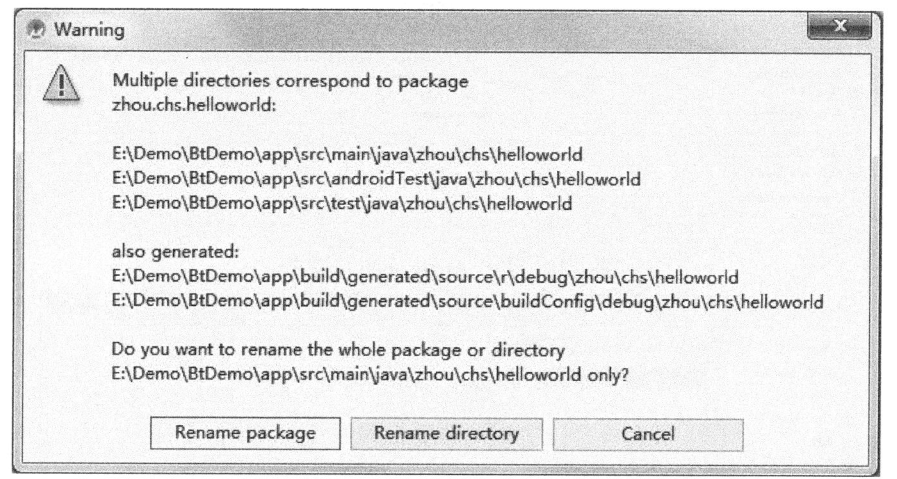

图 1-35　修改程序包名称选项对话框

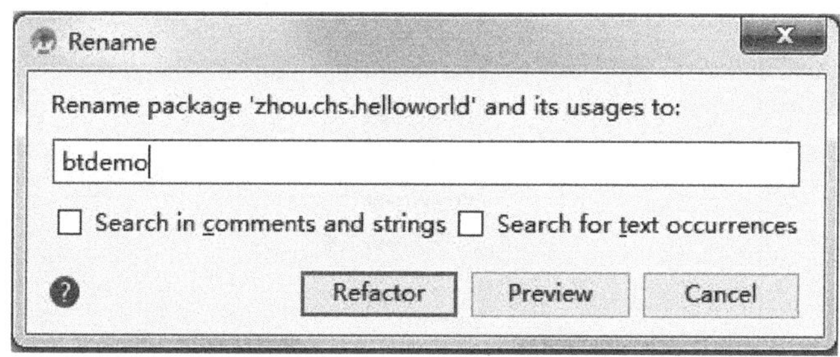

图 1-36　修改程序包名称对话框

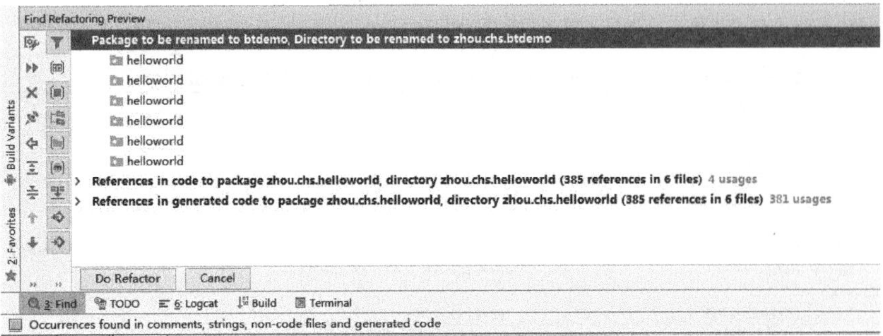

图 1-37　修改程序包名称确认界面

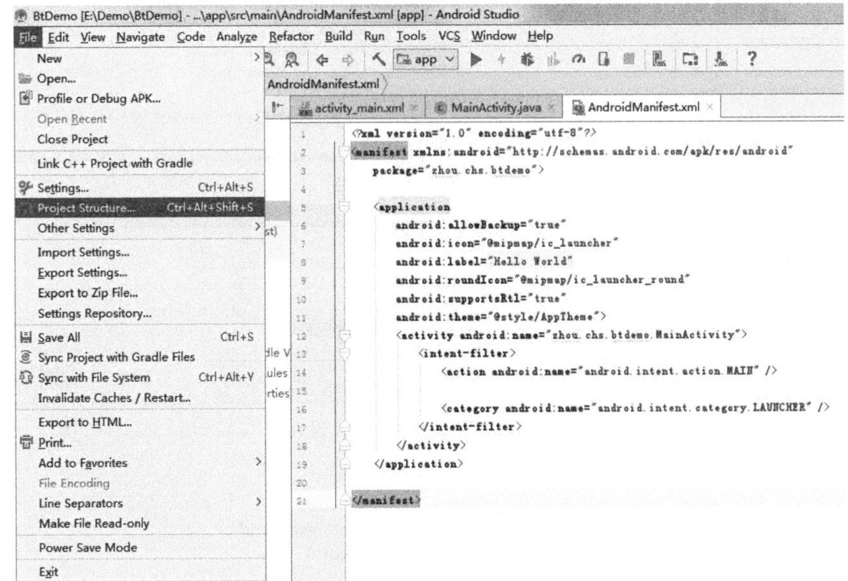

图 1-38　修改 Application Id 菜单

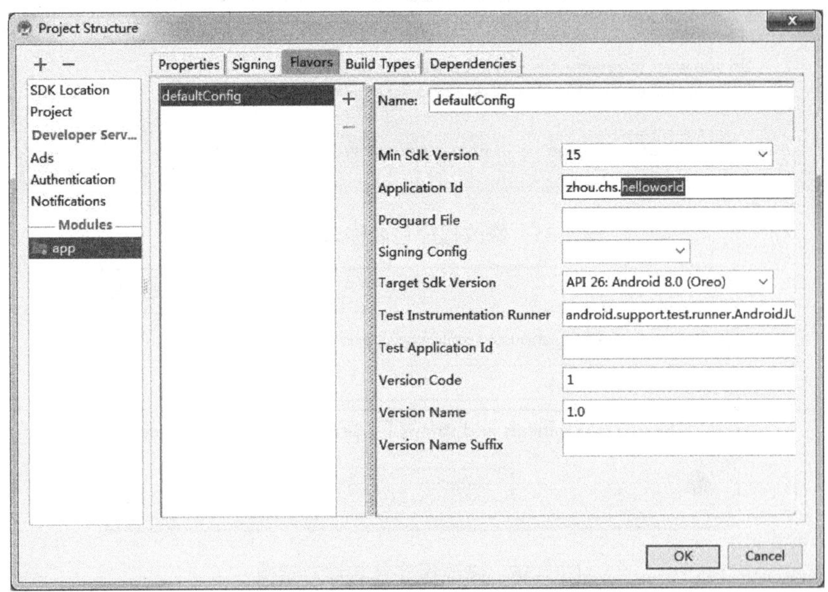

图 1-39　修改 Application Id 对话框

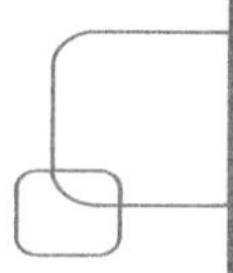

3．项目图标更改

项目的默认图标如图 1-40 所示的 ic_launcher，保存路径为项目的 app\src\main\res\mipmap 文件夹。如果想更改图标，则把准备好的图标文件放到这个文件夹内，打开 AndroidManifest.xml 文件，将其中语句 android:icon="@mipmap/ic_launcher"中的 ic_launcher 替换为待更换图标的文件名，重新生成 APK，项目图标更改完成。

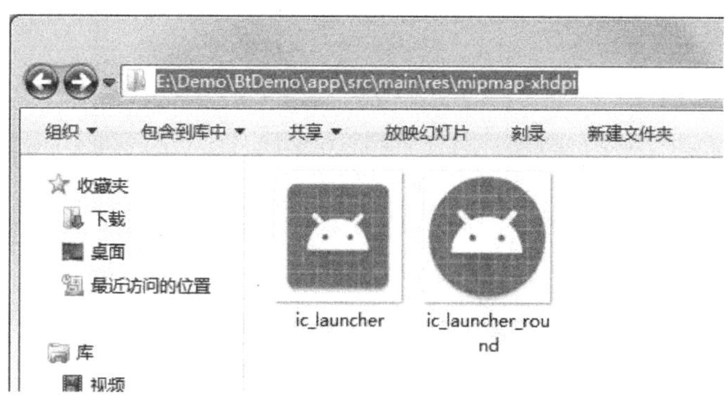

图 1-40　项目的默认图标

4．Eclipse ADT 项目导入

在 Android Studio 出现之前多是用 Eclipse ADT 开发 Android 程序，已经积累了大量的示例和项目源代码，但是在 Android Studio 中无法直接打开 Eclipse ADT 开发的项目，只能采取导入方式，Eclipse ADT 项目导入过程如图 1-41 所示，具体步骤如下：

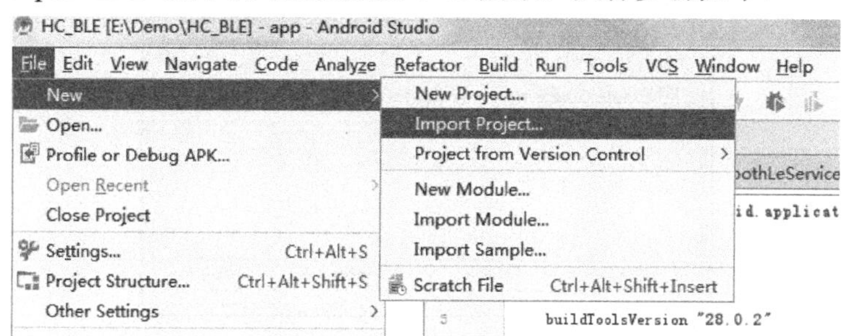

（1）导入 Eclipse ADT 项目菜单路径

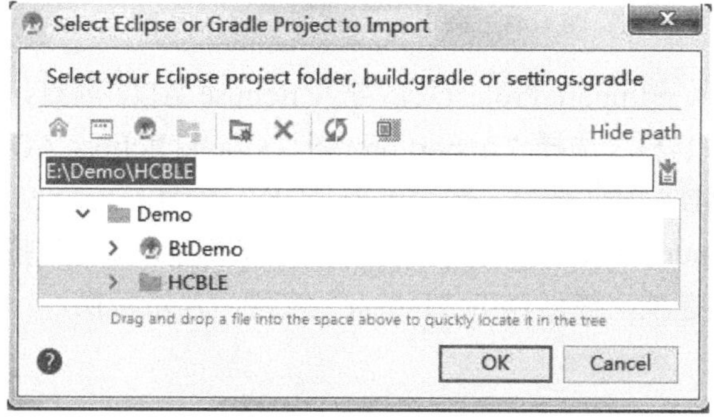

（2）选择 Eclipse ADT 项目路径

图 1-41　Eclipse ADT 项目导入过程

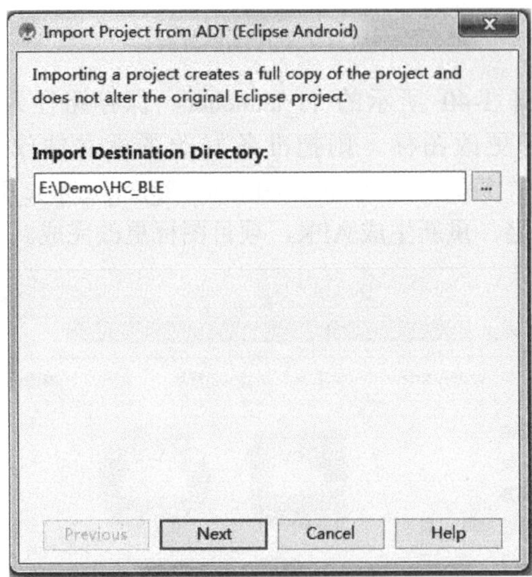

（3）设定转换后 Android Studio 的项目路径

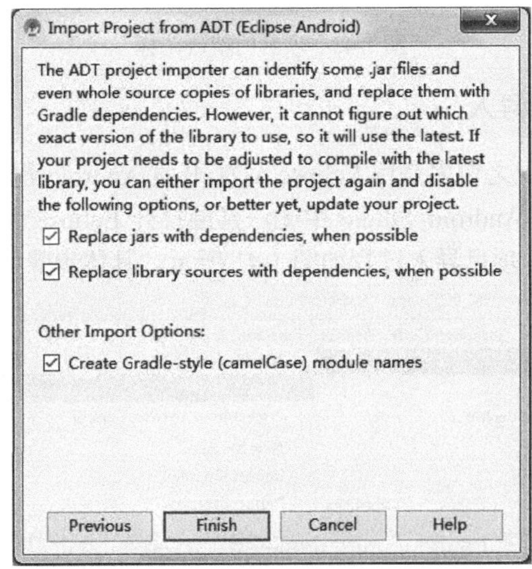

（4）转换选项

图 1-41　Eclipse ADT 项目导入过程

（1）单击 File→New→Import Project…，导入 Eclipse ADT 项目，也可在 Android Studio 启动界面导入，参考图 1-23，选择“Import project（Gradle Eclipse ADT, etc.）”导入项目。

（2）选择 Eclipse ADT 项目路径，然后单击“OK”按钮。

（3）设定转换后 Android Studio 的项目路径，然后单击“Next”按钮。

（4）选择全部转换选项，然后单击“Finish”按钮，开始转换。

第 2 章　Android Studio 常用控件

创建一个 Android Studio 项目，首先根据项目的功能要求选择合适的控件，布置好程序界面，然后编写代码。Android Studio 控件按功能分为文本类（Text）、按钮类（Buttons）、小部件类（Widgets）、布局类（Layouts）、容器类（Containers）、google 控件、老系统控件（Legacy）。本章介绍 Android 工业平板电脑编程中常用控件的使用方法及程序界面中控件布局的方法。

2.1　控件应用基础

2.1.1　控件选取

程序界面设计窗口如图 2-1 所示，分为 4 个区域，左上侧为控件选择区，左下侧为已选控件区，中间为程序界面预览区，右侧为控件属性区。

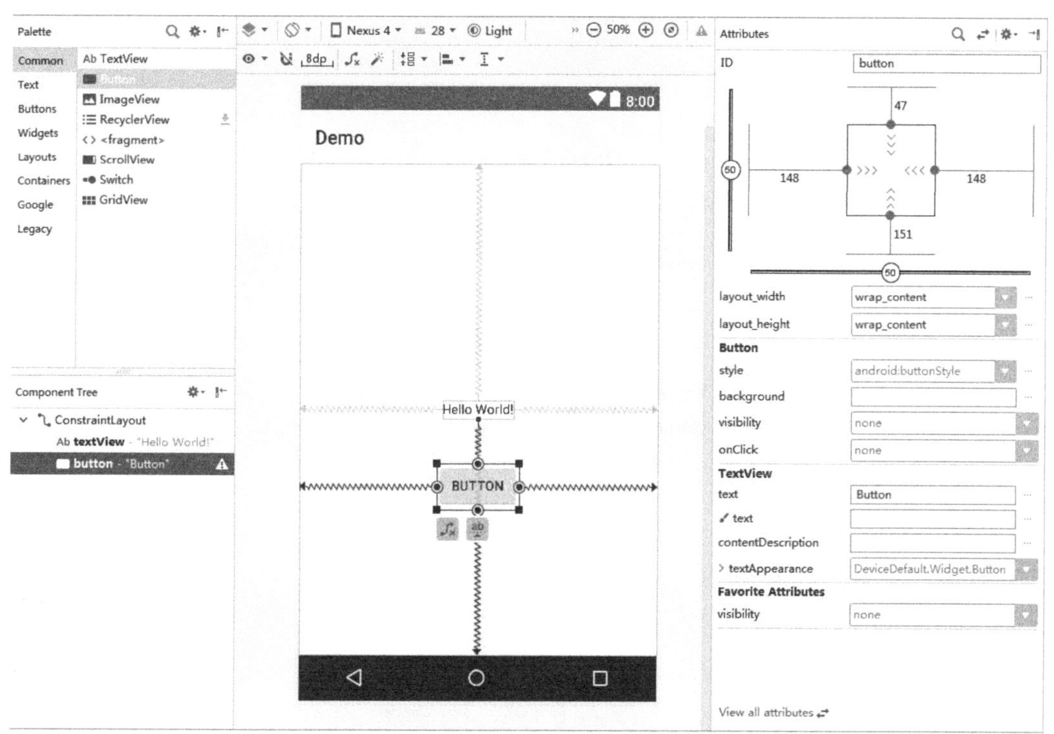

图 2-1　程序界面设计窗口

控件选择区又分为两个区域，左侧为控件分类选择区，右侧为该类别下的控件列表区。Common 类控件为其他类别中常用控件的集合，可通过控件右键菜单的 Favorite 属性添加或移出 Common 类。

控件选取时先选择类别，再查找控件，找到后拖到程序界面预览区或已选控件区均可。

2.1.2 控件属性

控件属性区默认显示常用属性，通过单击双向箭头图标可切换到全部属性界面，属性的值可直接设置或通过引用设置，引用又包括引用资源文件和引用方法。

常用属性中 ID 属性最重要，程序代码中通过 ID 识别对应控件。text 属性直接写入字符会出现警告信息。图 2-1 中的 Buttons 控件建议在 strings.xml 文件中定义< string name = "button" > Button < /string >，然后在 text 属性中填入@string/button。通过引用显示字符，也可通过查看如图 2-2 所示的警告信息，再单击“Fix”按钮，在弹出的对话框中修改名称，再单击“OK”按钮，自动提取到资源文件，如图 2-3 所示。

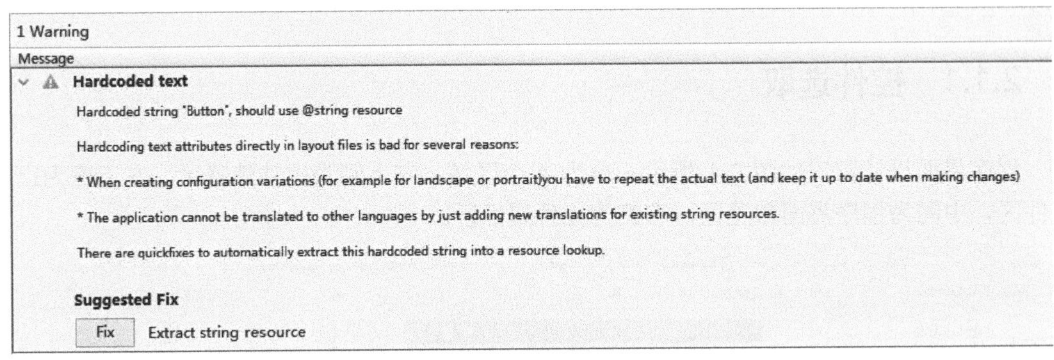

图 2-2 警告信息

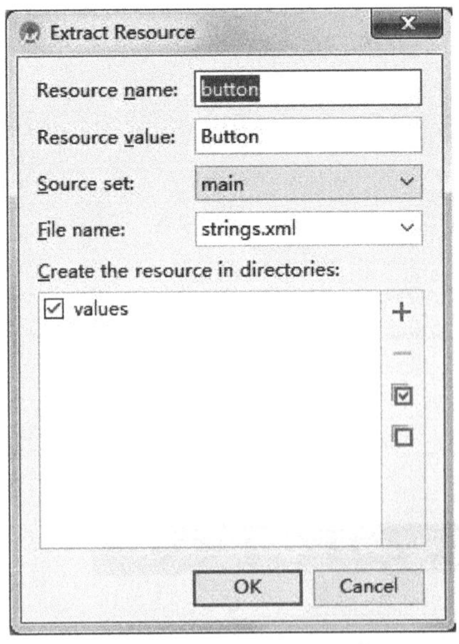

图 2-3 自动提取到资源文件

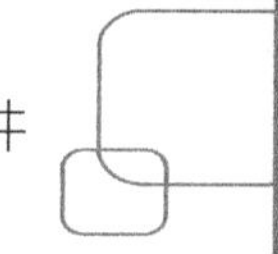

全部属性界面的属性列表较长，按属性首字母顺序排列，一旦更改某个属性，该属性则会在下次查看全部属性时出现在属性列表靠前位置。全部属性界面里比较常用的属性有字体大小、颜色，背景颜色，使能等。

2.2　显示输出控件

2.2.1　TextView 控件

工业平板电脑软件运行时一般会显示测控结果信息，首先考虑使用 TextView 控件，既能显示单条数据，也可显示多条数据，还能根据所设定的数据范围，使文本不同区域显示为不同颜色，当显示信息量较大时支持滚屏操作。

实例 2-1　用 TextView 控件显示数据

程序设计界面如图 2-4 所示，用了 2 列 4 行共 8 个 TextView 控件，第 1 列作为标签，第 2 列对应显示标签说明的内容，展示如何用 TextView 控件显示各种类型数据。

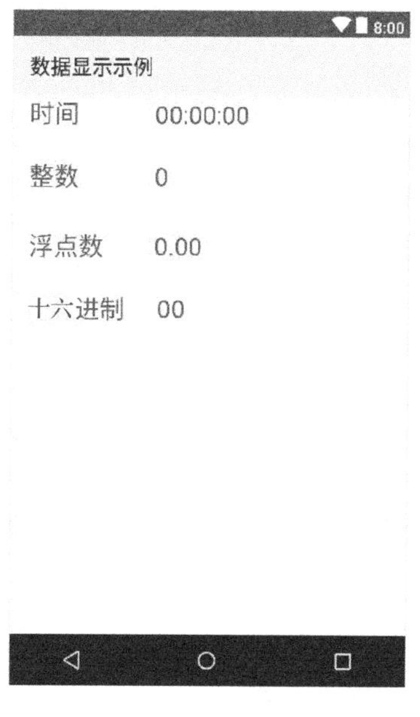

图 2-4　实例 2-1 程序设计界面

程序代码如下：

```
public class MainActivity extends AppCompatActivity {
    TextView lbt,lbtn,lbf,lb16;                          //声明 4 个 TextView
    private Handler myhandler;                           //声明线程 myhandler
    int tn;                                              //声明 1 个整数
    @Override
    protected void onCreate(Bundle savedInstanceState) {
```

```
        super.onCreate(savedInstanceState);
        setContentView(R.layout.activity_main);      //系统自动生成，载入布局文件
        //命名 TextView，名称与 ID 对应
        lbt = (TextView) findViewById(R.id.idt);
        lbtn = (TextView) findViewById(R.id.idtn);
        lbf = (TextView) findViewById(R.id.idf);
        lb16 = (TextView) findViewById(R.id.id16);
        myhandler = new MyHandler();          //新建 Handler，用于线程间的通信
        Timer mTimer = new Timer();           //新建 Timer
        mTimer.schedule(new TimerTask() {
            @Override
            public void run() {
                tn++;                              //每秒加 1
                Message msg1 = myhandler.obtainMessage();     //创建消息
                msg1.what = 1;                                //变量 what 赋值
                myhandler.sendMessage(msg1);                  //发送消息
            }
        }, 1000, 1000);           //延时 1000ms，然后每隔 1000ms 发送消息
    }
    //处理接收到的消息
    class MyHandler extends Handler {
        public void handleMessage(Message msg) {
            switch (msg.what) {
                case 1:
                    //显示当前时间
                    Date now = new Date();
                    lbt.setText(String.format("%tT",now));
                    //显示整数 tn 数值，tn 要先由 int 类型转换为 string 类型
                    lbtn.setText(Integer.toString(tn));
                    //显示整数 tn 数值，按整数格式显示
                    //lbtn.setText(String.format("%d", tn));
                    //显示浮点数，格式要求保留 2 位小数的浮点数
                    lbf.setText(String.format("%.2f", (float)tn/3));
                    //显示整数 tn 数值，按十六进制格式显示
                    lb16.setText(String.format("%X", tn));
                    break;
            }
        }
    }
}
```

程序使用了间隔 1s 的定时器，使整数 tn 每秒加 1，然后发送消息，在接收消息的线程分别显示当前时间、tn 整数值、tn/3 的浮点数值和 tn 的十六进制数值，程序模拟运行结果如图 2-5 所示。

程序界面共有 8 个 TextView 控件，第 1 列的 4 个显示内容在程序运行时不需修改，所以在程序中没有定义，只定义了第 2 列的 4 个 TextView 控件。程序使用 TextView 控件的 setText 方法显示数据，要求数据转换为 String，转换方法较多，示例中使用了 String.format

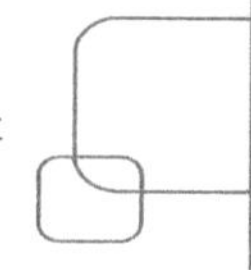

方法，能将 Date、Int、Float 转换为 String。

实例 2-2　用 TextView 控件显示多行文本

程序设计界面如图 2-6 所示，只用 1 个 TextView 控件，当宽度等于界面、高度为 170dp、字体为 24sp 时能显示 6 行文本信息。

图 2-5　实例 2-1 程序模拟运行结果

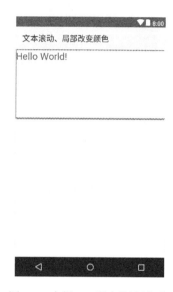

图 2-6　实例 2-2 程序设计界面

程序代码如下：

```
public class MainActivity extends AppCompatActivity {
    TextView lbtv;                                          //声明 TextView
    String strred = "<font color = '#FF0000'>";             //红色
    String strblue = "<font color = '#0000FF'>";            //蓝色
    @Override
    protected void onCreate(Bundle savedInstanceState) {
        super.onCreate(savedInstanceState);
        setContentView(R.layout.activity_main);
        lbtv = (TextView) findViewById(R.id.idtv);   //命名 TextView
        //设定文本可滚动
        lbtv.setMovementMethod(ScrollingMovementMethod.getInstance());
        String txp="";
        for(int i=1;i<=12;i++){                              //显示 12 行信息
            //前 4 行默认颜色：黑色
            if(i<4) txp=txp+"第"+i+"行：Hello World!"+"<br/>";
            //中间 4 行颜色：蓝色
            if((i>=4)&&(i<8))  txp=txp+strblue+" 第 "+i+" 行 ： Hello  World!"
+"</font>" + "<br/>";
            //后 4 行颜色：红色
            if(i>=8)  txp=txp+strred+" 第 "+i+" 行 ： Hello  World!"+"</font>"  +
"<br/>";
```

```
        }
        lbtv.setText(Html.fromHtml(txp));          //在 Textview 显示 html 格式文本
    }
}
```

该程序利用.setMovementMethod(ScrollingMovementMethod.getInstance())方法使 Textview 内的文本可以滚动，在显示信息超过其可视范围时，可通过滑动屏幕查看到全部信息。对文本局部改变颜色是利用 Textview 显示 html 文本的功能实现的，程序模拟运行结果如图 2-7 所示。

图 2-7　实例 2-2 程序模拟运行结果

2.2.2　ListView 控件

ListView 控件既能以列表的方式显示多组数据，还能响应用户的单击等操作，在工业平板电脑编程应用中可以单纯地作为数据显示控件使用。ListView 控件需要与适配器 Adapter 配合使用，通过适配器 Adapter 连接数据。

实例 2-3　用 ListView 控件显示多组数据

程序设计界面如图 2-8 所示，主界面用 3 个 TextView 控件当标题，用 1 个 ListView 控件显示多组数据，辅助界面只有 3 个 TextView 控件，程序运行时作为主界面中 ListView 控件的选项界面，每个选项显示与标题对应的 3 组数据。

（a）主界面　　（b）辅助界面

图 2-8　实例 2-3 程序设计界面

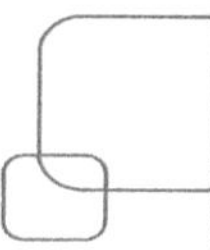

程序代码如下：

```
public class MainActivity extends AppCompatActivity {
    ListView lv;                                   //声明1个ListView控件
    int smax=24;                                   //数组数
    String[] strhl = new String[smax] ;            //字符串数组
    int[] t1 = new int[smax];                      //整型数组
    int[] t2 = new int[smax];                      //整型数组
    @Override
    protected void onCreate(Bundle savedInstanceState) {
        super.onCreate(savedInstanceState);
        setContentView(R.layout.activity_main);
        lv = (ListView) findViewById(R.id.idlv);        //得到1个ListView对象
        MyAdapter mAdapter = new MyAdapter(this);//得到1个自定义MyAdapter对象
        lv.setAdapter(mAdapter);                        //为ListView绑定Adapter
        //给待显示数组赋值
        for(int i=0;i<smax;i++) strhl[i]= "L" + Integer.toString(i+1);
        t2[4]=32;
    }
    //存放item.xml中的控件
    public final class ViewHolder{
        public TextView tv1;
        public TextView tv2;
        public TextView tv3;
    }
    //以BaseAdapter为父类构造新的适配器
    private class MyAdapter extends BaseAdapter {
        private LayoutInflater mInflater;//得到一个 LayoutInfalter 对象用来导入
布局
        //构造函数
        public MyAdapter(Context context) {
            this.mInflater = LayoutInflater.from(context);
        }
        @Override   //返回数组的长度
        public int getCount() {
            return smax;
        }
        @Override
        public Object getItem(int position) {
            return null;
        }
        @Override
        public long getItemId(int position) { return 0; }
        @Override
        public View getView(final int position, View convertView, ViewGroup
parent) {
            ViewHolder holder;
            if (convertView == null) {
```

```
                convertView = mInflater.inflate(R.layout.item,null);
                holder = new ViewHolder();
                //得到各个控件的对象
                holder.tv1 = (TextView) convertView.findViewById(R.id.idtv1);
                holder.tv2 = (TextView) convertView.findViewById(R.id.idtv2);
                holder.tv3 = (TextView) convertView.findViewById(R.id.idtv3);
                convertView.setTag(holder);//绑定 ViewHolder 对象
            }
            else{
                holder = (ViewHolder)convertView.getTag();//取出 ViewHolder 对象
            }
            //设置 TextView 显示的内容，即我们存放在数组中的数据
            holder.tv1.setText(strhl[position]);
            holder.tv2.setText(Integer.toString(t1[position]));
            holder.tv3.setText(Integer.toString(t2[position]));
            //对数组 t2 中的数据进行检查，超出 30 时数据背景颜色标红
           //十六进制颜色数据含 4 字节数据，第 1 字节代表透明度，后 3 字节分别代表红、绿、蓝
            if(t2[position] > 30) holder.tv3.setBackgroundColor(0xFFFF0000);
            else holder.tv3.setBackgroundColor(0);
            return convertView;
        }
    }
}
```

ListView 控件与继承自 BaseAdapter 的自定义适配器配合，可根据项目情况调整数据的显示方式，动态改变数据显示的颜色和背景颜色。程序模拟运行界面如图 2-9 所示，显示了 11 组数据，并且数值为 32 的数据背景颜色变为红色，其余数据可滑动屏幕查看。

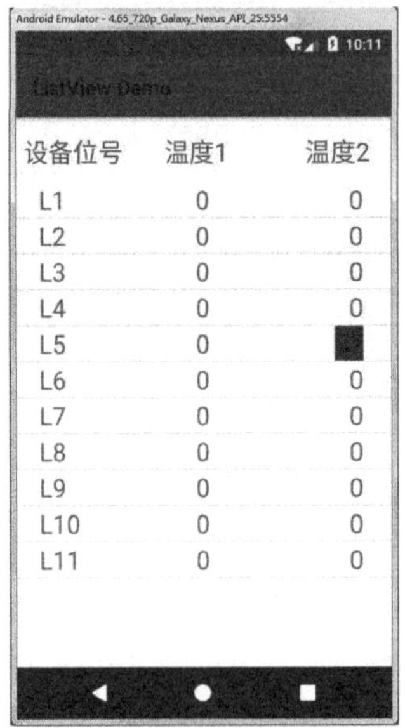

图 2-9　实例 2-3 程序模拟运行界面

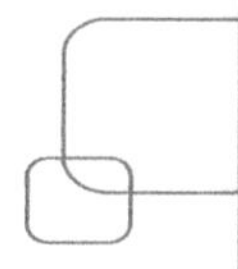

2.2.3 ImageView 控件

ImageView 控件能显示图片文件，也可以在控件上绘制图片，在工业平板电脑编程应用中主要用来显示历史趋势曲线和工艺操作界面。

实例 2-4　用 ImageView 控件显示曲线

程序设计界面如图 2-10 所示，只用 1 个 ImageView 控件，展示如何在控件上显示字符和曲线。

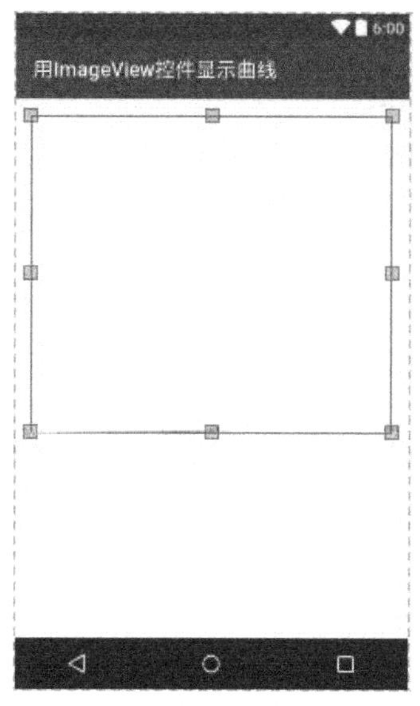

图 2-10　实例 2-4 程序设计界面

程序代码如下：

```
public class MainActivity extends AppCompatActivity {
   private Bitmap bitmap;      //图形文件格式
   private Canvas canvas;      //画布
   private Paint paint;        //画笔
   ImageView img;              //声明 ImageView
   public int dat[] = new int[100];     //定义整数数组，存放曲线数据
   private Handler myhandler;           //声明线程 myhandler
   int tn;                     //正弦波初相位值，不断变化出现移动效果
   @Override
   protected void onCreate(Bundle savedInstanceState) {
      super.onCreate(savedInstanceState);
      setContentView(R.layout.activity_main);
      img = (ImageView) findViewById(R.id.idVw);
      myhandler = new MyHandler();      //新建 Handler，用于线程间的通信
      Timer mTimer = new Timer();       //新建 Timer
      mTimer.schedule(new TimerTask() {
         @Override
```

```
            public void run() {
                tn++;                              //每秒加1
                Message msg1 = myhandler.obtainMessage();    //创建消息
                msg1.what = 1;                               //变量 what 赋值
                myhandler.sendMessage(msg1);                 //发送消息
            }
        }, 100, 100);                          //延时 100ms，然后每隔 100ms 发送消息
    }
    //处理接收到的消息
    class MyHandler extends Handler {
        public void handleMessage(Message msg) {
            switch (msg.what) {
                case 1:
                    //给曲线赋值，50Hz 正弦波数据
                    for(int t=0;t<100;t++)
                        dat[t]=(int)(100*sin(2*3.14*50*(t+tn)/1000));
                    Show();   //显示曲线
                    break;
            }
        }
    }
    //显示曲线
    public void Show() {
        int mW=img.getWidth();                      //ImageView 对象的宽
        int mH=img.getHeight();                     //ImageView 对象的高
        if (bitmap == null) {
            //创建一个新的 bitmap 对象，宽和高使用界面布局中 ImageView 对象的宽和高
            bitmap = Bitmap.createBitmap(mW, mH, Bitmap.Config.RGB_565);
        }
        canvas = new Canvas(bitmap);                //根据 bitmap 对象创建一个画布
        canvas.drawColor(Color.WHITE);              //设置画布背景颜色为白色
        paint = new Paint();                        //创建一个画笔对象
        paint.setStrokeWidth(8);                    //设置画笔的线条粗细为 8 磅
        paint.setColor(Color.BLACK);                //画笔颜色为黑色
        canvas.drawLine(0, 0, mW, 0, paint);        //画外框
        canvas.drawLine(0, mH, mW, mH, paint);
        canvas.drawLine(0, 0, 0, mH, paint);
        canvas.drawLine(mW, 0, mW, mH, paint);
        paint.setTextSize(48);                      //字符大小为 48
        canvas.drawText("移动的正弦波",200,100,paint);   //画字符
        paint.setStrokeWidth(2);                    //设置画笔的线条粗细为 2 磅
        paint.setColor(Color.RED);                  //画笔颜色改为红色
        for (char i = 1; i < 100; i++) {            //画曲线
            canvas.drawLine((i  -  1)*mW/100,  mH/2+dat[i  -  1],  i*mW/100,
mH/2+dat[i], paint);
        }
        img.setImageBitmap(bitmap);                 //在 ImageView 中显示 bitmap
```

```
        }
    }
```

程序使用了间隔 0.1 秒的定时器，使整数 tn 每 0.1 秒加 1，然后发送消息，在接收消息的线程中显示字符和移动的正弦波曲线，程序运行结果界面如图 2-11 所示。

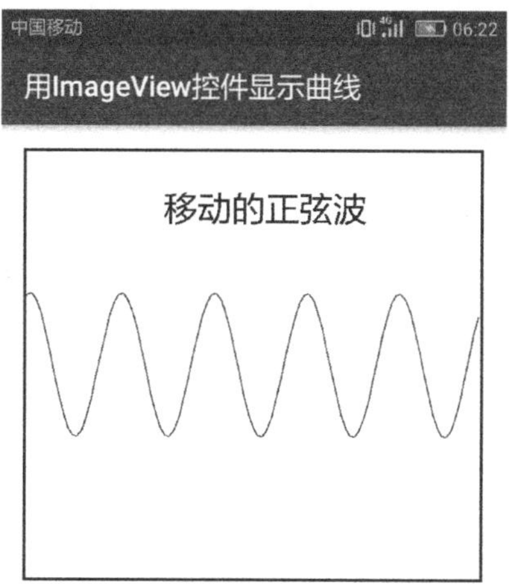

图 2-11　实例 2-4 程序运行结果界面

2.3　输入控件

2.3.1　Button 控件

Button 控件是最常用控件，在工业平板电脑编程应用中用来发出控制或调节命令、切换操作界面等。Button 控件作为输入类控件，要响应单击和长按操作，其中单击的响应可以编写对应的方法，然后在其 onClick 属性中引用。常见的使用方法是单击或长按事件的监听处理。

实例 2-5　Button 控件的应用

程序设计界面如图 2-12 所示，使用了 2 个 TextView 控件，一个作为标签，另一个显示设定频率数值，2 个 Button 控件控制频率的增加与减少操作。

图 2-12 实例 2-5 程序设计界面

程序代码如下：

```
//implements View.OnClickListener  声明监听单击事件
//implements View.OnLongClickListener  声明监听长按事件
public class MainActivity extends AppCompatActivity implements
                           View.OnClickListener,View.OnLongClickListener{
    TextView f;       //声明 TextView，显示设定频率
    Button inc,dec;   //声明 2 个 Button，调节设定频率
    int fn;           //频率值
    @Override
    protected void onCreate(Bundle savedInstanceState) {
        super.onCreate(savedInstanceState);
        setContentView(R.layout.activity_main);

        f=(TextView)findViewById(R.id.idtv);
        inc=(Button) findViewById(R.id.idinc);
        dec=(Button) findViewById(R.id.iddec);
        inc.setOnClickListener(this);          //注册按钮单击事件
        inc.setOnLongClickListener(this);
        dec.setOnClickListener(this);          //注册按钮长按事件
        dec.setOnLongClickListener(this);
    }
    //按钮单击事件响应，每次的频率变化为 1
```

```
        public void onClick(View v){
            switch (v.getId()) {
                case R.id.idinc:                              //单击增加按钮
                    fn++;
                    if(fn>50) fn=50;
                    break;
                case R.id.iddec:                              //单击减少按钮
                    fn--;
                    if(fn<0) fn=0;
                    break;
            }
            f.setText(Integer.toString(fn));
        }
        //按钮长按事件响应，每次的频率变化为 10
        //按下超过 1s 再拿开手指为长按 1 次
        public boolean onLongClick(View v){
            switch (v.getId()) {
                case R.id.idinc:                              //长按增加按钮
                    fn+=10;
                    if(fn>50) fn=50;
                    break;
                case R.id.iddec:                              //长按减少按钮
                    fn-=10;
                    if(fn<0) fn=0;
                    break;
            }
            f.setText(Integer.toString(fn));
            return true; //仅响应长按事件，return false 时，在响应长按事件后还响应单击事
件
        }
    }
```

程序首先声明监听程序界面上各控件的单击（OnClick）和长按（OnLongClick）事件，然后注册需要响应事件的控件，最后再编写事件响应程序。

2.3.2　Switch 控件

Switch 控件有两种主要的应用方法。第一种用法是代表逻辑量的状态，程序中需要这个逻辑时查询 isChecked()属性即可，单击 Switch 控件会切换逻辑量的状态，但不产生事件；第二种用法就是监听状态变化，立即响应。

实例 2-6　Switch 控件应用

程序设计界面如图 2-13 所示，使用 1 个 Switch 控件作为联锁开关，1 个 TextView 控件显示联锁开关的状态。

图 2-13　实例 2-6 程序设计界面

程序代码如下：

```
public class MainActivity extends AppCompatActivity {
    TextView tv;     //声明 TextView 控件，显示联锁开关的状态
    Switch sw;       //声明 Switch 控件，作为联锁开关
    @Override
    protected void onCreate(Bundle savedInstanceState) {
        super.onCreate(savedInstanceState);
        setContentView(R.layout.activity_main);
        tv=(TextView)findViewById(R.id.idtv);
        sw=(Switch)findViewById(R.id.idsw);
        sw.setOnCheckedChangeListener(new
                             CompoundButton.OnCheckedChangeListener() {
         @Override
         public void onCheckedChanged(CompoundButton compoundButton, boolean
b) {
                if (b) {
                    tv.setText("联锁投入");
                }
                else{
                    tv.setText("联锁退出");
                }
            }
        });
    }
}
```

程序运行后，单击联锁开关，其状态发生变化，TextView 控件同时更新显示联锁开关的状态。

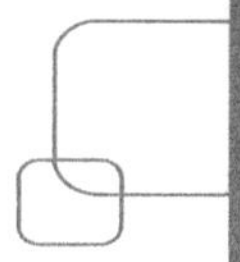

2.3.3　Spinner 控件

Spinner 控件以下拉列表的形式列出选项供选择，具有占用界面空间小、信息量大的特点。使用时先在 string.xml 文件创建字符串数组，再通过 entries 属性引用该字符串数组，程序运行后列表选项就是数组内容，选项的选取支持选取事件的监听处理。

实例 2-7　Spinner 控件的应用

程序设计界面如图 2-14 所示，使用 1 个 Spinner 控件作为波特率选择，1 个 TextView 控件显示选择状态。

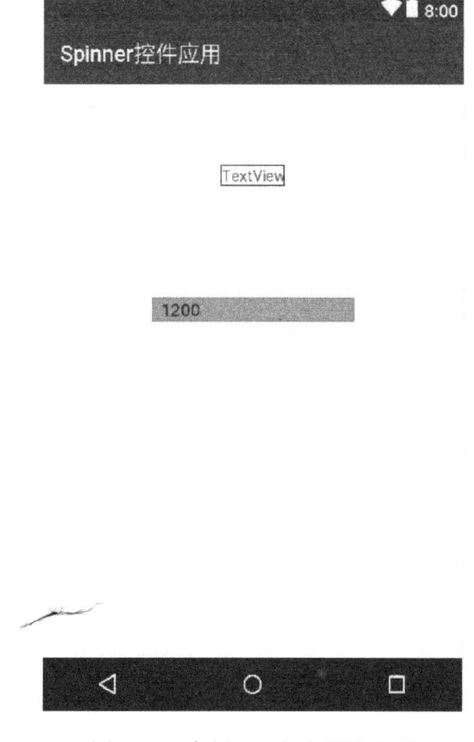

图 2-14　实例 2-7 程序设计界面

程序代码如下：

```
//implements AdapterView.OnItemSelectedListener  声明监听 spinner 控件选择事件
public class MainActivity extends AppCompatActivity
                                implements AdapterView.OnItemSelectedListener{
    TextView tv;          //声明 TextView 控件，显示联锁开关状态
    Spinner bps;          //声明 Spinner 控件，选择波特率
    @Override
    protected void onCreate(Bundle savedInstanceState) {
        super.onCreate(savedInstanceState);
        setContentView(R.layout.activity_main);
        tv=(TextView)findViewById(R.id.idtv);
        bps=(Spinner)findViewById(R.id.idbps);
```

```
        bps.setOnItemSelectedListener(this);  //注册 spinner 控件选择事件
    }
    @Override        //spinner 控件选择事件响应
    //参数 adapterView 代表 Spinner 控件，参数 view 代表选中项 TextView 的对象
    //参数 i 代表选项编号(从 0 开始)，参数 l 在使用字符串数组的 Spinner 中和 i 值相同
    public void onItemSelected(AdapterView<?> adapterView, View view, int
i, long l) {
        String[] strbps = getResources().getStringArray(R.array.bps);
        tv.setText("串口波特率：" + strbps[i] + "bps");  //显示所选波特率
    }
    @Override    //没选择选项事件响应
    public void onNothingSelected(AdapterView<?> adapterView) {
    }
}
```

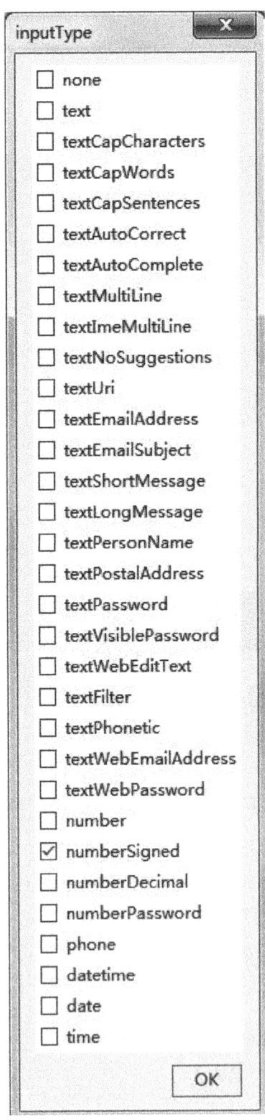

图 2-15　EditText 控件的数据类型选择界面

2.3.4　EditText 控件

EditText 控件的数据类型选择界面如图 2-15 所示，EditText 控件用于输入数据、字符、日期等类型数据，程序在运行时单击 EditText 控件，系统会根据数据类型弹出对应的虚拟键盘。

在工业平板电脑编程应用中常用 EditText 控件来设定参数，所用到的数据类型有 number（正整数）、numberSigned（整数）和 numberDecimal（浮点数），参数设定一般设单独界面，设定参数后检查无误再单击按钮确认，防止输入错误参数造成控制系统波动。

实例 2-8　EditText 控件的应用

程序设计界面如图 2-16 所示，使用了 2 个 EditText 控件分别作为整数和浮点数输入，1 个 TextView 控件显示数据输入状态。示例展示数据输入监听的使用方法、字符串比较的方法、字符串转整数和浮点数的方法。

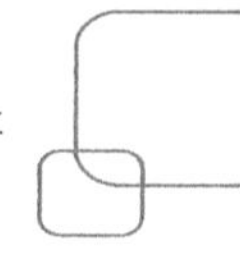

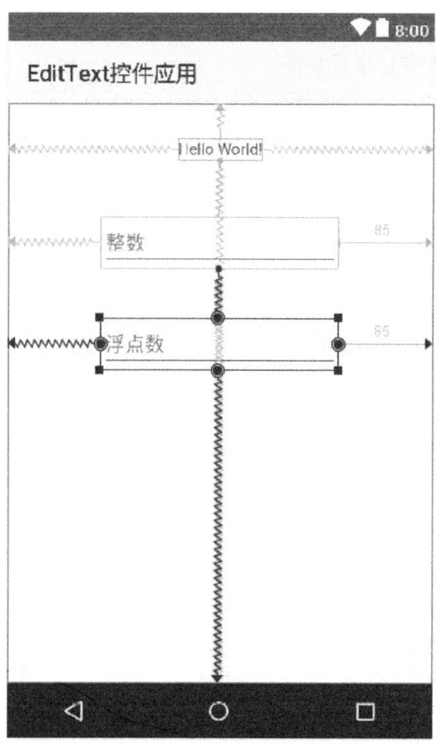

图 2-16　实例 2-8 程序设计界面

程序代码如下：

```
//implements TextWatcher 声明监听数据输入事件
public class MainActivity extends AppCompatActivity implements TextWatcher{
    EditText et1,et2;    //et1 用于输入整数，et2 用于输入浮点数
    TextView tv;         //显示输入数据状态
    int n;
    float f;
    @Override
    protected void onCreate(Bundle savedInstanceState) {
        super.onCreate(savedInstanceState);
        setContentView(R.layout.activity_main);
        tv=(TextView)findViewById(R.id.idtv);
        et1=(EditText)findViewById(R.id.idet1);
        et2=(EditText)findViewById(R.id.idet2);
        et1.addTextChangedListener(this);  //注册数据输入事件监听
        et2.addTextChangedListener(this);
    }
    @Override                //数据改变前事件响应
    public void beforeTextChanged(CharSequence s, int start, int count,
int after) {
    }
    @Override                //数据改变时事件响应
    public void onTextChanged(CharSequence s, int start, int before, int
count) {
```

```
    }
    @Override  //数据改变后事件响应
    public void afterTextChanged(Editable s) {
        String t=et1.getText().toString();  //EditText 输入内容转 string
        if(t.equals("")) n=0;               //字符比较不能使用==，要使用 equals
        else n=Integer.parseInt(t);         //string 转 int
        t=et2.getText().toString();         //EditText 输入内容转 string
        if(t.equals("")) f=0;
        else f=Float.parseFloat(t);         //string 转 float
        tv.setText("输入整数值：" + n + "\n 输入浮点数：" + String.format("%.2f",f));
    }
}
```

当 EditText 控件位于程序界面偏下时，会出现软键盘遮挡 EditText 的情况，看不到已输入内容，此时可将 AndroidManifest.xml 文件中的下面这行代码

```
<activity android:name=".MainActivity">
```

后面插入代码 android:windowSoftInputMode="adjustPan"：

```
<activity android:name=".MainActivity"
    android:windowSoftInputMode="adjustPan">
```

这样程序中 EditText 输入框会始终浮在软键盘上侧。

程序使用了监听数据输入事件的方法，当 EditText 控件有数据输入时，在 TextView 控件上显示输入数据，程序模拟运行界面如图 2-17 所示。

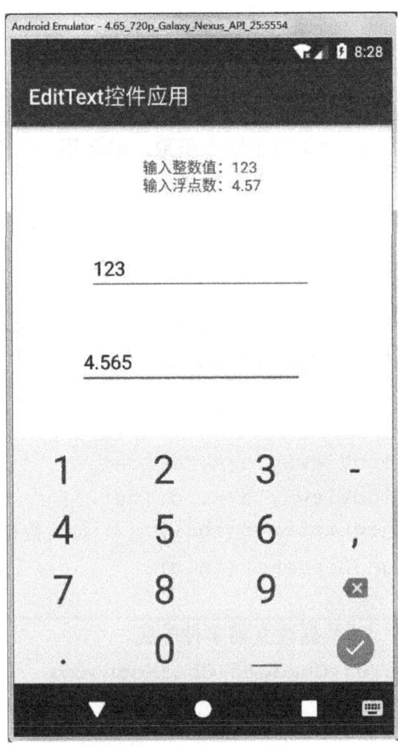

图 2-17　实例 2-8 程序模拟运行界面

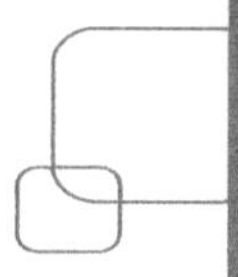

2.4　控件布局

2.4.1　常用布局

1．ConstraintLayout（约束布局）

ConstraintLayout 是 Android Studio 中的默认布局，依靠控件边界相对于界面边界的距离及控件间的边界距离和对齐关系确定控件的位置。在属性窗口上部有辅助的位置调整工具，方便查看和编辑控件的位置关系，通过拖拽和设置的结合，基本不需要切换到 xml 文件手动编辑控件的位置关系。

2．LinearLayout（线性布局）

LinearLayout 通过 orientation 属性可设置为 horizontal（水平线性布局）或 vertical（垂直线性布局）。水平线性布局就是其内部控件水平从左到右排列，垂直线性布局就是其内部控件从上到下排列，内部控件的 layout_weight 属性默认值是 1，代表所有控件大小比例为 1:1，通过调整控件的 layout_weight 属性值可以调整控件所占的比例。

3．TableLayout（表格布局）

TableLayout 内含多个 TableRow，每个 TableRow 占 1 行，多个 TableRow 构成垂直线性布局，控件只能放入 TableRow，TableRow 内的多个控件呈现水平线性布局。

2.4.2　布局组合与嵌套

Android Studio 的主界面本身就是一种布局，默认为 ConstraintLayout，布局中不只是能放置控件，还可以放置布局，通过布局的组合与嵌套，能完成复杂的界面设计。

实例 2-9　布局组合与嵌套

程序设计界面如图 2-18 所示，主界面为垂直线性布局，内部从上到下含 1 个 TextView 控件和 2 个水平线性布局，第 1 个水平线性布局含 3 个 Button 控件，第 2 个水平线性布局含 ImageView 控件和垂直线性布局，垂直线性布局含 5 个 Button 控件。

2.4.3　多界面切换

PLC 触摸屏组态常分成多个界面，工业平板电脑编程也一样，稍复杂的项目也要分成多个界面，多个界面之间除了可以用按钮切换之外，还可以用菜单切换。界面间共享数据量较大时使用 1 个 Activity，用控件的可见或隐藏达到切换界面的效果，界面间数据交换较少时可用多个 Activity，每个 Activity 都有自己的界面，Activity 的切换是真正意义上的界面切换。

图 2-18　实例 2-9 程序设计界面

实例 2-10　用 RadioButton 切换界面

程序设计界面如图 2-19 所示，主界面底部是 RadioGroup 控件，内含 3 个 RadioButton 控件用于切换界面，主界面上部是 FrameLayout 控件，内含 3 个 LinearLayout 控件分别布置 3 个界面的内容。利用 FrameLayout 控件内部嵌套控件是重叠的特性，再通过 RadioButton 控件控制 3 个 LinearLayout 控件中的 1 个可见，另两个隐藏，从而达到切换界面的目的。

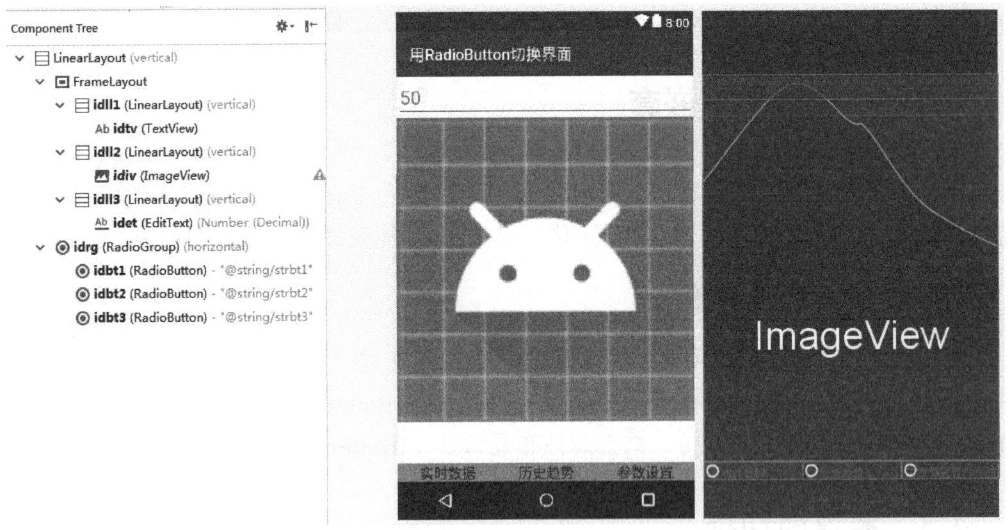

图 2-19　实例 2-10 程序设计界面

RadioButton 控件与 RadioGroup 控件组合使用，RadioButton 控件默认的样式是左侧有个圆圈，然后紧跟文本，在布局文件中加入如下代码，可去掉左侧的圆圈，使文本居中，样式变成普通按钮。

```
android:button="@null"
android:textAlignment="center"
```

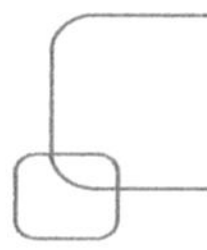

程序代码如下：

```
//implements RadioGroup.OnCheckedChangeListener 声明监听 RadioGroup 选择事件
public class MainActivity extends AppCompatActivity
                  implements RadioGroup.OnCheckedChangeListener{
    LinearLayout ll1,ll2,ll3;    //声明 3 个线性布局，分别容纳 3 个界面的控件
    RadioButton bt1,bt2,bt3;     //声明 3 个单选按钮，用于选择要显示的界面
    RadioGroup mRg;              //声明 1 个单选组合框，容纳选择按钮
    TextView tv;
    EditText et;
    @Override
    protected void onCreate(Bundle savedInstanceState) {
        super.onCreate(savedInstanceState);
        setContentView(R.layout.activity_main);
        ll1=(LinearLayout)findViewById(R.id.idll1);    //控件实例化
        ll2=(LinearLayout)findViewById(R.id.idll2);
        ll3=(LinearLayout)findViewById(R.id.idll3);
        bt1=(RadioButton) findViewById(R.id.idbt1);
        bt2=(RadioButton) findViewById(R.id.idbt2);
        bt3=(RadioButton) findViewById(R.id.idbt3);
        tv=(TextView) findViewById(R.id.idtv);
        et=(EditText) findViewById(R.id.idet);
        mRg=(RadioGroup)findViewById(R.id.idrg);
        mRg.setOnCheckedChangeListener(this);    //注册 RadioGroup 选择事件
        ll1.setVisibility(View.VISIBLE);         //显示界面 1
        ll2.setVisibility(View.INVISIBLE);       //隐藏界面 2
        ll3.setVisibility(View.INVISIBLE);       //隐藏界面 3
        bt1.setBackgroundColor(0xFFFFFFFF);
                                       //初始化时默认按钮 1 被选中，背景颜色为白色
        bt2.setBackgroundColor(0xFF00FF00);      //按钮 2 背景颜色为绿色
        bt3.setBackgroundColor(0xFFFFFF00);      //按钮 3 背景颜色为黄色
    }
    @Override
    //RadioGroup 选择事件响应
    //选中某一按钮时，显示对应界面，隐藏其他界面，同时选中按钮背景颜色变为白色
    //按钮未选中时，按钮 1 背景颜色红色，按钮 2 背景颜色绿色，按钮 1 背景颜色黄色
    public void onCheckedChanged(RadioGroup group, int checkedId) {
        //TODO Auto-generated method stub
        if(checkedId==bt1.getId()){
            ll1.setVisibility(View.VISIBLE);
            ll2.setVisibility(View.INVISIBLE);
            ll3.setVisibility(View.INVISIBLE);
            bt1.setBackgroundColor(0xFFFFFFFF);
            bt2.setBackgroundColor(0xFF00FF00);
            bt3.setBackgroundColor(0xFFFFFF00);
        }else if(checkedId==bt2.getId()){
            ll2.setVisibility(View.VISIBLE);
            ll1.setVisibility(View.INVISIBLE);
```

```
            ll3.setVisibility(View.INVISIBLE);
            bt1.setBackgroundColor(0xFFFF0000);
            bt2.setBackgroundColor(0xFFFFFFFF);
            bt3.setBackgroundColor(0xFFFFFF00);
        }else if(checkedId==bt3.getId()){
            ll3.setVisibility(View.VISIBLE);
            ll1.setVisibility(View.INVISIBLE);
            ll2.setVisibility(View.INVISIBLE);
            bt1.setBackgroundColor(0xFFFF0000);
            bt2.setBackgroundColor(0xFF00FF00);
            bt3.setBackgroundColor(0xFFFFFFFF);
        }
        //界面 1 显示界面 3 输入的数据
        tv.setText("输入数据=" + et.getText().toString());
    }
}
```

程序中对单选按钮的监听并不直接监听 RadioButton，而是通过对 RadioGroup 单选组合框的监听来实现的，监听到选择事件后，再查询单选按钮的状态做出相应的响应，程序运行界面如图 2-20 所示。

图 2-20　实例 2-10 程序运行界面

实例 2-11　用菜单切换界面

创建菜单步骤如图 2-21 所示，具体步骤为：

（1）单击 File→New→Android Resource Directory，弹出创建资源文件夹页面。

（2）在弹出的选择资源文件夹类型对话框中，选择 Resource type（资源类型）为“menu”，Directory name（文件夹名称）填写“menu”，然后单击“OK”按钮，在 res 文件夹内创建新文件夹 menu。

（3）右击 menu 文件夹图标，弹出菜单，选择 New→Menu resource files。

（4）在弹出的"New Resource File"对话框中的 File name 处填写菜单资源文件名，然后单击"OK"按钮，生成 mm.xml 菜单布局文件。

（5）双击 mm.xml 文件名，出现菜单编辑页面，根据需要加入 Menu Item 菜单项并编辑，完成菜单创建。

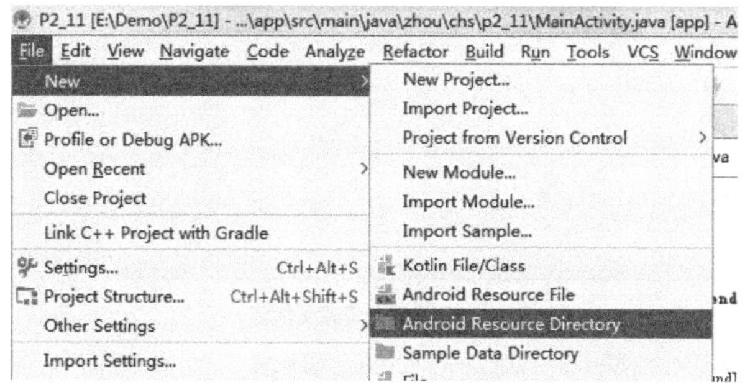

（a）创建资源文件夹页面

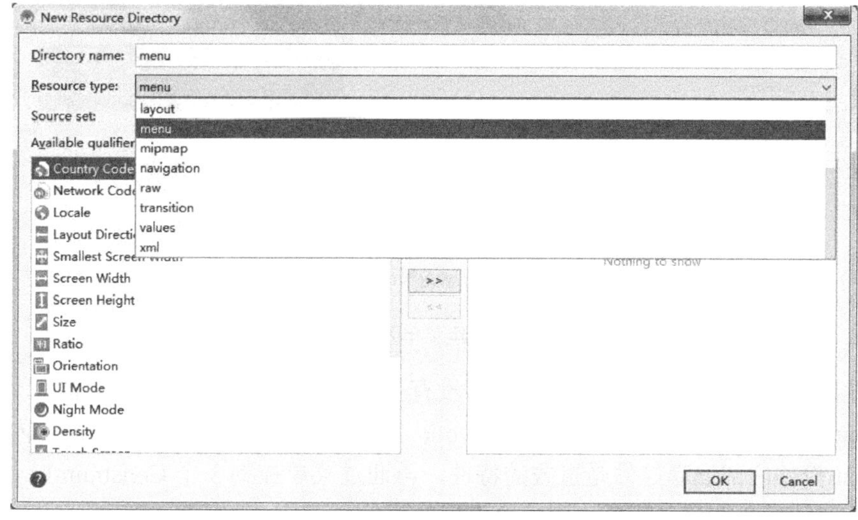

（b）选择资源文件夹类型对话框

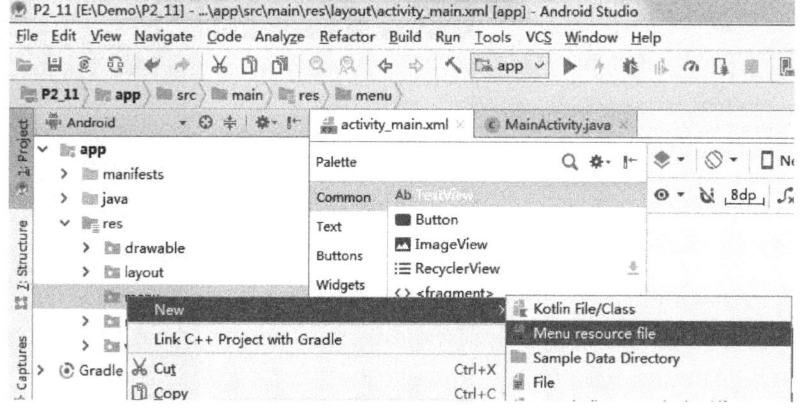

（c）创建菜单资源文件

图 2-21　创建菜单步骤

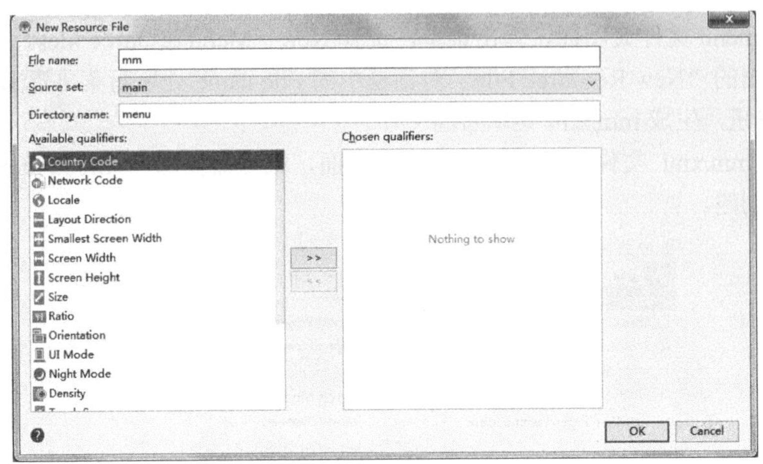

（d）填写菜单资源文件名

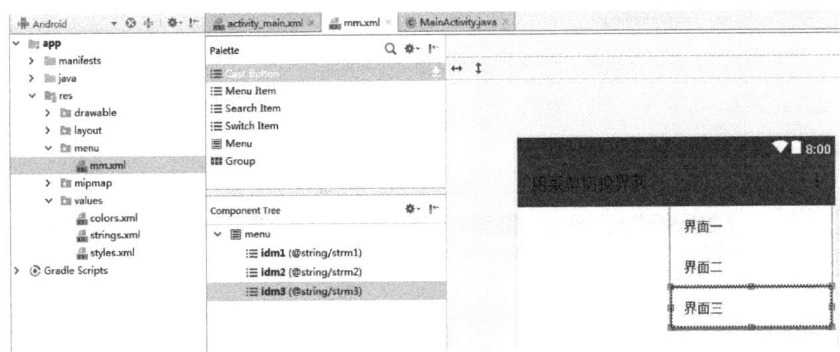

（e）编辑菜单

图 2-21　创建菜单步骤（续）

程序设计界面如图 2-22 所示，主界面没有按钮，其余部分与实例 2-10 相似，主界面 FrameLayout 控件内含 3 个 ConstraintLayout 控件，分别布置 3 个界面的内容。利用 FrameLayout 控件内部嵌套控件是重叠的特性，再通过菜单控制 3 个 ConstraintLayout 控件中的 1 个可见，另两个隐藏，从而达到切换界面的目的。

图 2-22　实例 2-11 程序设计界面

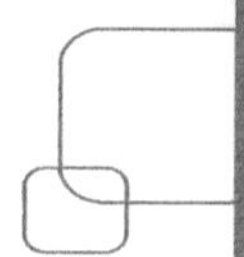

程序代码如下：

```
public class MainActivity extends AppCompatActivity {
    ConstraintLayout cl1,cl2,cl3;  //声明 3 个约束布局，分别容纳 3 个界面的控件
    @Override
    protected void onCreate(Bundle savedInstanceState) {
        super.onCreate(savedInstanceState);
        setContentView(R.layout.activity_main);
        cl1=(ConstraintLayout)findViewById(R.id.idcl1);       //控件实例化
        cl2=(ConstraintLayout)findViewById(R.id.idcl2);
        cl3=(ConstraintLayout)findViewById(R.id.idcl3);
        cl1.setVisibility(View.VISIBLE);                       //先显示界面 1
        cl2.setVisibility(View.INVISIBLE);
        cl3.setVisibility(View.INVISIBLE);
    }
    @Override  //程序界面加载菜单
    public boolean onCreateOptionsMenu(Menu menu) {
        getMenuInflater().inflate(R.menu.mm, menu);
        return true;
    }
    @Override //菜单选项选择响应
    public boolean onOptionsItemSelected(MenuItem item) {
        int id = item.getItemId();
        if (id == R.id.idm1) {
            cl1.setVisibility(View.VISIBLE);                   //显示界面 1
            cl2.setVisibility(View.INVISIBLE);
            cl3.setVisibility(View.INVISIBLE);
            return true;
        }
        if (id == R.id.idm2) {
            cl2.setVisibility(View.VISIBLE);                   //显示界面 2
            cl1.setVisibility(View.INVISIBLE);
            cl3.setVisibility(View.INVISIBLE);
            return true;
        }
        if (id == R.id.idm3) {
            cl3.setVisibility(View.VISIBLE);                   //显示界面 3
            cl1.setVisibility(View.INVISIBLE);
            cl2.setVisibility(View.INVISIBLE);
            return true;
        }
        return super.onOptionsItemSelected(item);
    }
}
```

程序较简单，代码主要是菜单的加载和响应，程序运行界面如图 2-23 所示，程序界面的右上角有 3 个点代表程序有菜单，单击这 3 个点所在的位置会弹出菜单选项。

图 2-23　实例 2-11 程序运行界面

实例 2-12　用 Activity 切换界面

实例用两个 Activity 实现程序界面的切换，项目中新增 Activity 步骤如图 2-24 所示，右击 app 文件夹图标，弹出菜单，选择 New→Activity→Empty Activity，弹出“New Android Activity”对话框，使用默认的 Activity Name 及 Layout Name，单击“Finish”按钮。

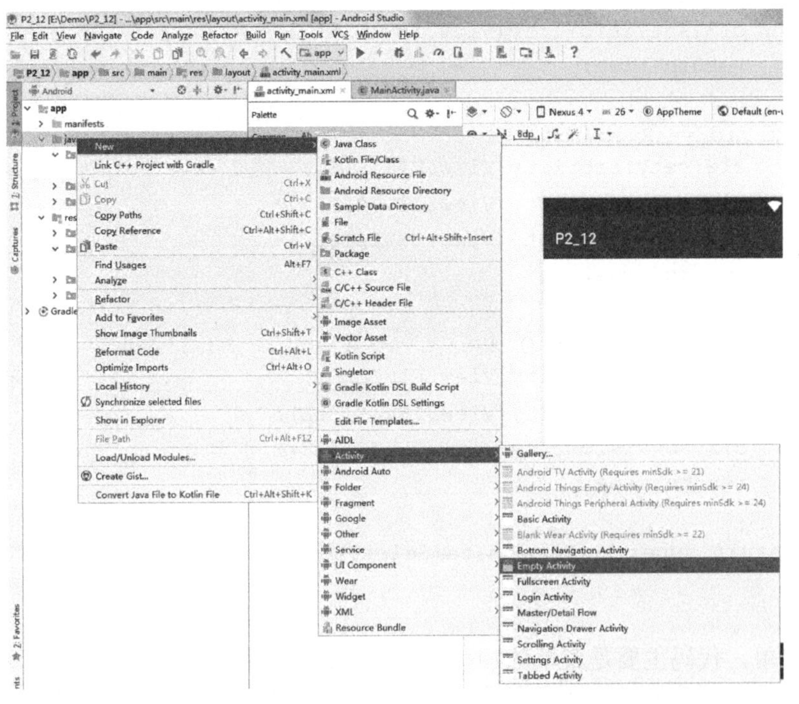

（a）创建新 Activity 的菜单路径

图 2-24　项目中新增 Activity 的步骤

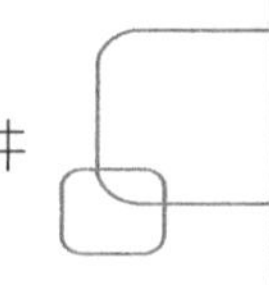

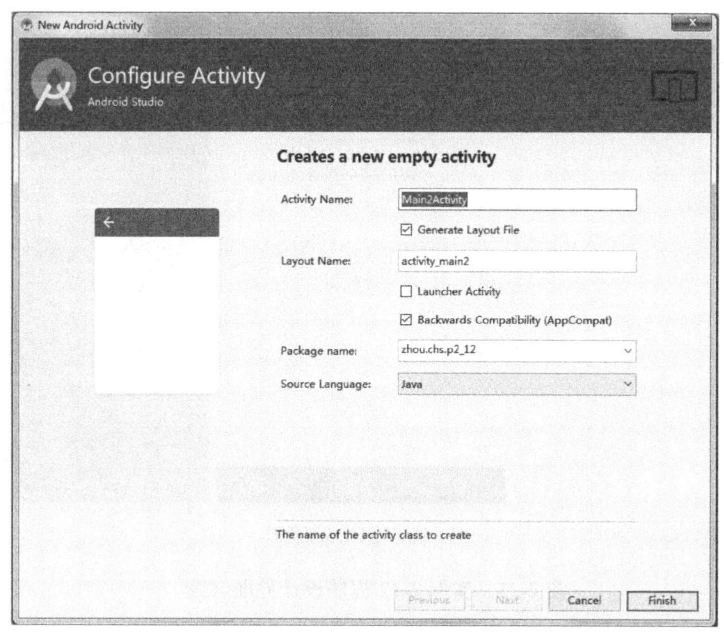

（b）填写 Activity 及其布局文件名称

图 2-24　项目中新增 Activity 的步骤（续）

实例的功能是在主界面中显示 2 个调节阀的开度，单击按钮切换到共用的调节阀开度设置界面（新建 Activity 程序界面），设定完调节阀开度后再返回主界面。程序设计界面如图 2-25 所示，主界面用 2 个 TextView 控件分别显示 2 个调节阀开度，2 个 Button 控件切换到调节阀开度设置界面，调节阀开度设置界面用 EditText 控件输入开度设定值，也可以用 SeekBar 控件调节开度设定值，设定完后单击“确定”返回主界面。

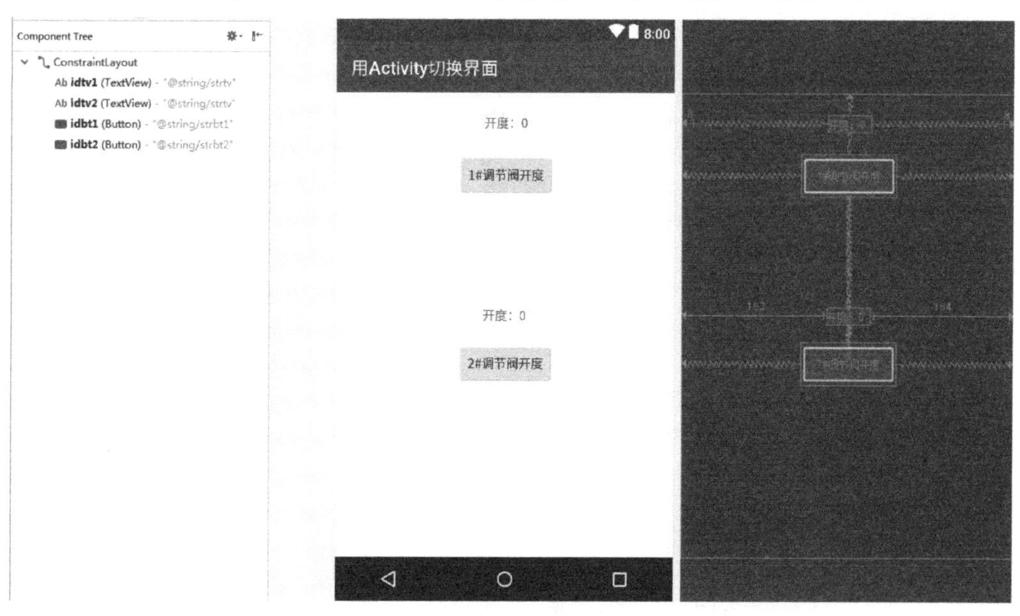

（a）主界面

图 2-25　实例 2-12 程序设计界面

（b）调节阀开度设置界面

图 2-25　实例 2-12 程序设计界面（续）

主界面程序代码如下：

```
public class MainActivity extends AppCompatActivity
                          implements View.OnClickListener{
    TextView tv1,tv2;    //显示开度设定值
    Button bt1,bt2;      //切换界面按钮
    String strb;
    int sn;
    int kn1=0,kn2=0;
    int kn;
    @Override
    protected void onCreate(Bundle savedInstanceState) {
        super.onCreate(savedInstanceState);
        setContentView(R.layout.activity_main);
        tv1=(TextView)findViewById(R.id.idtv1);       //控件变量赋值
        tv2=(TextView)findViewById(R.id.idtv2);
        bt1=(Button)findViewById(R.id.idbt1);
        bt2=(Button)findViewById(R.id.idbt2);
        bt1.setOnClickListener(this);                 //注册监听按钮单击事件
        bt2.setOnClickListener(this);
    }
    //开度设定界面关闭后返回参数处理
    protected void onActivityResult(int requestCode,int resultCode,Intent
it){
        if(resultCode == RESULT_OK){
            int n = it.getIntExtra("开度",0);
            if(sn==1) {        //获取 1#调节阀开度设定值并显示
                tv1.setText("开度设定: " + n);
                kn1=n;
            }
```

```
            if(sn==2) {        //获取 2#调节阀开度设定值并显示
                tv2.setText("开度设定: " + n);
                kn2=n;
            }
        }
    }
    @Override                         //按钮单击事件响应
    public void onClick(View view) {
        switch (view.getId()) {
            case R.id.idbt1:                    //1#调节阀
                strb="1#调节阀";
                sn=1;
                kn=kn1;
                break;
            case R.id.idbt2:                    //2#调节阀
                strb="2#调节阀";
                sn=2;
                kn=kn2;
                break;
        }
        Intent it = new Intent(this,Main2Activity.class);
        it.putExtra("设备",strb);          //启动开度设置界面前先放入待传送参数
        it.putExtra("开度",kn);
        startActivityForResult(it,sn);   //启动开度设定界面
    }
}
```

调节阀开度设置界面程序代码如下：

```
public class Main2Activity extends AppCompatActivity
                              implements  SeekBar.OnSeekBarChangeListener{
    TextView tv3;    //标签
    EditText et;     //用 EditText 控件设定开度值
    SeekBar sb;      //用 SeekBar 控件设定开度值
    Button bt3;      //设定值确认，返回主界面
    @Override
    protected void onCreate(Bundle savedInstanceState) {
        super.onCreate(savedInstanceState);
        setContentView(R.layout.activity_main2);
        tv3=(TextView)findViewById(R.id.idtv3);
        et=(EditText)findViewById(R.id.idet);
        sb=(SeekBar)findViewById(R.id.seekBar);
        bt3=(Button)findViewById(R.id.idbt3);
        sb.setOnSeekBarChangeListener(this);     //注册 SeekBar 变化事件监听
        Intent it = getIntent();                 //获取传入参数
        String s = it.getStringExtra("设备");
        int m = it.getIntExtra("开度",0);
        tv3.setText(s + "开度设定");              //显示传入参数
        et.setText(Integer.toString(m));
```

```
        sb.setProgress(m);
    }
    //按钮单击响应
    public void setbn(View view) {
        int n;
        Intent it2 = new Intent();
        String s=et.getText().toString();          //EditText 输入内容转 string
        if(s.length()==0) n=0;                     //未输入数据时设定值为 0
        else n=Integer.parseInt(s);                //string 转 int
        if((n<0)||(n>100)) n=0;                    //设定值超范围默认为 0
        it2.putExtra("开度",n);                    //返回主界面传回开度设定值
        setResult(RESULT_OK,it2);
        finish();
    }
    @Override                                      //SeekBar 变化事件响应
    public void onProgressChanged(SeekBar seekBar, int i, boolean b) {
        et.setText(Integer.toString(i));
    }
    @Override
    public void onStartTrackingTouch(SeekBar seekBar) {
    }
    @Override
    public void onStopTrackingTouch(SeekBar seekBar) {
    }
}
```

主程序中在启动调节阀开度设置界面程序前传入待设定调节阀名称和原开度设定值，调节阀开度设置界面启动后显示调节阀名称和原开度设定值，可直接输入设定值或拖动 SeekBar 改变设定值，显示值和 SeekBar 是同步的，单击“确定”按钮返回主界面，传回新的开度设定值并显示，程序运行效果界面如图 2-26 所示。

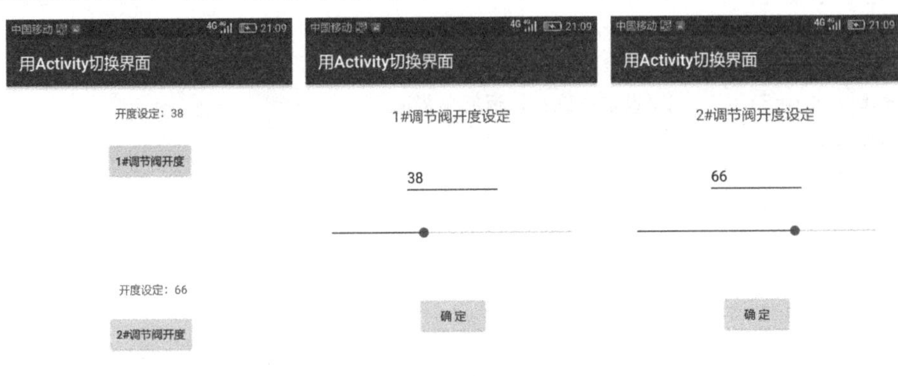

图 2-26　实例 2-12 程序运行效果界面

第 3 章　Android 数据处理

在 Android 工业平板电脑应用程序中，数据存储方式主要有两种，即存储在文件中或存储在 SQLite 数据库中。文件根据存储位置又分为内置存储文件、扩展存储文件和公共存储文件，其中内置存储文件和 SQLite 数据库一样只能由本程序操作，外部程序无法查看，扩展存储文件和公共存储文件可以用外部程序查看，当程序卸载时内置存储文件和扩展存储文件会被同时删除，公共存储文件则会保留。SQLite 数据库与外部程序的交互最好通过公共存储文件的导入或导出实现。

3.1　文件操作

3.1.1　文件的存储位置

1．内置存储文件

当 Android 程序被安装到系统中后，在系统文件中会生成新文件夹用于存放 Android 程序的内置存储文件，文件夹名称为“/data/user/0/<Android 程序包名>/files”，只有该 Android 程序才能对这个文件夹内的内置存储文件进行读/写操作，其他应用程序则无法操作。内置存储文件用于保存账号、密码类的保密数据。

2．扩展存储文件

当其他应用程序需要操作 Android 程序的数据时，数据被保存在扩展存储文件中，存放在文件夹“/storage/emulated/0/Android/data/<Android 程序包名>/files/”内的特定文件夹内，直接查看的文件夹名称为“/Android/data/<Android 程序包名>/files/”。

3．公共存储文件

Android 程序建议数据文件尽量保存为内置存储文件或扩展存储文件，对其进行读/写操作不需要系统权限，程序卸载后数据文件均被清除。但有些情况下需要在程序卸载后数据文件能保留，这时就需要保存在文件夹“/storage/emulated/0/”中或其内部其他与 Android 程序包名无关的文件夹内，包括 SD 卡文件夹：/storage/ external_sd /及 U 盘文件夹：/storage/usbdisk2/，具体文件夹名称与 Android 系统有关，不同系统文件夹名称可能会有所不同，具体应用可以用程序测试和验证。

操作公共存储文件需要取得系统外部存储器读/写权限，在 AndroidManifest.xml 中加入如下语句：

```
<uses-permission  android:name="android.permission.WRITE_EXTERNAL_STORAGE"
/>
 <uses-permission  android:name="android.permission.READ_EXTERNAL_STORAGE"
/>
```

在 Android 6.0 及以上版本还要在主程序中加入动态权限申请，代码如下：

```
public class MainActivity extends AppCompatActivity {
    private static final int REQUEST_EXTERNAL_STORAGE = 1;
    private static String[] PERMISSIONS_STORAGE = {
            Manifest.permission.READ_EXTERNAL_STORAGE,
            Manifest.permission.WRITE_EXTERNAL_STORAGE };
    @Override
    protected void onCreate(Bundle savedInstanceState) {
        super.onCreate(savedInstanceState);
        setContentView(R.layout.activity_main);

        verifyStoragePermissions(this);  //动态权限申请
    }
     //动态权限申请方法
    public static void verifyStoragePermissions(Activity activity) {
        //检查是否完成动态权限申请
        int permission = ActivityCompat.checkSelfPermission(activity,
                Manifest.permission.WRITE_EXTERNAL_STORAGE);
        if (permission != PackageManager.PERMISSION_GRANTED) {
            //如未完成动态权限申请，弹出申请界面，等待确认
            ActivityCompat.requestPermissions(activity, PERMISSIONS_STORAGE,
                    REQUEST_EXTERNAL_STORAGE);
        }
    }
}
```

3.1.2 文件操作相关的类

文件操作主要用到 File 类，涉及文件（文件夹）的创建、删除和状态查询等操作，操作过程需要用到访问环境变量的 Environment 类，读/写时要用到 FileReader/FileWriter 类，FileReader 只支持字符读取，读取 String 还得用 BufferedReader 类。

1. File 类

File 类的常用方法：

（1）File()：指定文件的路径和名称。

（2）mkdir()：创建文件夹，父级目录存在才能创建。

（3）mkdirs()：创建文件夹，父级目录不存在时自动创建。

（4）isFile()：判断是否为文件。

（5）isDictory()：判断是否为文件夹。

（6）delete()：删除文件或文件夹。
（7）exists()：判断文件或文件夹是否存在。
（8）getName()：返回文件或文件夹的名称。
（9）getPath()：返回相对路径。
（10）listFiles()：返回文件夹下的所有文件和文件夹名。
（11）length()：返回文件的长度。

2．Environment 类

（1）getExternalStorageState()：返回外部存储设备的状态。
常用返回值说明如下：

- MEDIA_BAD_REMOVAL　　SD 卡被卸载前已被移除
- MEDIA_MOUNTED　　SD 卡存在
- MEDIA_UNMOUNTED　　SD 卡已卸载
- MEDIA_REMOVED　　SD 卡被移除

（2）getExternalStoragePublicDirectory(String type)：返回外部存储器目录。
常用 type 值说明如下：

- DIRECTORY_MUSIC　　音乐存放
- DIRECTORY_DOCUMENTS　　文档
- DIRECTORY_PICTURES　　图片存放
- DIRECTORY_MOVIES　　电影存放
- DIRECTORY_DOWNLOADS　　下载
- DIRECTORY_DCIM　　相机拍摄照片和视频

（3）getDataDirectory()：返回 data 的目录(/data)。
（4）getDownloadCacheDirectory()：返回 Android 下载/缓存内容目录 (/cache)。
（5）getExternalStorageDirectory()：返回外部存储目录 (/storage/sdcard)。
（6）getRootDirectory()：返回系统主目录(/system)。

3．FileReader 类

（1）FileReader 的常用构造方法。

```
public FileReader(String fileName)
public FileReader(File file)
```

（2）继承自 Reader 的方法。

```
int read()
int read(char[] b)
int read(char[] b , int off ,int len)
```

4．FileWriter

（1）FileWriter 的常用构造方法。

```
public FileWriter(File file)
```

public FileWriter(File file, boolean append)//boolean append 续写

（2）继承自 Writer 的方法。

void write(char[] b)

void write(char[] b, int off, int len)

void write(int b)

void write(String str)

void write(String str, int off, int len)

Writer append(char c)

Writer append(CharSequence csq)

Writer append(CharSequence csq, int start, int end)

5．BufferedReader 类

（1）构造方法。

BufferedReader(Reader in)

BufferedReader(Reader in, int sz)

（2）常见方法。

void close().

int read()

int read(char[] cbuf, int off, int len)

String readLine()

3.1.3 文件操作的步骤

1．创建文件并写入数据

（1）按指定文件路径及文件名获得 File。

（2）以 File 为对象创建 FileWriter。

（3）用 write 方法写入字符串。

（4）关闭 FileWriter。

示例代码如下：

```
    //filename-文件名  str-待写入字符串
    public static boolean saveFile(Context context, String filename, String
str){
    //内置存储文件 context.getFilesDir()
    //扩展存储文件 context.getExternalFilesDir(Environment.DIRECTORY_DOCUMENTS)
    //公共存储文件 Environment.getExternalStoragePublicDirectory
    //                                 (Environment.DIRECTORY_DOCUMENTS)
        File file = new File(context.getFilesDir(), filename);
        try {
            FileWriter fw = new FileWriter(file);
            fw.write(str);
```

```
            fw.close();
        } catch (Exception e) {
            e.printStackTrace();
            return false;
        }
        return true;
    }
```

2. 读取文件数据

（1）按指定文件路径及文件名获得文件 File。
（2）以 File 为对象创建 BufferedReader。
（3）用 readLine 方法读出字符串。
（4）关闭 BufferedReader。
示例代码如下：

```
public static String readFile(Context context, String filename){
    File file = new File(context.getFilesDir(), filename);
        if (!file.exists()) {          //先判断文件是否存在
        return null;
    }
    String result = null;
    try {
        BufferedReader reader = new BufferedReader(new FileReader(file));
        result = reader.readLine(); //读 1 行数据，可修改读取多行数据
        reader.close();
    } catch (Exception e) {
        e.printStackTrace();
    }
    return result ;
}
```

实例 3-1　文件读/写操作

程序设计界面如图 3-1 所示，单击“保存”按钮会在内置存储、扩展存储和公共存储 3 个区域分别存储 demo.txt 文件，内容为当前文件所在路径信息，单击“读取”按钮，分别读出 3 个文件内容并显示在 TextView 控件上。

主程序代码如下：

```
public class MainActivity extends AppCompatActivity {
    TextView tv;  //声明 1 个 TextView，显示文件信息
    private static final int REQUEST_EXTERNAL_STORAGE = 1;
    private static String[] PERMISSIONS_STORAGE = {
            Manifest.permission.READ_EXTERNAL_STORAGE,
            Manifest.permission.WRITE_EXTERNAL_STORAGE };
    @Override
    protected void onCreate(Bundle savedInstanceState) {
        super.onCreate(savedInstanceState);
```

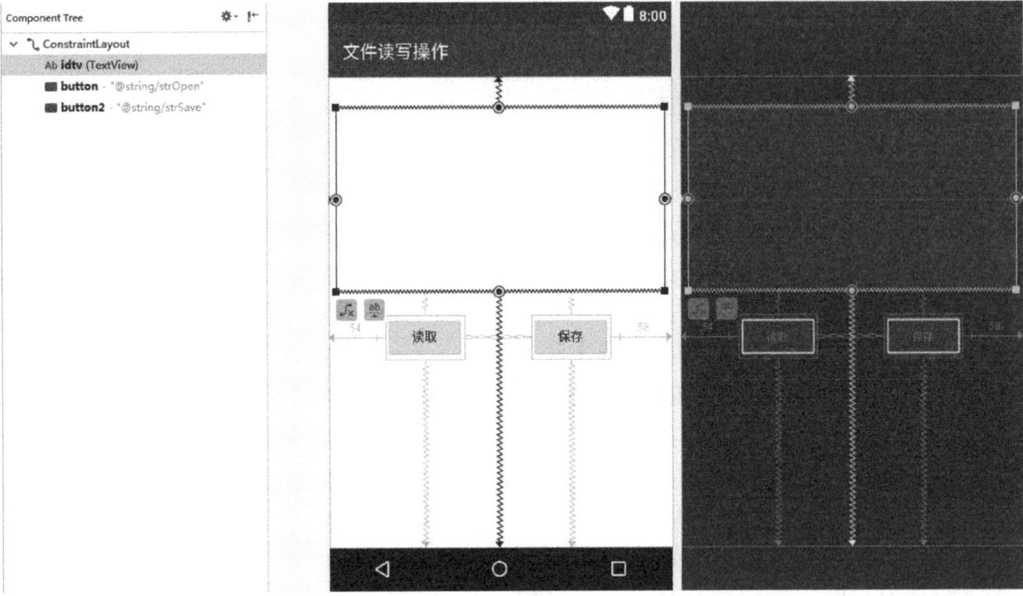

图 3-1　实例 3-1 程序设计界面

```
        setContentView(R.layout.activity_main);
        tv = (TextView) findViewById(R.id.idtv);
        verifyStoragePermissions(this);
    }
    //向文件写入字符串
    public void saveStr(View view){
        String str = "内置存储文件路径：" + this.getFilesDir().toString();
        FileService.saveFile(this,"demo.txt", str);
        str = "扩展存储文件路径："
          + getExternalFilesDir(Environment.DIRECTORY_DOCUMENTS).toString();
        FileService.saveFileEx(this,"demo.txt", str);
        str = "公共存储文件路径：" + Environment.getExternalStoragePublicDirectory
         (Environment.DIRECTORY_DOCUMENTS).toString();
        FileService.saveFileSD(this,"demo.txt", str);
    }
    //打开文件，获取文件内容并显示
    public void openStr(View view){
        String str = FileService.readFile(this,"demo.txt");
        str += "\n\n" + FileService.readFileEx(this,"demo.txt");
        str += "\n\n" + FileService.readFileSD(this,"demo.txt");
        tv.setText(str);
    }
    //动态申请存储卡的读/写权限
    public static void verifyStoragePermissions(Activity activity) {
        int permission = ActivityCompat.checkSelfPermission(activity,
                Manifest.permission.WRITE_EXTERNAL_STORAGE);
        if (permission != PackageManager.PERMISSION_GRANTED) {
            ActivityCompat.requestPermissions(activity, PERMISSIONS_STORAGE,
```

```
                    REQUEST_EXTERNAL_STORAGE);
            }
        }
    }
```

自定义FileService类程序代码如下：

```
    public class FileService{
        //内置存储文件写操作
        public static boolean saveFile(Context context, String filename, String str){
            File file = new File(context.getFilesDir(), filename);
            try {
                FileWriter fw = new FileWriter(file);
                fw.write(str);
                fw.close();
            } catch (Exception e) {
                e.printStackTrace();
                return false;
            }
            return true;
        }
        //扩展存储文件写操作
        public static boolean saveFileEx(Context context,String filename, String str){
            File file = new File(context.getExternalFilesDir
                                (Environment.DIRECTORY_DOCUMENTS), filename);
            try {
                FileWriter fw = new FileWriter(file);
                fw.write(str);
                fw.close();
            } catch (Exception e) {
                e.printStackTrace();
                return false;
            }
            return true;
        }
        //公共存储文件写操作
        public static boolean saveFileSD(Context context,String filename, String str){
            File file = new File(Environment.getExternalStoragePublicDirectory
                            (Environment.DIRECTORY_DOCUMENTS), filename);
            File file = new File("/storage/emulated/0/", filename);   //指定位置存储
            try {
                FileWriter fw = new FileWriter(file);
                fw.write(str);
                fw.close();
            } catch (Exception e) {
```

```
            e.printStackTrace();
            return false;
        }
        return true;
    }
    //内置存储文件读操作
    public static String readFile(Context context, String filename){
        File file = new File(context.getFilesDir(), filename);
        if (!file.exists()) {     //判断文件是否存在
            return null;          //如果文件不存在则返回 null
        }
        String result = null;
        try {
            BufferedReader reader = new BufferedReader(new FileReader(file));
            result = reader.readLine();
            reader.close();
        } catch (Exception e) {
            e.printStackTrace();
        }
        return result ;
    }
    //扩展存储文件读操作
    public static String readFileEx(Context context, String filename){
        File file = new File(context.getExternalFilesDir
                        (Environment.DIRECTORY_DOCUMENTS), filename);
        if (!file.exists()) {
            return null;
        }
        String result = null;
        try {
            BufferedReader reader = new BufferedReader(new FileReader(file));
            result = reader.readLine();
            reader.close();
        } catch (Exception e) {
            e.printStackTrace();
        }
        return result ;
    }
    //公共存储文件读操作
    public static String readFileSD(Context context, String filename){
        File file = new File(Environment.getExternalStoragePublicDirectory
                        (Environment.DIRECTORY_DOCUMENTS), filename);
        if (!file.exists()) {
            return null;
        }
        String result = null;
        try {
```

```
            BufferedReader reader = new BufferedReader(new FileReader(file));
            result = reader.readLine();
            reader.close();
        } catch (Exception e) {
            e.printStackTrace();
        }
        return result ;
    }
    //删除公共存储文件
    public static boolean deleteFileSD(Context context, String filename){
        File file = new File(Environment.getExternalStoragePublicDirectory
                    (Environment.DIRECTORY_DOCUMENTS),filename);
        try {
            return file.delete();
        } catch (Exception e) {
            e.printStackTrace();
            return false;
        }
    }
}
```

程序运行效果如图 3-2 所示，首先弹出动态权限申请界面，单击“始终允许”按钮，进入程序运行界面，单击“保存”按钮，生成并保存 3 个文件，再单击“读取”按钮，会显示 3 个文件的信息，内容为文件所在路径，在内部存储文件中按指定目录可看到新生成的文件。

（a）动态权限申请界面　　（b）程序运行界面　　（c）新生成的文件

图 3-2 实例 3-1 程序运行效果图

3.2 SQLite 数据库

SQLite 是一种轻型、支持 SQL（Structured Query Language）、开放源码的数据库，Android 内建了 SQLite 数据库功能，可以直接使用。

要使用 SQLite 数据库存储数据，必须先创建数据库，然后在数据库内创建数据表，1 个数据库内可创建多个数据表，再在数据表内添加记录，每条记录由若干段组成，记录中的 1 个段记录 1 个数据，数据库的这些操作是通过 SQLiteDatabase 类中的对应方法来实现的。

3.2.1 SQLiteDatabase 类的常用方法

1. 打开或创建数据库

```
openOrCreateDatabase(String dbname, Context.MODE_PRIVATE, null);
```

功能：打开或创建(如果不存在) SQLite 数据库。

参数说明：

- 参数 1：dbname 是数据库名称，为字符串类型。
- 参数 2：操作模式，常数 Context.MODE_PRIVATE 表示私有数据，只能被程序本身访问。
- 参数 3：查询结果，null 表示使用系统默认的类。

2. 创建数据表

```
execSQL(String sql);
```

功能：执行一条 SQL 语句，当参数 sql 为创建数据表的语句时则创建数据表。

创建数据表的 SQL 语句语法如下：

CREATE TABLE IF NOT EXISTS 数据表名称 (字段名 1 数据类型,
字段名 2 数据类型,
…
字段名 *n* 数据类型）

常用数据类型如下（不分大小写）：

- integer　　整数
- decimal(p,s)　　小数，p 为精确值，s 为小数位数
- float　　单精度浮点数
- char(n)　　长度为 n 的字符串，n<254
- varchar(n)　　可变长度字符串，长度<n，n<4000
- graphic(n)　　双字节字符串，n<127
- date　　年、月、日
- time　　时、分、秒

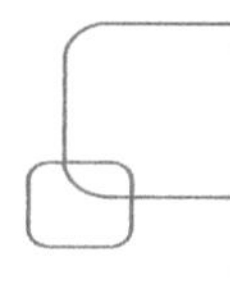

3. 插入记录

```
insert(String table,String nullColumnHack,ContentValues  values);
```

功能：在 table 表中插入新记录。

参数说明：

- 参数 1：表名称 table，为字符串类型。
- 参数 2：空列默认值，一般为 null。
- 参数 3：ContentValues 类型对象，是新增数据的容器，用 put 方法存入数据。

也可用 execSQL(String sql)方法插入记录，sql 为插入记录的 SQL 语句，语法如下：

INSERT INTO 数据表名称 (字段名 1,…,字段名 n) VALUES (字段值 1,…,字段值 n)

4. 删除记录

```
delete(String table,String whereClause,String[] whereArgs);
```

功能：在 table 表中删除符合条件的记录。

参数说明：

- 参数 1：表名称 table，为字符串类型。
- 参数 2：删除条件。
- 参数 3：删除条件值数组。

也可用 execSQL(String sql)方法删除记录，sql 为删除记录的 SQL 语句，语法如下：

DELETE FROM 数据表名称 WHERE 条件表达式

5. 修改记录

```
update(String table,ContentValues values,String whereClause, String[] whereArgs);
```

功能：在 table 表中修改符合条件的记录。

参数说明：

- 参数 1：表名称 table，为字符串类型。
- 参数 2：ContentValues 类型对象，新数据的容器。
- 参数 3： 更新条件（where 语句）。
- 参数 4：更新条件数组。

也可用 execSQL(String sql)方法修改记录，sql 为修改记录的 SQL 语句，语法如下：

UPDATE 数据表名称 SET 要更改的字段=新值 WHERE 条件表达式

6. 查询记录

```
query(String table,String[] columns,String selection,String[]  selectionArgs,
      String groupBy,String having,String  orderBy,String limit);
```

功能：在 table 表中查询符合条件的记录，返回一个 Cursor 对象，Cursor 指向的就是每一条符合条件的记录。

参数说明：

- 参数 1：table，表名称。

- 参数 2：columns，选择返回列，如果参数是 null，则返回所有列。
- 参数 3： selection，条件字句，相当于 where。
- 参数 4：selectionArgs，条件字句，参数数组。
- 参数 5：groupBy，分组列。
- 参数 6：having，分组条件。
- 参数 7：orderBy，排序列。
- 参数 8：limit，返回的行数，设置为 null 或默认该参数表示没有限制。

Cursor 对象的常用方法：

- getCount() 获得记录总条数
- isFirst() 判断是否是第一条记录
- isLast() 判断是否是最后一条记录
- moveToFirst() 移动到第一条记录
- moveToLast() 移动到最后一条记录
- move(int offset) 移动到指定记录
- moveToNext() 移动到下一条记录
- moveToPrevious() 移动到上一条记录

7．删除数据表

```
execSQL(String sql);
```

功能：执行一条 SQL 语句，参数 sql 为删除数据表的 SQL 语句。

删除数据表的 SQL 语句语法如下：

DROP TABLE 数据表名称

8．关闭数据库

```
close();
```

功能：数据库不操作时关闭。

3.2.2 创建数据库

根据项目情况规划数据库内包含几个数据表，每个数据表含哪些字段及每个字段的数据类型。利用 SQLiteDatabase 类的 openOrCreateDatabase()方法创建数据库，用 execSQL()方法创建数据表，再用 insert()方法添加数据，初步形成数据库。

实例 3-2 创建数据库

实例用数据库含两个数据表，设备台账数据表见表 3-1，巡检记录数据表见表 3-2，巡检记录数据表暂时为空表，每次巡检后填入新记录。

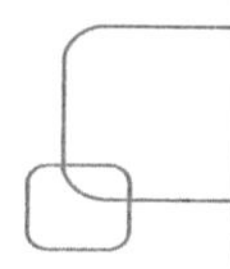

表 3-1 设备台账数据表

设备名称	工艺位号	设备 ID	报警温度
1#进料泵	P3101A	E765ACEB	90
2#进料泵	P3101B	550E86D4	90
引风机	F3201	1767B9EB	80
润滑油泵	C201	761E1BB6	80

表 3-2　巡检记录数据表

日　期	时　间	设备名称	工艺位号	设备 ID	前轴温度	后轴温度

实例程序界面较简单，程序运行后创建数据库，用 TextView 控件显示数据库的内容，程序代码如下：

```
public class MainActivity extends AppCompatActivity {
    TextView tv;    //声明 1 个 TextView 控件显示数据库设备台账数据表的内容
    static final String db_name="mydb";       //定义数据库的名称
    static final String tb1="EP";             //定义设备台账数据表的名称
    static final String tb2="RI";             //定义巡检记录数据表的名称
    SQLiteDatabase db;                        //声明 1 个 SQLiteDatabase
    @Override
    protected void onCreate(Bundle savedInstanceState) {
        super.onCreate(savedInstanceState);
        setContentView(R.layout.activity_main);
        tv = (TextView) findViewById (R.id.idtv);
        //创建数据库
        db=openOrCreateDatabase(db_name, Context.MODE_PRIVATE,null);
        //设备台账数据表的 SQL 语句
        //设备名称-name     工艺位号-seq   设备 ID-id     报警温度-th
        String createTable="CREATE TABLE IF NOT EXISTS " + tb1
            + "(name VARCHAR(20),seq VARCHAR(10),id VARCHAR(10),th INTEGER)";
        //创建设备台账数据表
        db.execSQL(createTable);
        //巡检记录数据表的 SQL 语句
        //日期-mdate 时间-mtime    设备名称-name  工艺位号-seq   设备 ID-id
        //前轴温度-t1   后轴温度-t2
        createTable="CREATE  TABLE  IF  NOT  EXISTS  "  +  tb2  +  "(mdate
VARCHAR(20),
                mtime VARCHAR(10),name VARCHAR(32),t1 INTEGER,t2 INTEGER)";
        //创建巡检记录数据表
        db.execSQL(createTable);
        //查询数据表
        Cursor cp = db.query(tb1, null, null, null, null, null, null);
        if(cp.getCount()==0) {
            //向设备台账数据表添加 4 条记录
```

```
            addtbl("1#进料泵", "P3101A", "E765ACEB", 90);
            addtbl("2#进料泵", "P3101B", "550E86D4", 90);
            addtbl("引风机", "F3201", "1767B9EB", 80);
            addtbl("润滑油泵", "C201", "761E1BB6", 80);
        }
        //读取数据并显示
        cp = db.query(tbl, null, null, null, null, null, null);
        int sum = cp.getCount();
        cp.moveToFirst();
        String st;
        st = "设备台账数据表有" + sum + "条记录\n\n";
        for (int i = 0; i < sum; i++) {
            st=st+cp.getString(0)+"  "+cp.getString(1)+"  "+
                                        cp.getString(2)+"  "+cp.getInt(3)+"\n";
            cp.moveToNext();
        }
        tv.setText(st);
        cp.close();
        db.close();
    }
    //向设备台账数据表添加记录
    private void addtbl(String name, String seq, String id, int th) {
        ContentValues cv=new ContentValues(4); //定义 ContentValues，存放 4 个数据
        cv.put("name", name);   //存放记录数据
        cv.put("seq", seq);
        cv.put("id", id);
        cv.put("th", th);
        db.insert(tbl, null, cv);  //插入记录
    }
}
```

图 3-3　实例 3-2 程序运行界面

程序运行界面如图 3-3 所示，能正常显示数据记录，说明创建数据库、创建数据表、添加记录等操作是成功的。

3.2.3　记录的操作

在实例 3-2 中已经演示了数据库的创建过程，同时也有插入记录操作，下面继续以实例 3-2 中的设备台账数据表为例新建实例 3-3，说明删除记录、修改记录和查询记录操作的实现方法，这是个练习用的实例，需要反复修改代码测试，此处略去程序界面设计和运行效果。

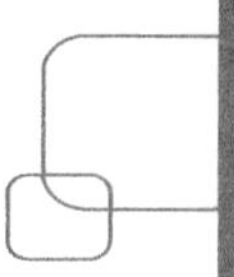

1. 删除记录

删除条件参数可以有 1 个或多个，删除条件值数组要与参数相对应。实例 3-3 中有关删除记录部分代码如下：

```
//设备名称-name      工艺位号-no    设备 ID-id      报警温度-th
//删除设备名称为"1#进料泵"的记录
db.delete(tbl, "name=?", new String[]{"1#进料泵"});

//删除报警温度<90 的记录
db.delete(tbl, "th<?", new String[]{"90"});

//删除设备名称为"1#进料泵"和报警温度<90 的记录
db.delete(tbl, "name=? OR th<?", new String[]{"1#进料泵","90"});

//用 SQL 语句删除报警温度<90 的记录
db.execSQL("DELETE FROM " + tbl +" WHERE th<90");
```

2. 修改记录

先定义 ContentValues，存放待修改数据，待修改数据可以是全部字段，也可以是单一字段，表中符合条件的记录都会修改。实例 3-3 中有关修改记录部分代码如下：

```
ContentValues cv = new ContentValues();
cv.put("th",80);    //在 values 中加入待修改字段及其数值
//将"1#进料泵"的报警温度改为 80
db.update(tbl,cv, "name=?", new String[]{"1#进料泵"});

//将报警温度值为 90 的记录的报警值改为 80
db.update(tbl,cv, "th=?", new String[]{"90"});

//用 SQL 语句将报警温度值为 90 的记录的报警值改为 80
db.execSQL("UPDATE " + tbl +" SET th=80 WHERE th=90");
```

3. 查询记录

除了用 query()方法查询之外，还可以用 rawQuery()方法查询记录，过程中可以把不需要的参数设为 null，意为无条件，把返回参数设为 null 时，返回全部字段。实例 3-3 中有关查询记录的部分代码如下：

```
//查询表内全部记录，返回全部字段
Cursor cp = db.query(tbl, null, null, null, null, null, null);

//查询表内温度报警值小于 90 的记录，返回全部字段
Cursor cp = db.query(tbl, null, "th<?", new String[]{"90"}, null, null,
null);

//查询表内温度报警值小于 90 的记录，返回前两个字段
Cursor cp = db.query(tbl, new String[]{"name","seq"}, "th<?", new
```

```
String[]{"90"}, null, null, null);

    //用 rawQuery 查询表内温度报警值小于 90 的记录，返回全部字段
    Cursor  cp=db.rawQuery("SELECT  *  FROM  "  +  tb1  +  "  WHERE  th<?",new
String[]{"90"});
```

3.3 数据库与文件

3.3.1 CSV 文件

用 TXT 文件或 CSV（逗号分隔）文件可以与数据库交换数据，建议用 CSV 文件，因为 CSV 文件相当于用逗号分隔数据的 TXT 文件，但是 CSV 文件的优点是可以在计算机上用 Excel 很方便地进行编辑工作。

用 Excel 编辑表 3-1 所示的设备台账，然后另存为 CSV 文件，如图 3-4 所示，建立设备台账的 CSV 文件。然后再用记事本打开设备台账的 CSV 文件，如图 3-5 所示，记事本清楚地展示了 CSV 文件的文本结构。

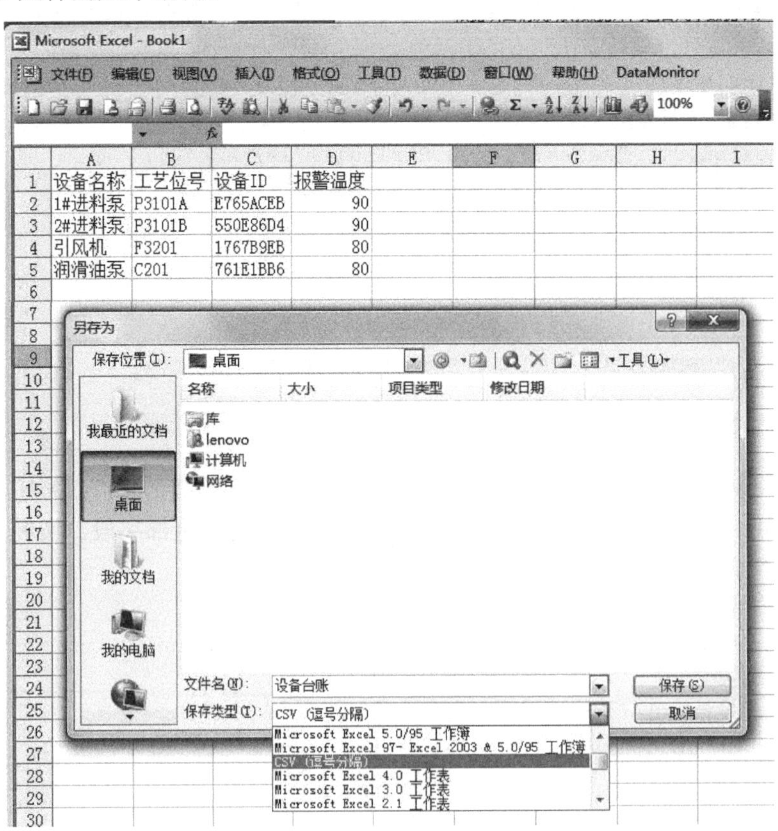

图 3-4　建立设备台账的 CSV 文件

TXT 文件默认的编码格式是 UTF-8，CSV 文件默认的编码格式是 ANSI，在 Android 程序中使用 CSV 文件时要以 ANSI 编码读取，以 ANSI 编码保存，否则会出现乱码。

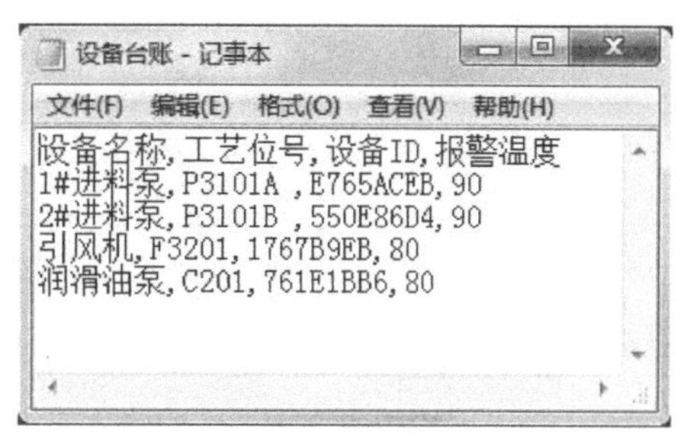

图 3-5 用记事本打开设备台账的 CSV 文件

3.3.2 记录导入与导出

SQLite 数据库用于 Android 程序运行期间定时存储运行数据时，能在 Android 程序中查看数据，但数据文件无法直接复制到计算机上查看，需要导出并转化为计算机支持的文件类型才能查看。Android 程序需要稍大的初始 SQLite 数据库时，如果通过插入记录语句逐条输入数据，则程序代码量会变大，并且当数据库变化时，修改也很麻烦，较好的解决办法是通过文件导入数据，当数据库需要改变时，只需修改文件内容，重新运行程序即可。

实例 3-4 记录导入与导出

程序设计界面如图 3-6 所示，单击“导入”按钮将 dat1.csv 文件内容导入数据库，在 TextView 控件上显示导入的记录；单击“导出”按钮，将数据库内容导出到 dat2.csv 文件上。

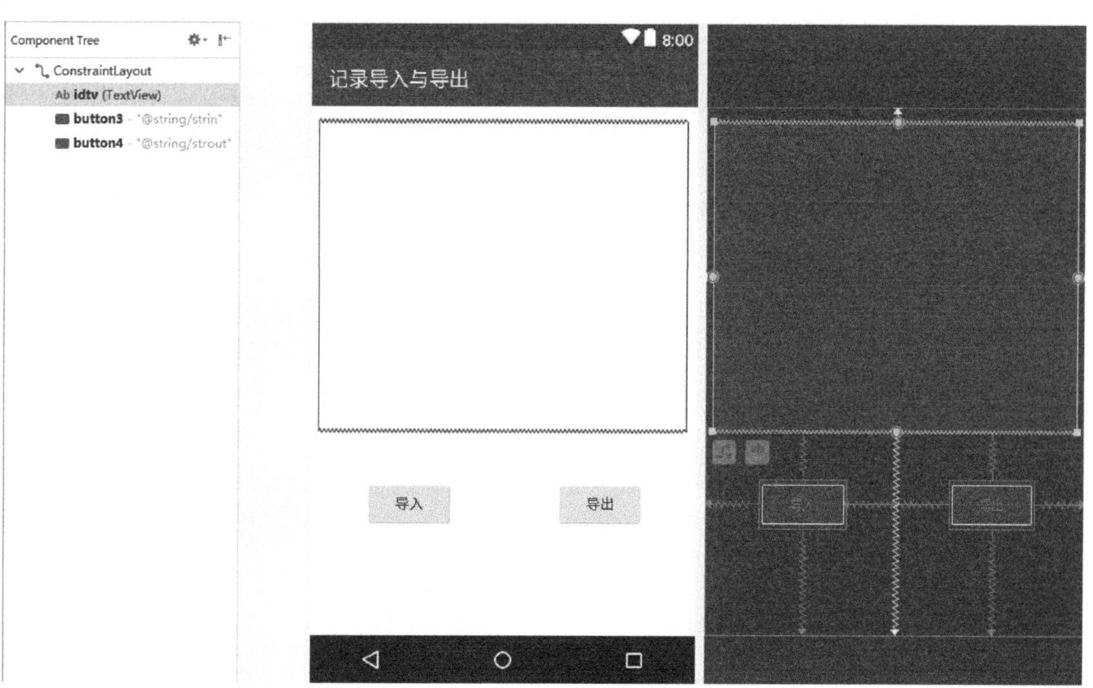

图 3-6 实例 3-4 程序设计界面

程序代码如下：

```
public class MainActivity extends AppCompatActivity {
    private static final int REQUEST_EXTERNAL_STORAGE = 1;
```

```
    private static String[] PERMISSIONS_STORAGE = {
            Manifest.permission.READ_EXTERNAL_STORAGE,
            Manifest.permission.WRITE_EXTERNAL_STORAGE };
    TextView tv;    //声明 1 个 TextView 控件显示数据库设备台账数据表内容
    static final String db_name="mydb"; //定义数据库名称
    static final String tbl="EP";       //定义设备台账数据表名称
    SQLiteDatabase db;                  //声明 1 个 SQLiteDatabase
    @Override
    protected void onCreate(Bundle savedInstanceState) {
        super.onCreate(savedInstanceState);
        setContentView(R.layout.activity_main);
        tv = (TextView) findViewById (R.id.idtv);
        verifyStoragePermissions(this);
        //创建数据库
        db=openOrCreateDatabase(db_name, Context.MODE_PRIVATE,null);
        //设备台账数据表的 SQL 语句
        //设备名称-name     工艺位号-seq  设备 ID-id     报警温度-th
        String createTable="CREATE TABLE IF NOT EXISTS " + tbl +
                "(name VARCHAR(20),seq VARCHAR(10),id VARCHAR(10),th INTEGER)";
        //创建设备台账数据表
        db.execSQL(createTable);
    }
    //向设备台账数据表添加记录
    private void addtbl(String name, String seq, String id, int th) {
        ContentValues cv=new ContentValues(4); //定义 ContentValues，存放 4 个
数据
        cv.put("name", name);         //存放记录数据
        cv.put("seq", seq);
        cv.put("id", id);
        cv.put("th", th);
        db.insert(tbl, null, cv);    //插入记录
    }
    //刷新记录
    private void fresh(){
        //读取数据并显示
        Cursor cp = db.query(tbl, null, null, null, null, null, null);
        int sum = cp.getCount();
        cp.moveToFirst();
        String st;
        st = "设备台账数据表有" + sum + "条记录\n\n";
        for (int i = 0; i < sum; i++) {
            st=st+cp.getString(0)+"  "+cp.getString(1)+"  "
                        +cp.getString(2)+"  "+cp.getInt(3)+"\n";
            cp.moveToNext();
        }
        tv.setText(st);
    }
```

```
    //导入数据
    public void datin(View view) {
        String str="";
        Cursor cp = db.query(tb1, null, null, null, null, null, null);
        if(cp.getCount()==0) {   //数据表记录为空，添加记录
            File file = new File(Environment.getExternalStoragePublicDirectory
                                (Environment.DIRECTORY_DOCUMENTS), "dat1.csv");
                                                                //"dat1.csv"
            try {
                InputStreamReader inreader =
                    new InputStreamReader(new FileInputStream(file), "GBK");
                BufferedReader reader = new BufferedReader(inreader);
                    //将 GBK 格式转化为 UTF-8 格式
                str = reader.readLine();        //标题行忽略
                do {
                    str = reader.readLine();  //取记录
                    String[] strdat = str.split(",");  //根据","分隔出字段插入数
据表

                    addtb1(strdat[0], strdat[1],
                                strdat[2], Integer.parseInt(strdat[3]));
                }
                while (!str.equals(null));
                reader.close();
            } catch (Exception e) {
                e.printStackTrace();
            }
        }
        fresh(); //显示导入数据表记录
    }
    //导出数据
    public void datout(View view) {
        Cursor cp = db.query(tb1, null, null, null, null, null, null);
        int sum = cp.getCount();      //取得数据表的记录数
        String st;
        st = "设备名称,工艺位号,设备 ID,温度报警\n";   //先生成标题行
        cp.moveToFirst();                  //从第 1 个记录开始
        for (int i = 0; i < sum; i++) {//将记录字段用","分隔，放到字符串，最后字
段换行
            st=st+cp.getString(0)+","+cp.getString(1)+","+
                                    cp.getString(2)+","+cp.getInt(3)+"\n";
            cp.moveToNext();              //下一条记录
        }
        //记录生成的字符串转为 GBK 格式输出到 dat2.csv
        File file = new File(Environment.getExternalStoragePublicDirectory
                        (Environment.DIRECTORY_DOCUMENTS), "dat2.csv");
        try {
            OutputStreamWriter out =
```

```
                    new OutputStreamWriter(new FileOutputStream(file), "GBK");
            BufferedWriter writer = new BufferedWriter(out);
            writer.write(st);
            writer.close();
        } catch (Exception e) {
            e.printStackTrace();
        }
    }
    //动态申请存储卡的读/写权限
    public static void verifyStoragePermissions(Activity activity) {
        int permission = ActivityCompat.checkSelfPermission(activity,
                Manifest.permission.WRITE_EXTERNAL_STORAGE);
        if (permission != PackageManager.PERMISSION_GRANTED) {
            ActivityCompat.requestPermissions(activity, PERMISSIONS_STORAGE,
                    REQUEST_EXTERNAL_STORAGE);
        }
    }
}
```

程序中导入数据的方法稍显复杂，当数据表记录较多时会有明显优势，程序运行效果如图 3-7 所示，单击“导入”按钮，程序界面显示 dat1.csv 文件内的记录，单击“导出”按钮，导出数据库内容到 dat2.csv 文件，在“内部存储\documents\”文件夹内可以查看到放入的 dat1.csv 文件和程序生成的 dat2.csv 文件，打开 dat2.csv 文件，内容与 dat1.csv 文件一致，说明这种记录导入与导出的方法是可行的。

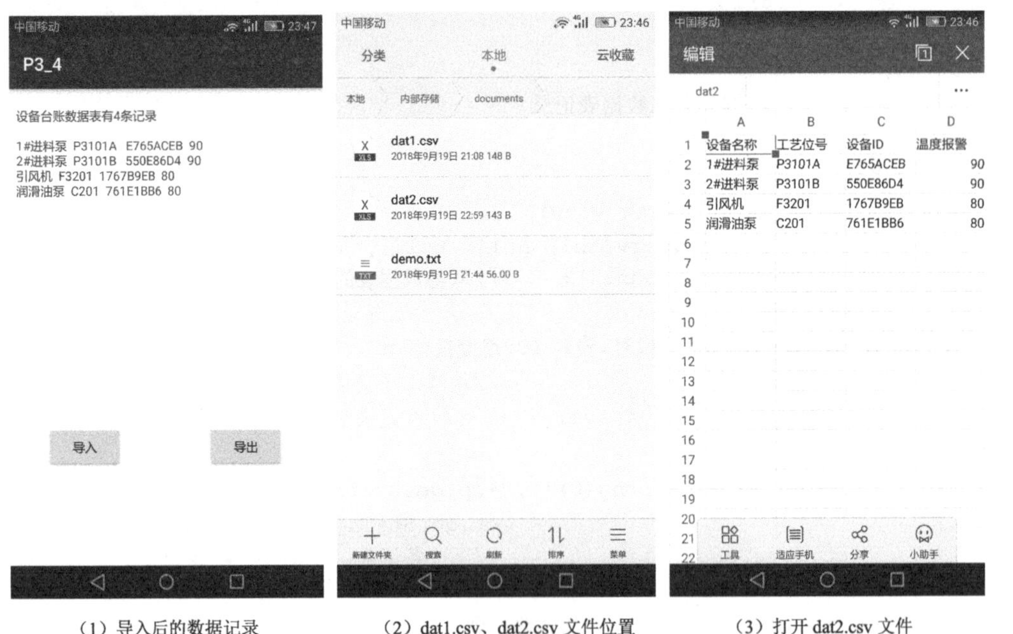

（1）导入后的数据记录　（2）dat1.csv、dat2.csv 文件位置　（3）打开 dat2.csv 文件

图 3-7　实例 3-4 程序运行效果

3.4　数据类型及其转换

3.4.1　基本数据类型

Java 基本数据类型取值范围见表 3-3，整数型中常用的是 int 类型，也是默认类型，浮点型中常用的是 float 类型，默认类型是 double，int 类型和 float 类型同样占 4 字节，float 类型的取值范围大，但其数值精度低，有效数值位数为 23 位，而 int 类型的有效数值位数为 31 位，在编程中根据实际情况选择数据类型。

表 3-3　Java 基本数据类型取值范围

类　型	说　明	字节数	取值范围	包装类
byte	字节型	1	-128~127	Byte
short	短整数型	2	-2^15~2^15-1	Short
int	整数型	4	-2^31~2^31-1	Integer
long	长整数型	8	-2^63~2^63-1	Long
float	单精度浮点数	4	3.4E-38~3.4E38	Float
double	双精度浮点数	8	4.9E-324~1.7976931348623157E308	Double
boolean	布尔型	1	true,false	Boolean
char	字符型	2	0~65535	Character

包装类的作用是封装成类后能提供常数和方法，例如：

- Integer.MAX_VALUE：int 类型的最大值。
- Integer.parseInt()：将 String 转换为 int。
- Integer.toHexString()：将 int 转换为用十六进制表示的 String。
- Integer.toString()：将 int 转换为 String。
- Float.compare()：比较两个浮点数是否相等，浮点数不建议用“==”来判断是否相等。
- Character.isDigit()：判断是否为数字。
- Character.toUpperCase()：字母转换为大写。

char 类型占两字节，可以存放汉字，在编程中 char 类型数据应用最多的是转义符。char 类型数据中常用的转义符见表 3-4。

表 3-4　char 类型数据中常用的转义符

符　号	字符含义
\n	换行(0x0a)
\r	回车(0x0d)
\0	空字符(0x20)
\t	制表符
\"	双引号
\'	单引号

3.4.2 基本数据类型之间的转换

1. int 转 byte

```
byte a = 0xDE;           //错误表达式，默认表达式中的值为 int 类型
byte b = (byte) 0xDE;    //正确表达式，使用强制转换方式
```

2. byte 转 int

```
byte b = (byte) 0xDE;
int c = b;            //结果为-34，可能不是想要的结果
int d = b&0xFF;       //结果为 222，先将 b 转为无符号数
```

3. int 转 byte[ ]

```
byte[] a = new byte[4];
int c = 0xB1B2B3B4;
a[0]= (byte)(c>>24);    //a[0]=0xB1，高位
a[1]= (byte)(c>>16);    //a[1]=0xB2
a[2]= (byte)(c>>8);     //a[2]=0xB3
a[3]= (byte)(c);        //a[3]=0xB4
```

4. byte[ ]转 int

```
byte[] a = {(byte)0xB1,(byte)0xB2,(byte)0xB3,(byte)0xB4};
int c = (a[0]<<24)|((a[1]&0xFF)<<16)|((a[2]&0xFF)<<8)|(a[3]&0xFF);
```

5. float 转 byte[ ]

```
byte[] b = new byte[4];
float f=(float)1.2;
b=F2B(f);
//定义 float 转 byte[]的方法
public static byte[] F2B(float f) {
    int n = Float.floatToIntBits(f);  //包装类 Float 的方法
    byte[] a = new byte[4];
    for (int i = 0; i < 4; i++) {
        a[i] = (byte)(n >> (24 - i * 8));
    }
    return a;
}
```

6. byte[ ]转 float

```
byte[] b = {(byte)0x3F,(byte)0x99,(byte)0x99,(byte)0x9A};
float f=B2F(b);
//定义 byte[]转 float 方法
public static float B2F(byte[] a) {
    int c = (a[0]<<24)|((a[1]&0xFF)<<16)|((a[2]&0xFF)<<8)|(a[3]&0xFF);
```

```
    return Float.intBitsToFloat(c);
}
```

3.4.3　String 类的常用方法

引用数据类型指通过指针找到数据内容的数据类型，包括类、接口、数组、String 类和枚举类，最常用的是 String 类，String 类的常用方法见表 3-5。

表 3-5　String 类的常用方法

方　法	说　明
char charAt(int index)	返回指定索引处的 char 值
boolean endsWith(String suffix)	测试此字符串是否以指定的后缀结束
boolean equals(Object anObject)	将此字符串与指定的对象比较，如字符串的相等比较
byte[] getBytes()	字符串转换为 byte 数组
int indexOf(String str)	返回指定子字符串在此字符串中第一次出现处的索引
int lastIndexOf(String str)	返回指定子字符串在此字符串中最右边出现处的索引
int length()	返回字符串的长度
String replaceAll(String regex, String replacement)	使用给定的字符串替换此字符串所有匹配条件的子字符串
String[] split(String regex)	根据给定正则表达式的匹配条件拆分此字符串
public String substring(int beginIndex, int endIndex)	该方法从 beginIndex 位置起，从当前字符串中取出到 endIndex-1 位置的字符作为一个新的字符串返回

3.4.4　String 类与数值之间的转换

1. String 类转数值

```
//使用数据类型包装类的方法转换
String s = "12";
int n = Integer.parseInt(s);                    //String 转 int
int n = Integer.valueOf(s).intValue();          //String 转 int
String s = "12.3";
float f = Float.parseFloat(s);                  //String 转 float
float f = Float.valueOf(s).floatValue();        //String 转 float
String s = "abcd";
byte[] bs = s.getBytes();                       //String 转 byte[]
```

2. 数值转 String 类

```
//使用数据类型包装类的方法转换
int i = 45;
String s = String.valueOf(i);           //int 转 String
String s = Integer.toString(i);         //int 转 String
```

```
    String s = "i=" + i;                          //int 转 String
    float f = (float) 1.543;
    String s = String.valueOf(f);                 //float 转 String
    String s = Float.toString(f);                 //float 转 String
    byte[] b = {(byte)0x31, (byte)0x32, (byte)0x33};
    String s = new String(b);                     //byte[]转 String,结果为 123
    //使用 String.format 方法转换
    String s = String.format("%d",i);             //int 转 String
    String s = String.format("%02x",i);           //int 的十六进制转小写 String，结果为 2d
    String s = String.format("%02X",i);           //int 的十六进制转大写 String，结果为 2D
    String s = String.format("%.1f",f);           //float 保留 1 位小数转 String，结果为
1.5
    String s = String.format("%.2f",f);           //float 保留 2 位小数转 String，结果为
1.54
```

3.4.5 Date 类转 String 类

```
    String mdate,mtime;
    String myear,mmonth,mday;
    Date now = new Date(); //获取当前日期及时间
    mdate = String.format("%tF",now);  //获取日期，结果为 2018-11-10
    mtime = String.format("%tT",now);  //获取时间，结果为 07:36:52
    mtime = String.format("%tR",now);  //获取不含秒的时间，结果为 07:37
    myear = String.format("%ty",now);  //获取年的后两位，结果为 18
    mmonth = String.format("%tm",now); //获取月，结果为 11
    mday = String.format("%td",now);   //获取日，结果为 10
    //用 split 方法从日期中分解出年、月、日
    String[] s = mdate.split("-");
    //用|+*^$/[]()-.\作为分隔符时，需在分隔符前面加\\转义，如 split("\\.")
    myear = s[0];   //获取年，结果为 2018
    mmonth = s[1];  //获取月，结果为 11
    mday = s[2];    //获取日，结果为 10
    //SimpleDateFormat 类
    SimpleDateFormat myDate = new SimpleDateFormat("yyyy-MM-dd");
    //获取当前日期
    String day1 = myDate.format(new Date(System.currentTimeMillis()));
    //获取昨天日期
    String day2 = myDate.format(new Date(System.currentTimeMillis()-24*3600000));
```

第 4 章　Android 工业平板电脑的硬件接口

便携式工业平板电脑和普通手机一样，有蓝牙、无线网络、GPS 和 NFC 等硬件接口，嵌入式平板电脑则会有串口、CAN 口、以太网等硬件接口。本章通过实例讲解如何用编程控制硬件接口，完成数据通信过程。

4.1　蓝牙

4.1.1　蓝牙通信相关的类

蓝牙通信是本地蓝牙适配器和远程蓝牙设备之间的通信，需要用到控制本地蓝牙适配器的 BluetoothAdapter 类和控制远程蓝牙设备的 BluetoothDevice 类，还要用到蓝牙连接用的 BluetoothSocket 类及数据通信用的类。

1. BluetoothAdapter 类

BluetoothAdapter 即蓝牙适配器，通过 BluetoothAdapter 类的方法可以对蓝牙适配器进行如下基本操作：

（1）获取蓝牙适配器：getDefaultAdapter()。

（2）打开蓝牙适配器：enable()。

（3）检查蓝牙适配器是否打开：isEnable()。

（4）关闭蓝牙适配器：disable()。

（5）搜索蓝牙设备：startDiscovery()。

（6）取消搜索蓝牙设备：cancelDiscovery()。

（7）获取已配对蓝牙设备集合：getBoundedDevices()。

其中，打开、搜索、关闭等操作建议用系统自带蓝牙管理器进行，应用程序的操作步骤代码如下：

```
btAdapter = BluetoothAdapter.getDefaultAdapter();  //获取蓝牙适配器
pairedBts = btAdapter.getBondedDevices();          //获得已配对蓝牙设备集合
if (!btAdapter.isEnabled()) {                      //当前蓝牙模块不可用
    Intent turnOn = new Intent(BluetoothAdapter.ACTION_REQUEST_ENABLE);
    startActivityForResult(turnOn, 0);             //调用打开蓝牙模块程序
}
btDevice = btAdapter.getRemoteDevice(macaddr);     //通过 MAC 地址获得蓝牙设备
```

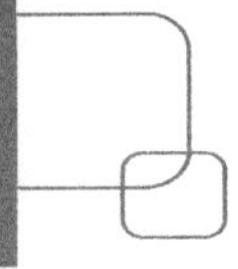

2．BluetoothDevice 类

BluetoothDevice 即远程蓝牙设备，使用蓝牙适配器的 getRemoteDevice（String）方法获得，常用方法如下：

（1）获取蓝牙设备的名称：getName ()。

（2）获取蓝牙设备的 MAC 地址：getAddress ()。

（3）获取蓝牙设备的连接状态：getBondState ()。

连接状态的可能值有 BOND_NONE, BOND_BONDING, BOND_BONDED。

（4）创建和蓝牙适配器之间的 BluetoothSocket 连接：

```
btSocket = mDevice.createRfcommSocketToServiceRecord(uuid);
btSocket.connect();        //建立 Socket 连接
```

3．BluetoothSocket 类

BluetoothSocket 类的功能是和蓝牙设备建立 Socket 连接，BluetoothSocket 对象通过蓝牙设备 BluetoothDevice 类的 createRfcommSocketToServiceRecord(uuid)方法产生，参数 uuid 的值为“00001101-0000-1000-8000-00805F9B34FB”时，建立 RFCOMM 面向连接，进行数据流传输，常用方法如下：

（1）连接到蓝牙设备：connect ()。

（2）关闭连接：close ()。

（3）获取输入流：getInputStream ()。

（4）获取输出流：getOutputStream ()。

（5）获取远程设备：getRemoteDevice ()。

（6）获取连接状态：isConnected ()。

4．InputStream 类

InputStream 表示字节输入流，常用方法如下：

（1）read()：读取 1 字节，返回值是高位补 0 的 int 类型值。

（2）read(byte buf[ ])：将输入流中数据读取到 buf 数组，返回值是读取到的字节数。

（3）read(byte buf[ ], int off, int len)：读取输入流中 len 个数据，从 buf[off]开始保存。

（4）close( )：关闭输入流。

5．OutputStream 类

OutputStream 表示字节输出流，常用方法如下：

（1）write(byte buf[ ]);　将 buf 数组的数据写到输出流。

（2）write(byte b[ ], int off, int len); 将 buf[off]开始的 len 字节数据写到输出流。

（3）close( ); 关闭输出流。

4.1.2　蓝牙通信步骤

蓝牙通信前，用 Android 系统自带蓝牙管理器打开蓝牙，搜索蓝牙并配对，然后编程实

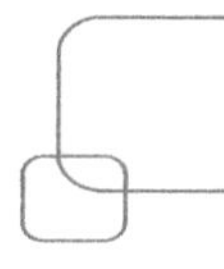

现如下操作：

（1）获取蓝牙适配器。

（2）获取已配对蓝牙设备集合，并列表显示。

（3）选取目标蓝牙设备，根据其 MAC 地址获得蓝牙设备。

（4）连接蓝牙设备，获取输入/输出流。

（5）通过输入/输出流传输数据。

实例 4-1　蓝牙串口调试

程序设计界面如图 4-1 所示，最上面 TextView 控件的功能是作为数据接收区，其下面一栏有 3 个控件，Spinner 控件切换接收区内容为 HEX 或 TEXT，单击“清空”按钮清空接收区数据，单击“保存”按钮将接收区数据保存到文本文件，便于后期数据分析和整理，同样发送区下面一栏有 3 个控件，Spinner 控件切换接收区内容为 HEX 或 TEXT，单击“CRC”按钮在 HEX 状态能将输入数据做 CRC 校验，并将校验码附到输入数据后面，单击“发送”按钮用于发送数据，单击“配对蓝牙”按钮用于显示已配对蓝牙列表。

图 4-1　实例 4-1 程序设计界面

AndroidManifest.xml 文件在自动生成后加入蓝牙权限许可代码和输入框被遮挡时浮在软键盘上侧的功能代码，全部代码如下：

```
<?xml version="1.0" encoding="utf-8"?>
<manifest xmlns:android="http://schemas.android.com/apk/res/android"
package="zhou.chs.p4_1">
    <!--加入蓝牙权限许可-->
```

```
    <uses-permission android:name="android.permission.BLUETOOTH"/>
    <uses-permission android:name="android.permission.BLUETOOTH_ADMIN"/>
<application
    android:allowBackup="true"
    android:icon="@mipmap/ic_launcher"
    android:label="@string/app_name"
    android:roundIcon="@mipmap/ic_launcher_round"
    android:supportsRtl="true"
    android:theme="@style/AppTheme">
    <activity android:name=".MainActivity"
        android:windowSoftInputMode="adjustPan"> <!--输入框被遮挡时浮在软键盘上侧-->
        <intent-filter>
            <action android:name="android.intent.action.MAIN" />
            <category android:name="android.intent.category.LAUNCHER" />
        </intent-filter>
    </activity>
</application>
</manifest>
```

程序代码如下：

```
public class MainActivity extends AppCompatActivity
        implements AdapterView.OnItemClickListener,View.OnClickListener{
    //定义控件
    ListView lv;                                          //列表显示蓝牙 MAC 地址
    TextView tv1;                                         //显示接收数据
    TextView tv2;                                         //显示状态
    EditText et;
    Button btConnect, btClear, btSave,btCRC,btSend; //按键
    Spinner sel1,sel2;                                    //HEX、TEXT 选择
    //变量定义
    private BluetoothAdapter btAdapter;                   //蓝牙适配器
    private BluetoothDevice btDevice;                     //蓝牙设备
    private Set<BluetoothDevice> pairedBts;               //配对蓝牙设备集合
    private BluetoothSocket btSocket = null;              //蓝牙 socket
    private Handler myhandler;                            //信息通道
    private LinkThread mlink;                             //自定义连接线程
    private ComThread mcom;                               //自定义数据通信线程
    UUID uuid = UUID.fromString("00001101-0000-1000-8000-00805F9B34FB");
    public byte tbuf[] = new byte[100];                   //发送缓冲区
    public byte rbuf[] = new byte[512];                   //接收缓冲区
    private boolean isConnect;                            //已连接状态
    String strbuf="";
    @Override
    protected void onCreate(Bundle savedInstanceState) {
        super.onCreate(savedInstanceState);
        setContentView(R.layout.activity_main);
        tv1 = (TextView) findViewById(R.id.idtv1);
        tv2 = (TextView) findViewById(R.id.idtv2);
```

```
    et = (EditText) findViewById(R.id.idet);
        //设定文本可滚动
    tv1.setMovementMethod(ScrollingMovementMethod.getInstance());
    btConnect = (Button) findViewById(R.id.idConnect);
    btClear = (Button) findViewById(R.id.idClear);
    btSave = (Button) findViewById(R.id.idSave);
    btCRC = (Button) findViewById(R.id.idCRC);
    btSend = (Button) findViewById(R.id.idSend);
    btConnect.setOnClickListener(this);
    btClear.setOnClickListener(this);
    btSave.setOnClickListener(this);
    btCRC.setOnClickListener(this);
    btSend.setOnClickListener(this);
    sel1 = (Spinner) findViewById(R.id.idS1);
    sel2 = (Spinner) findViewById(R.id.idS2);
    lv = (ListView) findViewById(R.id.idLv);
    lv.setOnItemClickListener(this);
    myhandler = new MyHandler();          //实例化 Handler，用于进程间的通信
    btSend.setEnabled(false);
    btAdapter = BluetoothAdapter.getDefaultAdapter();//蓝牙适配器
}
//响应按键单击事件
public void onClick(View v) {
    switch (v.getId()) {
        case R.id.idConnect:                          //配对蓝牙按钮
            pairedBts = btAdapter.getBondedDevices();//获得已配对蓝牙设备集合
            ArrayList bt_list = new ArrayList();
            lv.setEnabled(true);
            if (!btAdapter.isEnabled()) {             //当前蓝牙适配器不可用
                Intent turnOn = new
                        Intent(BluetoothAdapter.ACTION_REQUEST_ENABLE);
                startActivityForResult(turnOn, 0);    //调用打开蓝牙适配器程序
                tv2.setText("打开蓝牙模块");
            } else {
                tv2.setText("蓝牙模块已打开");
            }
            for(BluetoothDevice bt : pairedBts){ //已配对蓝牙设备集合转为列表
                bt_list.add(bt.getName() + "\n" + bt.getAddress());
            }                                    //列表放入适配器
            final ArrayAdapter adapter = new ArrayAdapter
                    (this, android.R.layout.simple_list_item_1, bt_list);
            lv.setAdapter(adapter);//通过适配器在 ListView 上显示配对蓝牙设备列表
            tv2.setText("选择蓝牙设备");
            break;
        case R.id.idClear:          //清空按钮
            strbuf="";
            tv1.setText("");
```

```
            break;
        case R.id.idSave:                   //保存按钮
            File file = new File(this.getExternalFilesDir
                    (Environment.DIRECTORY_DOCUMENTS),"mydata.txt");
            try {
                FileWriter fw = new FileWriter(file);
                fw.write(strbuf);
                fw.close();
            } catch (Exception e) {
            }
            break;
        case R.id.idCRC:                //CRC 按钮
            if(sel2.getSelectedItemPosition()==0) { //HEX 模式
                String s=et.getText().toString();
                et.setText(crc16(s));
            }
            break;
        case R.id.idSend:               //发送按钮
            String strcmd;
            byte[] tbuf;
            int n;
            if(sel2.getSelectedItemPosition()==0) { //HEX 模式
                strcmd=et.getText().toString().replaceAll(" ", "");
                n=strcmd.length();
                tbuf = new byte[n / 2];     //待发送数据
                for (int i = 0; i < n; i += 2) {
                    // 两位一组，表示 1 字节,把这样表示的十六进制字符串还原成 1 字节
                    tbuf[i / 2] = (byte) ((Character.digit(strcmd.charAt(i),
                     16) << 4) + Character.digit(strcmd.charAt(i + 1), 16));
                }
            }else{                          //TEXT 模式
                strcmd=et.getText().toString();
                n=strcmd.length();
                tbuf = new byte[n];         //待发送数据
                tbuf = strcmd.getBytes();
            }
            mcom.write(tbuf);               //发送数据
            break;
    }
}
//响应列表，单击选项事件
public void onItemClick(AdapterView<?> parent, View view, int position,
long id) {
    TextView txv = (TextView) view;         //获取选中项文本
    String s = txv.getText().toString();
    String[] addr = s.split("\n");          //抽取 MAC 地址
    try {                                   //通过 MAC 地址获得蓝牙设备
```

```
            btDevice = btAdapter.getRemoteDevice(addr[1]);
            lv.setEnabled(false);
        } catch (Exception e) {
            tv2.setText("获取设备失败");
        }
        mlink = new LinkThread(btDevice);    //在蓝牙设备连接线程中加载蓝牙设备
        mlink.start();                       //启动连接蓝牙设备线程
    }
    //连接蓝牙装置
    private class LinkThread extends Thread {
        public LinkThread(BluetoothDevice mDevice) {
            btSocket = null;
            try {   //定义 Socket 为蓝牙串口服务
                btSocket = mDevice.createRfcommSocketToServiceRecord(uuid);
            } catch (Exception e) {
                Message msg0 = myhandler.obtainMessage();
                msg0.what = 0;
                myhandler.sendMessage(msg0); //通知主线程蓝牙设备不支持串口服务
            }
        }
        public final void run() {
            btAdapter.cancelDiscovery();
            try {
                btSocket.connect();             //建立 Socket 连接
                isConnect = true;
                mcom = new ComThread(btSocket);
                mcom.start();                   //建立连接后启动建立数据通信线程
                Message msg1 = myhandler.obtainMessage();
                msg1.what = 1;
                myhandler.sendMessage(msg1); //通知主线程可以开始通信
            } catch (IOException e1) {
                isConnect = false;
                Message msg2 = myhandler.obtainMessage();
                msg2.what = 2;
                myhandler.sendMessage(msg2); //通知主线程无法建立 Socket 连接
                try {
                    btSocket.close();           //关闭蓝牙连接
                    btSocket = null;
                } catch (IOException e2) {
                }
            }
        }
    }
    //在主线程处理 Handler 传回来的 message
    class MyHandler extends Handler {
        public void handleMessage(Message msg) {
            switch (msg.what) {
```

```
            case 0:
                tv2.setText("蓝牙设备未打开或不支持串口服务! ");
                break;
            case 1:
                tv2.setText("可以开始通信");
                btSend.setEnabled(true);
                break;
            case 2:
                tv2.setText("无法建立 Socket 连接");
                break;
            case 3:
                tv2.setText("收到数据");
                int n=Integer.parseInt(msg.obj.toString());
                if(sel1.getSelectedItemPosition()==0) { //HEX 模式
                    for(int i=0;i<n;i++) strbuf += String.format
                                        ("%02X", rbuf[i]) + " ";
                }else{
                    char[] buf = new char[n];
                    for(int i=0;i<n;i++) buf[i]=(char) rbuf[i];
                    strbuf += String.copyValueOf(buf);
                }
                tv1.setText(strbuf);
                break;
            case 4:
                tv2.setText("检查蓝牙设备，重新连接");
                break;
        }
    }
}
//数据通信线程
private class ComThread extends Thread {
    private final BluetoothSocket mSocket;
    private final InputStream mInStream;          //定义输入流
    private final OutputStream mOutStream;        //定义输出流

    public ComThread(BluetoothSocket socket) {   //Socket 连接
        mSocket = Socket;
        InputStream tmpIn = null;
        OutputStream tmpOut = null;
        try {
            tmpIn = mSocket.getInputStream();     //Socket 输入数据流
            tmpOut = mSocket.getOutputStream();   //Socket 输出数据流
        } catch (IOException e) {
        }
        mInStream = tmpIn;
        mOutStream = tmpOut;
    }
```

```
    //阻塞线程接收数据
    public final void run() {
        byte[] buf = new byte[512];         //接收数据临时缓冲区
        while (isConnect) {
            try {
                int byt = mInStream.read(buf);
                if(byt>0) {                     //收到数据后转移到待处理存储区
                    for (int i = 0; i < byt; i++) rbuf[i] = buf[i];
                    try {
                        sleep(100);             //延时 100ms，等接收区数据处理完毕
                    } catch (InterruptedException e) {
                    }
                    int n = mInStream.read(buf);
                                                //收到数据后转移到待处理存储区
                    for (int i = 0; i < n; i++) rbuf[byt+i] = buf[i];
                    Message msg3 = myhandler.obtainMessage();
                    msg3.what = 3;
                    msg3.obj = byt+n;
                    myhandler.sendMessage(msg3); //通知主线程接收到数据
                    try {
                        sleep(100);             //延时 100ms，等接收区数据处理完毕
                    } catch (InterruptedException e) {
                    }
                }
            } catch (NullPointerException e) {
                isConnect = false;
                Message msg4 = myhandler.obtainMessage();
                msg4.what = 4;
                myhandler.sendMessage(msg4);  //通知主线程蓝牙设备连接已断开
                break;
            } catch (IOException e) {
                break;
            }
        }
    }
    //发送字节数据
    public void write(byte[] bytes) {
        try {
            mOutStream.write(bytes);
        } catch (IOException e) {
        }
    }
    //关闭蓝牙连接
    public void cancel() {
        try {
            mSocket.close();
        } catch (IOException e) {
```

```
            }
        }
    }
    //CRC 校验子程序
    public static StringBuffer crc16(String strtbuf) {
        strtbuf = strtbuf.replaceAll(" ", "");  //去掉字符串中的空格
        int n = strtbuf.length();
        String ad;
        int[] w=new int[n/2];
        for (int i = 0; i <n; i=i+2) {             //字符串转为十六进制数据
            ad=strtbuf.substring(i,i+2);
            w[i/2]=Integer.parseInt(ad,16);
        }
        int[] data=w;
        int[] stem=new int[data.length+2];
        //CRC 校验计算
        int a,b,c;
        a=0xFFFF;
        b=0xA001;
        for (int i = 0; i < data.length; i++) {
            a^=data[i];
            for (int j = 0; j < 8; j++) {
                c=(int)(a&0x01);
                a>>=1;
                if (c==1) {
                    a^=b;
                }
                System.arraycopy(data, 0, stem, 0, data.length);
                stem[stem.length-2]=(int)(a&0xFF);
                stem[stem.length-1]=(int)(a>>8);
            }
        }
        int[] z = stem;
        StringBuffer s = new StringBuffer();
        for (int j = 0; j < z.length; j++) {
            s.append(String.format("%02X", z[j]));
        }
        return s;  //返回带校验的字符串
    }
}
```

程序运行后，禁止“发送”按钮使能，因为此时还未连接蓝牙，无法发送数据，先单击“配对蓝牙”按钮，如果此时未打开蓝牙适配器，则提示打开蓝牙适配器；如果已打开蓝牙适配器，则显示已配对蓝牙设备列表，确认待通信蓝牙设备已打开，单击列表中的对应蓝牙设备名，与蓝牙设备建立连接，完成连接后“发送”按钮使能，此时可以发送和接收数据了，测试效果截图如图 4-2 所示。

图 4-2　实例 4-1 测试效果截图

4.1.3　低功耗蓝牙特点

低功耗蓝牙，顾名思义，其主要特点是功耗低，适合发送不超过 20 字节的短报文，单次发送数据量大时会拆分成多个小于等于 20 字节的小数据包间隔发送，表现为数据传输速率低，实际单包数据传输速率并不低。硬件上，蓝牙 4.0 及以上版本支持低功耗蓝牙，软件上要 Android4.3 及以上才支持。

低功耗蓝牙的通信过程与普通蓝牙不一样，是通过 GATT 协议建立连接的。Android 系统内置的蓝牙管理器能扫描到低功耗蓝牙，但不支持配对，低功耗蓝牙通信是不需要用密码配对的。

使用低功耗蓝牙，在 AndroidManifest.xml 文件中除了要加入蓝牙许可之外，还要加入低功耗蓝牙许可和位置权限许可，需插入代码如下：

```
<!--加入蓝牙权限许可-->
<uses-permission android:name="android.permission.BLUETOOTH"/>
<uses-permission android:name="android.permission.BLUETOOTH_ADMIN"/>
<!--加入低功耗蓝牙权限许可-->
<uses-feature android:name="android.hardware.bluetooth_le"/>
<!--加入位置权限许可-->
<uses-permission-sdk-23
android:name="android.permission.ACCESS_COARSE_ LOCATION"/>
<uses-permission-sdk-23
android:name="android.permission.ACCESS_FINE_ LOCATION"/>
```

加入位置权限许可是因为低功耗蓝牙具有室内定位功能，通过在室内布置好的低功耗蓝牙网络中各节点信号强度计算出位置信息。位置权限还要在主程序中加入动态权限申请。

4.1.4 低功耗蓝牙通信

低功耗蓝牙（BLE）连接使用 GATT（Generic Attribute Profile）协议，GATT 协议是一个在蓝牙连接之上的发送和接收很短数据段的通用规范，规范中定义本地蓝牙适配器是中心设备，远程蓝牙设备是外围设备。GATT 的连接是独占的，外围设备与中心设备一旦连接，就会马上停止广播，其他中心设备无法搜索到它，直到它断开连接之后又开始广播。

1. 低功耗蓝牙 GATT 常用的类

（1）BluetoothGatt：中心设备使用的类，与外围设备建立 GATT 连接。
（2）BluetoothGattCallback：返回 GATT 连接状态。
（3）BluetoothGattService：外围设备 GATT 服务。
（4）BluetoothGattCharacteristic：外围设备 GATT 服务中的属性。

2. 低功耗蓝牙通信步骤

（1）获取蓝牙适配器。
（2）搜索低功耗蓝牙设备并列表显示。
（3）选取目标蓝牙设备，根据其 MAC 地址获得蓝牙设备。
（4）与蓝牙设备建立 GATT 连接。
（5）通过串口服务读/写数据属性 UUID 传输数据。

3. 获取 UUID 值

有人物联的 USR-BLE101 低功耗蓝牙模块提供的 UUID 值如下：

- 串口服务写数据属性 UUID = "0003cdd2-0000-1000-8000-00805f9b0131"
- 串口服务读数据属性 UUID = "0003cdd1-0000-1000-8000-00805f9b0131"

汇承的 HC-08 低功耗蓝牙模块串口服务读/写属性相同，均为
UUID = "0000ffe1-0000-1000-8000-00805f9b34fb"

不同厂家低功耗蓝牙模块的串口服务及其读/写数据属性 UUID 不尽相同，通常从其产品手册上能查得到，如果查不到可通过程序读取蓝牙模块的所有服务 UUID 及每个服务下的各功能属性 UUID，通过逐一测试确定所需功能的 UUID 值。

实例 4-2 低功耗蓝牙通信测试

程序设计界面如图 4-3 所示，只是想简单测试低功耗蓝牙通信，在实例 4-1 界面的基础上进行了简化，上面 TextView 控件的功能是数据接收区，同时也作为蓝牙设备服务及属性 UUID 列表区，接收区下面有“清空”按钮，用于清空接收区数据，发送区下面有“发送”按钮用于发送数据。

图 4-3　实例 4-2 程序设计界面

程序代码如下：

```
public class MainActivity extends AppCompatActivity
        implements AdapterView.OnItemClickListener,View.OnClickListener{
    //定义控件
    ListView lv;                          //列表显示蓝牙名称及 MAC 地址
    TextView rxd;                         //显示接收数据
    TextView sta;                         //显示状态
    EditText txd;                         //发送数据编辑
    Button btScan, btClear,btTxd;         //按键
    //变量定义
    private BluetoothAdapter btAdapter; //蓝牙适配器
    private BluetoothDevice btDevice;   //蓝牙设备
    BluetoothGatt btGatt;               //GATT 连接
    BluetoothGattService GattS;         //GATT 服务
    BluetoothGattCharacteristic Gatt_txd, Gatt_rxd;     //GATT 服务中的属性
    ArrayList ble_list = new ArrayList();               //蓝牙名称及 MAC 列表
    ArrayList bleDevices = new ArrayList();             //蓝牙列表
    ArrayAdapter madapter;                              //适配器
    private boolean scan_flag;                          //描述蓝牙扫描的状态
    private static final long SCAN_PERIOD = 3000;       //蓝牙扫描时间
    private Handler mHandler;                           //蓝牙扫描延时线程
    public int len;
    public String strcmd,strRec;
    private String txt,tz;
    //汇承 HC08
    public static String HCTXD = "0000ffe1-0000-1000-8000-00805f9b34fb";
    public static String HCRXD = "0000ffe1-0000-1000-8000-00805f9b34fb";
```

```
    //有人 USR-BLE101
    public static String USRTXD = "0003cdd2-0000-1000-8000-00805f9b0131";
    public static String USRRXD = "0003cdd1-0000-1000-8000-00805f9b0131";
    private static final int PERMISSION_REQUEST_COARSE_LOCATION = 1;
    private static final int REQUEST_ENABLE_BT = 1;
    @Override
    protected void onCreate(Bundle savedInstanceState) {
        super.onCreate(savedInstanceState);
        setContentView(R.layout.activity_main);
        rxd = (TextView) findViewById(R.id.idRxd);
        sta = (TextView) findViewById(R.id.idSta);
        txd = (EditText) findViewById(R.id.idTxd);
        rxd.setMovementMethod(ScrollingMovementMethod.getInstance());
        btScan = (Button) findViewById(R.id.idScan);
        btClear = (Button) findViewById(R.id.idClear);
        btTxd = (Button) findViewById(R.id.idSend);
        btClear.setOnClickListener(this);
        btScan.setOnClickListener(this);
        btTxd.setOnClickListener(this);
        lv = (ListView) findViewById(R.id.idLv);
        lv.setOnItemClickListener(this);
        mHandler = new Handler();
        btTxd.setEnabled(false);
        // 判断硬件是否支持蓝牙
        if (!getPackageManager().hasSystemFeature
                          (PackageManager.FEATURE_BLUETOOTH_LE))
        {
            sta.setText("不支持 BLE");
            finish();
        }
        // 获取本地的蓝牙适配器，两种方法都可以
        //final BluetoothManager bluetoothManager =
             (BluetoothManager)  getSystemService(Context.BLUETOOTH_SERVICE);
        //btAdapter = bluetoothManager.getAdapter();
        //用 bluetoothManager 的 getAdapter()方法获得蓝牙适配器
        btAdapter = BluetoothAdapter.getDefaultAdapter();
        //用 BluetoothAdapter 的 getDefaultAdapter()方法获得蓝牙适配器
        if (btAdapter == null || !btAdapter.isEnabled())
        {       // 检查蓝牙适配器，如未打开则调用系统功能打开
            Intent enableBtIntent = new Intent(
                   BluetoothAdapter.ACTION_REQUEST_ENABLE);
            startActivityForResult(enableBtIntent, REQUEST_ENABLE_BT);
        }
        sta.setText("蓝牙已打开");
        scan_flag = true;
        madapter = new ArrayAdapter(this,
                        android.R.layout.simple_list_item_1, ble_list);
```

```
        lv.setAdapter(madapter);//通过适配器在 ListView 上显示蓝牙设备名称及 MAC 地址
        if (Build.VERSION.SDK_INT >= Build.VERSION_CODES.M) {
            // Android6.0 及以上版本动态位置权限申请
            if (this.checkSelfPermission(Manifest.permission.
                ACCESS_COARSE_LOCATION) != PackageManager.PERMISSION_GRANTED) {
                requestPermissions(new String[]
                        {Manifest.permission.ACCESS_COARSE_LOCATION},
                                PERMISSION_REQUEST_COARSE_LOCATION);
            }
        }
    }
    //动态位置权限申请
    public void onRequestPermissionsResult(int requestCode,
                                String permissions[], int[] grantResults) {
        switch (requestCode) {
            case PERMISSION_REQUEST_COARSE_LOCATION:
                if (grantResults[0] == PackageManager.PERMISSION_GRANTED) {
                    // TODO request success
                }
                break;
        }
    }
    //响应按键单击事件
    public void onClick(View v)
    {
        switch (v.getId()) {
            case R.id.idScan:                               //蓝牙扫描按钮
                if (scan_flag) {
                    bleDevices.clear();                     //清空原设备列表
                    ble_list.clear();
                    madapter.notifyDataSetChanged();        //刷新列表显示
                    scanLeDevice(true);                     //开始扫描
                } else {
                    scanLeDevice(false);                    //停止扫描
                    btScan.setText("蓝牙扫描");
                }
                break;
            case R.id.idSend:                               //发送按钮
                strcmd=txd.getText().toString();
                len=strcmd.length();
                byte[] tbuf = new byte[len/2];              //待发送数据
                for (int i = 0; i < len; i += 2) {
                    // 两位一组，表示 1 字节,把这样表示的 16 进制字符串还原成 1 字节
                    tbuf[i / 2] = (byte) ((Character.digit(strcmd.charAt(i), 16)
                            << 4) + Character.digit(strcmd.charAt(i + 1), 16));
                }
                Gatt_txd.setValue(tbuf);    //向蓝牙服务中的写属性写入待发送数据
```

```
            btGatt.writeCharacteristic(Gatt_txd);//发送数据
            break;
        case R.id.idClear:                          //清空按钮
            strRec="";                              //清空显示缓冲区
            rxd.setText("");                        //清空显示
            break;
        }
    }
    //响应列表单击选项事件
    public void onItemClick(AdapterView<?> parent, View v, int position,long id)
    {
        TextView txv = (TextView) v;                //获取选中项文本
        String s = txv.getText().toString();
        String[] addr = s.split("\n");              //抽取 MAC 地址
        btDevice = btAdapter.getRemoteDevice(addr[1]);//通过 MAC 地址获得蓝牙设备
        //建立 GATT 连接
        btGatt = btDevice.connectGatt(MainActivity.this, false, gattcallback);
        sta.setText("连接" + btDevice.getName() + "中...");
    }
    // 低功耗蓝牙扫描
    private void scanLeDevice(final boolean enable)
    {
        final BluetoothLeScanner scaner = btAdapter.getBluetoothLeScanner();
        if (enable)
        {
            mHandler.postDelayed(new Runnable()
            {
                @Override
                public void run()
                {
                    scan_flag = true;
                    btScan.setText("蓝牙扫描");
                    scaner.stopScan(mScanCallback);
                }
            }, SCAN_PERIOD);                        //规定时间后停止扫描
            scan_flag = false;
            btScan.setText("停止扫描");
            scaner.startScan(mScanCallback);        //开始扫描
        } else
        {
            scaner.stopScan(mScanCallback);         //停止扫描
            scan_flag = true;
        }
    }
    // 返回扫描结果
    private ScanCallback mScanCallback;
    {
        mScanCallback = new ScanCallback() {
            @Override
```

```
            public void onScanResult(int callbackType, ScanResult result) {
                super.onScanResult(callbackType, result);
                if (Build.VERSION.SDK_INT >= Build.VERSION_CODES.LOLLIPOP) {
                    BluetoothDevice device = result.getDevice();
                    if (!bleDevices.contains(device)) {  //判断是否重复
                        bleDevices.add(device);              //未重复则加入列表
                        ble_list.add(result.getDevice().getName() + "\n"
                                      + result.getDevice().getAddress());
                    }
                    madapter.notifyDataSetChanged();
                }
            }
            @Override  // 批量返回扫描结果
            public void onBatchScanResults(List<ScanResult> results) {
                super.onBatchScanResults(results);
            }
            @Override // 扫描失败
            public void onScanFailed(int errorCode) {
                super.onScanFailed(errorCode);
            }
        };
    }
    // GATT 连接响应
    private BluetoothGattCallback gattcallback = new BluetoothGattCallback() {
        @Override       //GATT 连接状态变化
        public void onConnectionStateChange(BluetoothGatt gatt,
                                      int status, final int newState) {
            super.onConnectionStateChange(gatt, status, newState);
            runOnUiThread(new Runnable() {
                @Override
                public void run() {
                    String status;
                    switch (newState) {
                        case BluetoothGatt.STATE_CONNECTED:
                            sta.setText("已连接");
                            btGatt.discoverServices();
                            break;
                        case BluetoothGatt.STATE_CONNECTING:
                            sta.setText("正在连接");
                            break;
                        case BluetoothGatt.STATE_DISCONNECTED:
                            sta.setText("已断开");
                            break;
                        case BluetoothGatt.STATE_DISCONNECTING:
                            sta.setText("断开中");
                            break;
                    }
                }
            });
```

```
        }
        @Override  //GATT 连接发现服务
        public void onServicesDiscovered(BluetoothGatt gatt, int status) {
            super.onServicesDiscovered(gatt, status);
            txt="";
            if (status == btGatt.GATT_SUCCESS) {
                final List<BluetoothGattService> services = btGatt.
getServices();
                runOnUiThread(new Runnable() {
                    @Override
                    public void run() {
                        for (final BluetoothGattService bluetoothGattService
                                                        : services) {
                            GattS = bluetoothGattService;
                            txt = txt + "\n" + GattS.getUuid().toString();
                                    //用于显示 GATT 服务 UUID 列表
                            List<BluetoothGattCharacteristic> charc =
                                    bluetoothGattService.getCharacteristics();
                            for (BluetoothGattCharacteristic charac : charc) {
                                tz=charac.getUuid().toString();
                                txt= txt+ "\n\t" + tz ;
                                       //用于显示 GATT 服务中的属性 UUID 列表
                                rxd.setText(txt);  //显示 UUID 列表
                                if ((tz.equals(HCTXD)) || (tz.equals(USRTXD))) {
                                       //发现发送服务
                                    Gatt_txd = charac;
                                    btTxd.setEnabled(true);
                                        //发送按钮使能，允许发送数据
                                }
                                if ((tz.equals(HCRXD)) || (tz.equals(USRRXD))) {
                                       //发现接收服务
                                    Gatt_rxd = charac;
                                    enableNotification(true, Gatt_rxd);
                                       //使能收到数据后通知
                                }
                            }
                        }
                    }
                });
            }
        }
        @Override  //GATT 读属性
        public void onCharacteristicRead(BluetoothGatt gatt,
                BluetoothGattCharacteristic characteristic, int status) {
            super.onCharacteristicRead(gatt, characteristic, status);
        }
        @Override  //GATT 写属性
        public void onCharacteristicWrite(BluetoothGatt gatt,
                BluetoothGattCharacteristic characteristic, int status) {
```

```
            super.onCharacteristicWrite(gatt, characteristic, status);
        }
        @Override    //GATT 属性变化，用于接收数据
        public void onCharacteristicChanged(BluetoothGatt gatt,
                                 BluetoothGattCharacteristic characteristic) {
            super.onCharacteristicChanged(gatt, characteristic);
            final byte[] values = characteristic.getValue();
            runOnUiThread(new Runnable() {
                @Override
                public void run() {
                    len=values.length;
                    for(int i=0;i<len;i++){
                        strRec = strRec + String.format("%02X",values[i]) + " ";
                    }
                    rxd.setText(strRec);
                    sta.setText("收到数据");
                }
            });
        }
        @Override   //GATT 读描述
        public void onDescriptorRead(BluetoothGatt gatt, BluetoothGattDescriptor
                                                 descriptor, int status) {
            super.onDescriptorRead(gatt, descriptor, status);
        }
        @Override  //GATT 写描述
        public void onDescriptorWrite(BluetoothGatt gatt, BluetoothGattDescriptor
                                                 descriptor, int status) {
            super.onDescriptorWrite(gatt, descriptor, status);
        }
        @Override
        public void onReliableWriteCompleted(BluetoothGatt gatt, int status) {
            super.onReliableWriteCompleted(gatt, status);
        }
        @Override   //GATT 读信号强度
        public  void  onReadRemoteRssi(BluetoothGatt  gatt,  int  rssi,  int
status) {
            super.onReadRemoteRssi(gatt, rssi, status);
        }
    } ;
    // 通知参数设定
    private boolean enableNotification(boolean enable,
                                BluetoothGattCharacteristic characteristic) {
        if (btGatt == null || characteristic == null)
            return false;
        if (!btGatt.setCharacteristicNotification(characteristic, enable))
            return false;
        BluetoothGattDescriptor clientConfig =
                    characteristic.getDescriptor(UUID.fromString(HCRXD));
        if (clientConfig == null) clientConfig =
```

```
                    characteristic.getDescriptor(UUID.fromString(USRRXD));;
        if (clientConfig == null)  return false;
        if (enable) {
            clientConfig.setValue(BluetoothGattDescriptor.
                                        ENABLE_NOTIFICATION_VALUE);
        } else {
            clientConfig.setValue(BluetoothGattDescriptor.
                                        DISABLE_NOTIFICATION_VALUE);
        }
        return btGatt.writeDescriptor(clientConfig);
    }
    //退出前关闭蓝牙连接
    protected void onDestroy()
    {
        super.onDestroy();
        if (btGatt == null) return;
        btGatt.close();
        btGatt = null;
    }
}
```

程序运行界面如图 4-4 所示，程序运行后首先弹出位置权限许可，单击“始终允许”按钮，以后再运行则不弹出该页面，单击“蓝牙扫描”按钮，列表显示搜索到 2 个低功耗蓝牙模块，再单击列表中的选项，与该蓝牙设备建立连接，读取其 UUID 列表，显示在接收区内，其中未缩进显示的是各服务 UUID 值，缩进显示的是该服务下各属性的 UUID 值，此时可以发送和接收数据，收到数据后自动清空 UUID 列表，显示收到的字节。

（1）位置权限许可　　（2）UUID 列表　　（3）通信测试

图 4-4　实例 4-2 程序运行界面

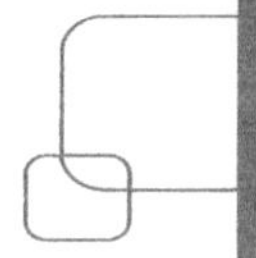

4.2　WiFi

4.2.1　WiFi 操作相关类

Android 系统 WLAN 设置里含有 WiFi 操作，主要包括 WiFi 适配器的打开与关闭、WiFi 网络扫描与连接。一般 Android 程序即使用到 WiFi，也是用系统功能先连接好，程序中只负责处理 Socket 的通信部分，但有些情况下会用到 WiFi 操作。WiFi 操作相关类的说明如下：

1．WifiManager 类

WifiManager 类是管理 WiFi 操作的类，通过以下代码获得 WifiManage 对象：

```
WifiManager mWifiManager= (WifiManager)
      context.getApplicationContext().getSystemService(Context.WIFI_SERVICE);
```

可进行 WiFi 操作的方法如下：

（1）打开 WiFi 适配器：setWifiEnabled(true)。

（2）关闭 WiFi 适配器：setWifiEnabled(false)。

（3）扫描 WiFi：startScan()。

（4）获取扫描结果：getScanResults()。

（5）获取已配置 WiFi：getConfiguredNetworks()。

（6）获取当前 WiFi 信息：getConnectionInfo()。

（7）加入 WiFi 列表：.addNetwork(config)。

（8）建立 WiFi 连接：enableNetwork(networkId, true)。

（9）断开 WiFi 连接：disconnect()。

2．ScanResult 类

ScanResult 类是存放扫描结果信息的类，由 WifiManager 类的 getScanResults()方法获得，主要属性有 SSID（WiFi 名称）、level（WiFi 信号强度），示例代码如下：

```
// 取得扫描结果，需要定位权限
List<ScanResult> Results = mWifiManager.getScanResults();
for (ScanResult Result : Results) {           //遍历扫描结果
    String s="SSID:" + Result.SSID + "\nRSSI:" +Result.level;
    //可将扫描结果保存到列表
}
```

3．WifiConfiguration 类

存放已配置 WiFi 信息的类，由 WifiManager 类的 getConfiguredNetworks()方法获得，主要属性是 SSID（WiFi 名称），示例代码如下：

```
List<WifiConfiguration> configurations = mWifiManager.getConfiguredNetworks();
for (WifiConfiguration Result : configurations) {
```

```
    String s="SSID:" + Result.SSID;
    //可将扫描结果保存到列表
}
```

4. WifiInfo 类

存放已连接 WiFi 信息的类，由 WifiManager 类的 getConnectionInfo()方法获得，主要属性有 SSID（WiFi 名称）、level（WiFi 信号强度）和 IP 地址，示例代码如下：

```
WifiInfo info = mWifiManager.getConnectionInfo();
info.getSSID();         //WiFi 名称
info.getRssi();         //WiFi 信号强度
info.getIpAddress();    //IP 地址
```

5. BroadcastReceiver 类

为了实时显示 WiFi 的状态变化，可使用 BroadcastReceiver 类实现，步骤如下：

（1）编写自定义 WifiBroadCastReceiver 类。继承自 BroadcastReceiver 类，重新编写 onReceive(Context context, Intent intent)方法接收广播，处理广播信息，显示 WiFi 状态变化情况。

（2）在 Activity 生命周期方法中的 onResume()中动态注册广播。先添加广播类型，使用 intentFilter.addAction()方法逐项添加，所添加的广播类型要和 WifiBroadCastReceiver 类中接收的类型对应，添加完成后用 registerReceiver(WifiBroadCastReceiver, intentFilter)方法注册广播。

（3）在 Activity 生命周期方法中的 onPause ()中注销广播。对于动态注册的广播，有注册就必然有注销，使用 unregisterReceiver(WifiBroadcastReceiver)方法注销广播。

WiFi 状态的变化会发出下列广播事件：

- WifiManager.WIFI_STATE_CHANGED_ACTION　　WiFi 开关变化通知
- WifiManager.SCAN_RESULTS_AVAILABLE_ACTION　　WiFi 扫描结果通知
- WifiManager.SUPPLICANT_STATE_CHANGED_ACTION　　WiFi 连接结果通知
- WifiManager.NETWORK_STATE_CHANGED_ACTION　　网络状态变化通知

实例 4-3　WiFi 操作

程序设计界面如图 4-5 所示，“关闭”按钮用于关闭 WiFi 适配器，“打开”按钮用于打开 WiFi 适配器，打开 WiFi 适配器后，左边显示扫描到的 WiFi 列表，右边显示已配置的 WiFi 列表，连接到网络后，底部显示已连接 WiFi 名称及其 IP 地址。

在 AndroidManifest.xml 中加入如下有关 WiFi 的权限许可：

```
<uses-permission android:name="android.permission.CHANGE_WIFI_STATE"/>
<uses-permission android:name="android.permission.ACCESS_WIFI_STATE"/>
<uses-permission android:name="android.permission.ACCESS_NETWORK_STATE"/>
<uses-permission android:name="android.permission.INTERNET"/>
<uses-permission android:name="android.permission.ACCESS_FINE_LOCATION"/>
<uses-permission android:name="android.permission.ACCESS_COARSE_LOCATION"/>
```

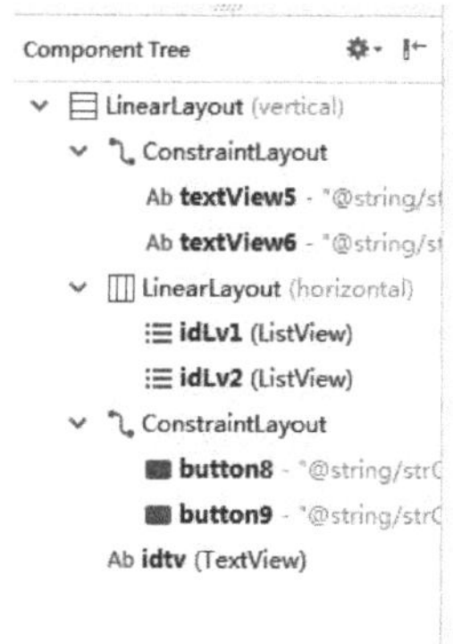

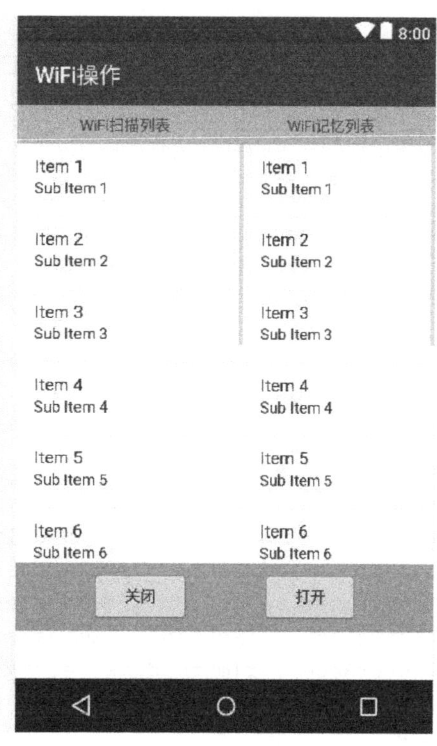

图 4-5　实例 4-3 程序设计界面

程序代码如下：

```
public class MainActivity extends AppCompatActivity{
    TextView tvSta;           //显示 WiFi 状态
    ListView lvW,lvS;         //分别显示 WiFi 扫描结果和已配置的 WiFi
    WifiManager mManager;                               //WiFi 适配器
    WifiInfo info;                                      //WiFi 信息
    WifiBroadCastReceiver mBroadcastReceiver;           //WiFi 广播接收
    ArrayList wlist = new ArrayList();                  //扫描结果列表
    ArrayList slist = new ArrayList();                  //已配置 WiFi 列表
    ArrayAdapter wadapter,sadapter;                     //适配器
    private static final int PERMISSION_REQUEST_COARSE_LOCATION = 1;
    @Override
    protected void onCreate(Bundle savedInstanceState) {
        super.onCreate(savedInstanceState);
        setContentView(R.layout.activity_main);
        tvSta=(TextView) findViewById(R.id.idtv);   //获得控件
        lvW=(ListView) findViewById(R.id.idLv1);
        lvS=(ListView) findViewById(R.id.idLv2);
        mManager= (WifiManager)
            getApplicationContext().getSystemService(Context.WIFI_SERVICE);
        wadapter = new ArrayAdapter(this,
                      android.R.layout.simple_list_item_1, wlist);
        lvW.setAdapter(wadapter);                         //显示 WiFi 扫描结果列表
        sadapter = new ArrayAdapter(this,
```

```
                    android.R.layout.simple_list_item_1, slist);
        lvS.setAdapter(sadapter);  //显示已配置 WiFi 列表
        // Android6.0 及以上版本动态位置权限申请
        if (Build.VERSION.SDK_INT >= Build.VERSION_CODES.M) {
            if (this.checkSelfPermission(Manifest.permission.
             ACCESS_COARSE_LOCATION) != PackageManager.PERMISSION_GRANTED) {
               requestPermissions(new String[]{Manifest.permission.
                ACCESS_COARSE_LOCATION}, PERMISSION_REQUEST_COARSE_LOCATION);
            }
        }
    }
    @Override   //注册 WiFi 状态变化广播
    protected void onResume(){
        super.onResume();
        mBroadcastReceiver = new WifiBroadCastReceiver();
        IntentFilter intentFilter = new IntentFilter();
        intentFilter.addAction(WifiManager.WIFI_STATE_CHANGED_ACTION);
        intentFilter.addAction(WifiManager.SCAN_RESULTS_AVAILABLE_ACTION);
        intentFilter.addAction(WifiManager.NETWORK_STATE_CHANGED_ACTION);
        registerReceiver(mBroadcastReceiver, intentFilter);
    }
    @Override   ////注销广播
    protected void onPause() {
        super.onPause();
        unregisterReceiver(mBroadcastReceiver);
    }
    public void open(View v)  {  //打开 WiFi 适配器
        mManager.setWifiEnabled(true);
    }
    public void close(View v)  {  //关闭 WiFi 适配器
        mManager.setWifiEnabled(false);
    }
    // 自定义 WifiBroadCastReceiver 类
    class WifiBroadCastReceiver extends BroadcastReceiver {
        @Override
        public void onReceive(Context context, Intent intent) {
            switch (intent.getAction()) {
                case WifiManager.WIFI_STATE_CHANGED_ACTION:
                    int   wifiState   =   intent.getIntExtra(WifiManager.EXTRA_
WIFI_STATE,
                            WifiManager.WIFI_STATE_DISABLED);
                    switch (wifiState) {
                        case WifiManager.WIFI_STATE_DISABLED:
                            tvSta.setText("WiFi 已关闭");
                            break;
                        case WifiManager.WIFI_STATE_ENABLED:
                            tvSta.setText("WiFi 已打开");
                            break;
                    }
```

```
                    break;
                case WifiManager.SCAN_RESULTS_AVAILABLE_ACTION:
                    wlist.clear();
                    slist.clear();
                    List<ScanResult> Results = mManager.getScanResults();
                    for (ScanResult Result : Results) {    //扫描结果加入列表
                        wlist.add("SSID:" + Result.SSID + "\nRSSI:" +Result.
level);
                    }
                    wadapter.notifyDataSetChanged();        //刷新列表显示
                    List<WifiConfiguration> configurations =
                                        mManager.getConfiguredNetworks();
                    for (WifiConfiguration Result : configurations) {
                        slist.add(Result.SSID);             //已配置 WiFi 加入列表
                    }
                    sadapter.notifyDataSetChanged();        //刷新列表显示
                    break;
                case WifiManager.NETWORK_STATE_CHANGED_ACTION:
                    WifiInfo info = mManager.getConnectionInfo();
                    int ipadr = info.getIpAddress();        //获得已连接 WiFi 信息
                    String ipstr="";
                    if (ipadr != 0) {
                        ipstr = ((ipadr & 0xff) + "." + (ipadr >> 8 & 0xff) + "."
                                + (ipadr >> 16 & 0xff) + "." + (ipadr >> 24 & 0xff));
                    }           //显示已连接 WiFi 名称和 IP 地址
                    tvSta.setText(info.getSSID() + " " + ipstr);
                    break;
            }
        }
    }
}
```

程序运行效果截屏如图 4-6 所示。

图 4-6　实例 4-3 程序运行效果截屏

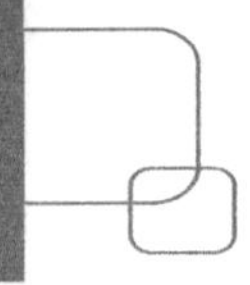

4.2.2 Socket 通信

Android 网络通信方式主要有 http 通信和 Socket 通信两种。http 通信多用于网页浏览，传输数据量较大，传输前建立连接，传输完成后断开连接。工控设备间网络通信多使用 Socket 通信，其特点是报文短，传输效率高，响应快，一旦建立连接后不再断开，保持定时相互通信。Socket 又称套接字，用于描述 IP 地址和端口，Android 程序可以通过 Socket 向网络发出请求或应答网络请求，通信双方建立 Socket 连接就建立起数据传输通道。Socket 通信模型如图 4-7 所示，Socket 的使用可以基于 TCP 或 UDP。

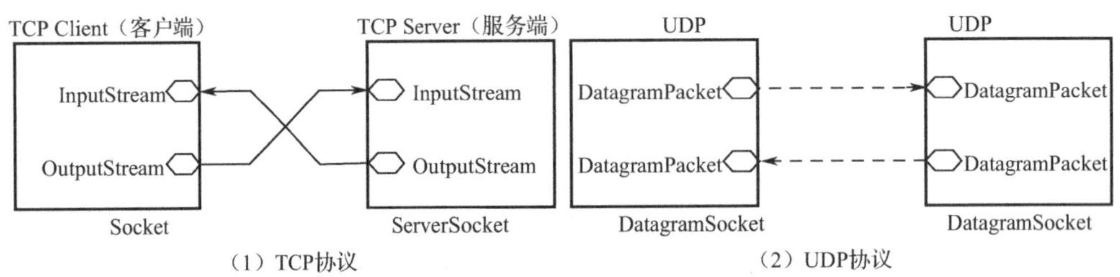

图 4-7　Socket 通信模型

TCP（Transfer Control Protocol）是一种面向连接的保证可靠传输的协议。通过 TCP 通信的两端分别称为客户端和服务端，服务端先创建一个 ServerSocket 对指定端口进行监听，等待建立连接，客户端则创建一个 Socket 去连接服务端，服务端一旦监听到连接请求，两个 Socket 就连接起来，用输入/输出数据流（InputStream/OutputStream）进行双向数据传输。

UDP（User Datagram Protocol）是一种无连接协议，每个数据报文都包括完整的源地址或目的地址，但能否传到目的地址及内容的正确性都不能被保证，实际使用时可在数据报文中加入校验，通过软件保证报文的正确性。通过 UDP 通信的两端都创建 DatagramSocket，指定本地端口、对方 IP 地址和端口，然后通过 DatagramPacket 进行双向数据传输。

实例 4-4　Socket 通信

程序设计界面如图 4-8 所示，最上面 TextView 控件的功能是作为数据接收区，接收区下面一栏有 3 个控件，Spinner 控件切换接收区内容为 HEX 或 TEXT，“清空”按钮用于清空接收区数据，“保存”按钮用于将接收区数据保存到文本文件，便于后期数据分析和整理，同样发送区下面一栏有 3 个控件，Spinner 控件切换接收区内容为 HEX 或 TEXT，“CRC”按钮在 HEX 状态能将输入数据做 CRC 校验，并将校验码附到输入数据后面，“发送”按钮用于发送数据，最下面一栏也有 3 个控件，Spinner 控件切换通信模式为 UDP、TCP Client 或 TCP Server，“断开”按钮用于断开当前连接，“连接”按钮用于按模式建立 Socket 连接。

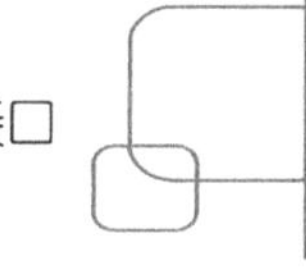

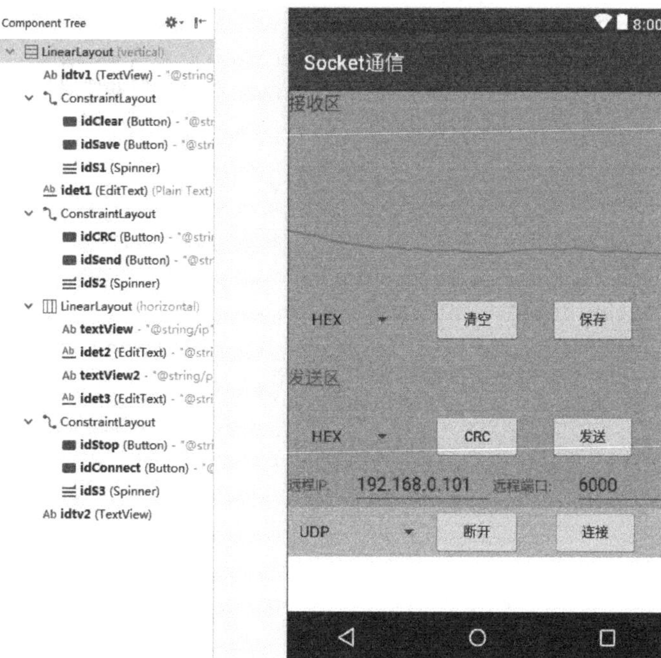

图 4-8　实例 4-4 程序设计界面

UDP 通信程序代码分为 UDP 连接线程、UDP 数据接收线程和 UDP 数据发送 3 部分，具体代码如下：

```
// UDP 连接线程
private class UdpThread extends Thread{
    public void run() {
        try {
            uSocket = new DatagramSocket(6000);  //绑定本地端口号为 6000
            //建立 UDP 连接，参数为对侧 IP 地址和端口
            uSocket.connect(InetAddress.getByName(etIP.getText().toString()),
                            Integer.parseInt(etPort.getText().toString()));
            ct = new ReceiveThread();
            ct.start();                        //运行接收 UDP 数据线程
            running=true;
            } catch (Exception e) {
        }
    }
}
// UDP 数据接收线程
private class ReceiveThread extends Thread{
    @Override
    public void run() {
        int byt;
        while (running) {
            rPacket = null;
            try {
                rPacket = new DatagramPacket(rbuf, rbuf.length);
                uSocket.receive(rPacket);     //接收数据
```

```
                byt=rPacket.getLength();
                if(byt>0){                              //收到数据
                                                        //此处数据处理
                    try{                                //延时 200ms
                        sleep(200);
                    }catch (InterruptedException e){
                        e.printStackTrace();
                    }
                }
            } catch (NullPointerException e) {
                running = false;                        //接收数据出错时不再接收数据
                e.printStackTrace();
                break;
            } catch (IOException e) {
                e.printStackTrace();
            }
        }
    }
}
// UDP 数据发送
tPacket = null;
try {
    tPacket = new DatagramPacket((etTxd.getText().toString() + "\n")
                                             .getBytes("utf-8"), len);
    uSocket.send(tPacket);                               //UDP 连接发送数据
} catch (Exception e) {
}
```

TCP Client 通信程序代码分为 TCP Client 连接线程、TCP 数据接收线程和 TCP 数据发送 3 部分，TCP 数据发送使用了 TCP 数据接收线程中定义的 write(byte[] bytes)方法，具体代码如下：

```
// TCP Client 连接线程
private class StartThread extends Thread{
    @Override
    public void run() {
        try {       //连接服务端的 IP 地址和端口
            mSocket = new Socket(etIP.getText().toString(),
                        Integer.parseInt(etPort.getText().toString()));
            rt = new ConnectedThread(mSocket);
            rt.start();                                  //启动接收数据的线程
            running = true;
        } catch (IOException e) {
            e.printStackTrace();
        }
    }
}
// TCP 数据传输线程
private class ConnectedThread extends Thread {
    private final Socket mmSocket;
    private final InputStream mmInStream;
    private final OutputStream mmOutStream;
```

```
    public ConnectedThread(Socket socket) {
        mmSocket = socket;
        InputStream tmpIn = null;
        OutputStream tmpOut = null;
        try {
            tmpIn = mmSocket.getInputStream();          //数据通道的创建
            tmpOut = mmSocket.getOutputStream();
        } catch (IOException e) { }
        mmInStream = tmpIn;
        mmOutStream = tmpOut;
    }
    public final void run() {
        while (running) {
            int byt; // bytes returned from read()
            try {
                byt = mmInStream.read(rbuf);              //监听接收到的数据
                if(byt>0){
                    // 通知主线程接收到数据
                    try{
                        sleep(200);
                    }catch (InterruptedException e){
                        e.printStackTrace();
                    }
                }
            } catch (NullPointerException e) {
                running = false;
                e.printStackTrace();
                break;
            } catch (IOException e) {
                break;
            }
        }
    }
    public void write(byte[] bytes) {                    //发送字节数据
        try {
            mmOutStream.write(bytes);
        } catch (IOException e) { }
    }
    public void cancel() {                               //关闭连接
        try {
            mmSocket.close();
        } catch (IOException e) { }
    }
}
//TCP 连接发送数据
try {
    rt.write((etTxd.getText().toString() + "\n").getBytes("utf-8"));
} catch (IOException e) {
    e.printStackTrace();
}
```

TCP Server 通信程序代码除了 TCP Server 监听线程，TCP 数据接收线程和 TCP 数据发送这两部分复用了 TCP Client 通信程序中的功能，TCP Server 监听线程代码如下：

```
//TCP Server 监听线程
private class AcceptThread extends Thread{
    @Override
    public void run() {
        try {
            sSocket = new ServerSocket(6000);  //建立一个 ServerSocket 服务器端
            mSocket = sSocket.accept();        //阻塞直到有 Socket 客户端连接
            rt = new ConnectedThread(mSocket);
            rt.start();                        //启用 TCP 数据接收线程
            running = true;
            try {
                sleep(500);
            } catch (InterruptedException e) {
                e.printStackTrace();
            }
        } catch (IOException e) {
            e.printStackTrace();
        }
    }
}
```

其余部分代码和实例 4-1 相似，这里不再列出。程序分别安装在两个平板电脑上，连接到同一 WiFi 网络进行测试，运行效果截屏如图 4-9 所示。

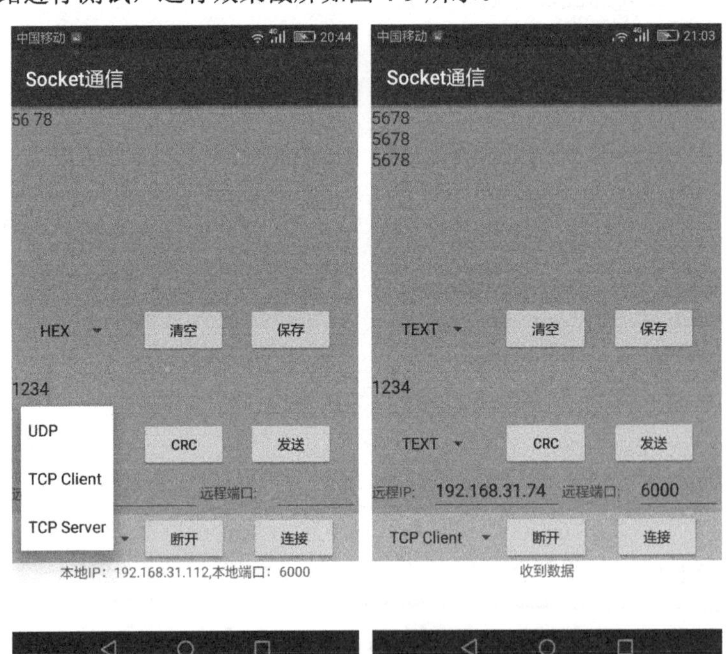

图 4-9　实例 4-4 程序运行效果截屏

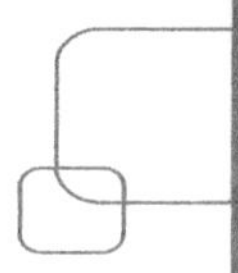

4.3　GPS

4.3.1　GPS 相关的类

GPS 本意指 Global Positioning System（全球定位系统），在 Android 系统中泛指定位，定位方式含 GPS 定位和网络定位，通过 LocationManager 类可获得定位数据，通过 Geocoder 类可查询地址。

1．LocationManager 类

LocationManager 类的功能是获得设备地理位置信息，并获得 LocationManager 对象代码：

```
LocationManager lcm = (LocationManager) getSystemService(LOCATION_SERVICE);
```

LocationManager 类的常用方法如下。

（1）getProvider(String name)：根据 name 来获得定位方式，3 种定位方式中的 name 值如下：

- NETWORK_PROVIDER　网络定位
- GPS_PROVIDER　GPS 定位
- PASSIVE_PROVIDER　被动定位

（2）getBestProvider(Criteria criteria, boolean enabledOnly)：获得最优定位方式。

（3）getLastKnownLocation(String provider)：获得最近一次已知的定位信息。

（4）requestLocationUpdates (String provider, long minTime, float minDistance, LocationListener listener)：监听位置变化事件，触发如下回调方法：

- void onLocationChanged(Location location)
- void onStatusChanged(String provider, int status, Bundle extras)
- void onProviderEnabled(String provider)
- void onProviderDisabled(String provider)

（5）removeUpdates(this)：停止监听位置变化事件。

（6）addProximityAlert(double latitude, double longitude, float radius, long expiration, PendingIntent intent)：设置电子围栏。

（7）removeProximityAlert(PendingIntent intent)：解除电子围栏。

2．Geocoder 类

Geocoder 类的功能是地理位置解析，可将经/纬度转为详细位置信息，如国家、城市、街道名称和附近建筑物信息，获得 Geocoder 对象代码如下：

```
Geocoder mAddr = new Geocoder(this, Locale.getDefault())
```

获取位置信息代码如下：

```
List<Address> locationList = null;
try {              //通过经/纬度获得位置信息列表
    locationList = mAddr.getFromLocation(mlatitude, mlongitude, 1);
```

```
        Address address = locationList.get(0);  //获得位置信息列表中的第一项
        String s = address.getCountryName();    //得到国家名称
        s = s + "\n" + address.getLocality();   //得到城市名称
        for (int i = 0; address.getAddressLine(i) != null; i++) {
            s = s + "\n" + address.getAddressLine(i);//得到街道名称及附近建筑物信息
        }
    } catch (IOException e) {
        e.printStackTrace();
    }
```

实例 4-5　本地定位

程序界面较简单，用了两个 TextView 控件分别显示定位信息和地址信息。定位程序需要位置权限许可，地址信息查询需要网络权限许可，在 AndroidManifest.xml 中加入如下权限许可：

```
    <uses-permission android:name="android.permission.INTERNET"/>
    <uses-permission android:name="android.permission.ACCESS_FINE_LOCATION"/>
    <uses-permission android:name="android.permission.ACCESS_COARSE_LOCATION"/>
```

程序代码如下：

```
    public class MainActivity extends AppCompatActivity implements
LocationListener {
        private String[] permissions = {Manifest.permission.ACCESS_COARSE_LOCATION,
                                    Manifest.permission.ACCESS_FINE_LOCATION};
        static final int MIN_TIME = 5000;   //位置更新条件：5000ms
        static final float MIN_DIST = 5;    //位置更新条件：5m
        LocationManager mManager;           //定位管理器
        Geocoder mAddr;                     //地址查询
        TextView tvLocate;                  //显示定位信息
        TextView tvAddr;                    //显示地址信息
        @Override
        protected void onCreate(Bundle savedInstanceState) {
            super.onCreate(savedInstanceState);
            setContentView(R.layout.activity_main);
            tvLocate = (TextView) findViewById(R.id.idtv1);
            tvAddr = (TextView) findViewById(R.id.idtv2);
            tvAddr.setMovementMethod(ScrollingMovementMethod.getInstance());
            // 获取系统定位管理器
            mManager = (LocationManager) getSystemService(LOCATION_SERVICE);
            mAddr= new Geocoder(this, Locale.getDefault());  //获取位置解析
            int i = ContextCompat.checkSelfPermission(getApplicationContext(),
                                                    permissions[0]);
            if (i != PackageManager.PERMISSION_GRANTED) {
                ActivityCompat.requestPermissions(this, permissions, 0);
            }                               //Android6.0 需动态申请定位许可权限
        }
        @Override
        protected void onResume() {
```

```
        super.onResume();                               //检测是否获得定位许可
        if (ActivityCompat.checkSelfPermission(this, Manifest.
        permission.ACCESS_FINE_LOCATION) != PackageManager.PERMISSION_GRANTED) {
            tvLocate.setText("未被允许使用的定位功能!");
            return;
        }
        mManager.requestLocationUpdates(mManager.GPS_PROVIDER, MIN_TIME,
                                MIN_DIST, this);  //开始监听位置事件
        tvLocate.setText("正在获取定位信息...");
    }
    @Override
    protected void onPause() {
        super.onPause();
        mManager.removeUpdates(this);                   //停止监听位置事件
    }
    // 位置变化监听响应
    @Override
    public void onLocationChanged(Location location) {
        double mlatitude = location.getLatitude();
        double mlongitude = location.getLongitude();
        String strtxv = String.format("\n纬度:%.6f\n经度:%.6f",
                mlatitude,                              //纬度
                mlongitude);                            //经度
        tvLocate.setText("定位信息: \n" + strtxv);
        List<Address> locationList = null;
        try {
            locationList = mAddr.getFromLocation(mlatitude, mlongitude, 1);
            Address address = locationList.get(0);   //得到Address实例
            String s = address.getCountryName();      //得到国家名称，如中国
            s = s + "\n" + address.getLocality();     //得到城市名称，如北京市
            for (int i = 0; address.getAddressLine(i) != null; i++) {
                s = s + "\n" +  address.getAddressLine(i);
            }                   //得到周边信息，包括街道名称、附近建筑物名称
            tvAddr.setText("地址信息: \n" + s);        //显示地址信息
        } catch (IOException e) {
            e.printStackTrace();
        }
    }
    @Override
    public void onProviderDisabled(String provider) {
        tvLocate.setText("GPS 停用! ");
    }
    @Override
    public void onProviderEnabled(String provider) {
        tvLocate.setText("GPS 启用! ");
    }
    @Override                                           //定位提供者状态变化
```

```
    public void onStatusChanged(String provider, int status, Bundle extras) { }
}
```

程序运行前要打开网络功能，在室外开阔地段测试，测试效果截屏如图 4-10 所示。

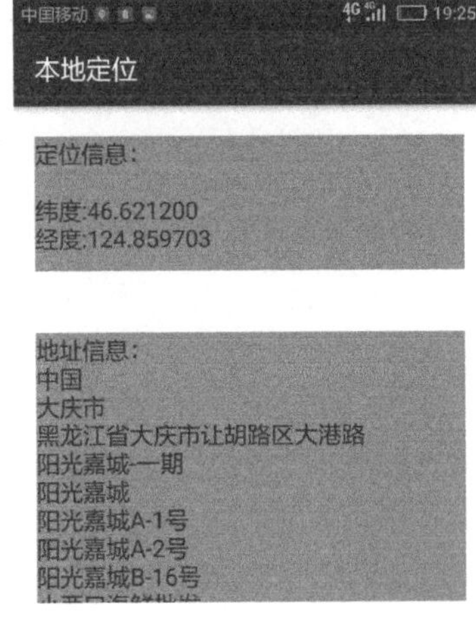

图 4-10　实例 4-5 测试效果截屏

4.3.2　GPS 远程定位

在一些炼油化工企业，员工巡检配备了防爆工业平板电脑，使用 GPRS 网络实时上传定位信息和巡检点读卡信息到管理系统，方便管理人员查看巡检路径、巡检频次是否符合规定，软件界面还设置了一键报警求助功能，当巡检过程中遇到危险时可发出报警信息到管理系统。

GPS 远程定位同时使用了工业平板电脑的 GPS 定位和 GPRS 网络功能，GPRS 网络通信和 WiFi 网络通信的硬件接口不同，但底层 Socket 通信是相同的，在实例 4-5 中实现了 GPS 定位的基础上再增加 Socket 通信功能就可以实现远程定位。

实例 4-6　远程定位

GPS 定位数据定时采集和上传工作是不间断的，如果放到前台运行，当手机锁屏或查看其他程序时，数据上传工作会中断，如果超时，服务器会判断为掉线，中断数据传输，所以只能放到后台运行，在 Service 中实现 GPS 定位数据定时采集和上传功能。

在 Android 程序中加入 Service 的方法如图 4-11 所示，在“java”文件夹处右击菜单 New→Service，再单击“Service”即可生成 Service.java 文件。从图 4-11 可以看出程序界面很简单，只有 1 个“开始”按钮，用于启动 Service，并且在程序中设定启动 Service 后隐藏主程序界面，程序转为后台运行。

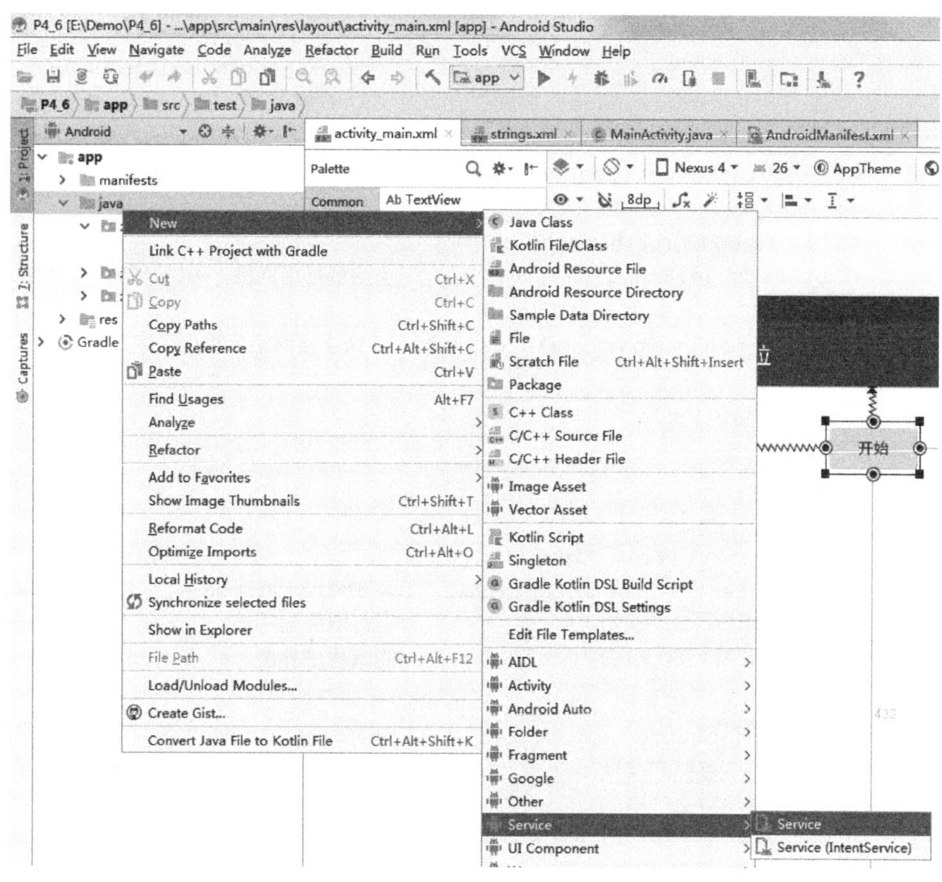

图 4-11　在 Android 程序中加入 Service

在 AndroidManifest.xml 中加入如下权限许可：

```
<uses-permission android:name="android.permission.ACCESS_COARSE_LOCATION" />
<uses-permission android:name="android.permission.ACCESS_FINE_LOCATION" />
<uses-permission android:name="android.permission.INTERNET" />
<uses-permission android:name="android.permission.ACCESS_NETWORK_STATE" />
```

在 AndroidManifest.xml 中可以看到自动生成的有关 Service 代码如下：

```
<service
    android:name=".MyService"
    android:enabled="true"
    android:exported="true"></service>
```

主程序只负责网络状态判断、位置权限动态申请和开始运行 Service，代码如下：

```
public class MainActivity extends AppCompatActivity {
    private String[] permissions = {Manifest.permission.ACCESS_COARSE_LOCATION,
                                   Manifest.permission.ACCESS_FINE_LOCATION};
    Button btStart;      //开始按钮
    @Override
    protected void onCreate(Bundle savedInstanceState) {
        super.onCreate(savedInstanceState);
        setContentView(R.layout.activity_main);
        btStart = (Button)findViewById(R.id.idbt);
```

```
        int i = ContextCompat.checkSelfPermission(getApplicationContext(),
                                                   permissions[0]);
        if (i != PackageManager.PERMISSION_GRANTED) {
            //Android6.0 需动态申请定位许可权限
            ActivityCompat.requestPermissions(this, permissions, 0);
        }
        if(isNetworkAvailable(this)){
            btStart.setEnabled(true);     //检测到可用网络，可以开始远程定位
        }else {
            Toast msg = Toast.makeText(this,"请连接网络后重启程序",
                                                    Toast.LENGTH_LONG);
            msg.show();
        }
    }
    //开始按钮
    public void start(View view) {
        Intent intent = new Intent(this, MyService.class);
        startService(intent);              //运行服务程序
        moveTaskToBack(true);              //隐藏程序界面
    }
    //程序退出前的操作
    public void onDestroy() {
        super.onDestroy();
        Intent intentFour = new Intent(this, MyService.class);
        stopService(intentFour);           //停止服务程序
    }
    // 检查网络是否可用
    public static boolean isNetworkAvailable(Context context) {
        ConnectivityManager manager = (ConnectivityManager) context
                .getApplicationContext().getSystemService(
                        Context.CONNECTIVITY_SERVICE);
        if (manager == null) {
            return false;
        }
        NetworkInfo minfo = manager.getActiveNetworkInfo();
        if (minfo == null || !minfo.isAvailable()) {
            return false;
        }
        return true;
    }
}
```

Service 程序的功能是 GPS 定位数据定时采集和上传，其中上传的服务器选贝壳物联，IP 地址为 121.42.180.30，端口为 8181，通信步骤如下：

（1）连接 Socket("121.42.180.30", 8181)，返回“WELCOME TO BIGIOT”，说明已成功连接贝壳物联。

（2）发送{"M":"checkin","ID":"设备 ID 码", "K":"登录密码"}，设备登录，返回

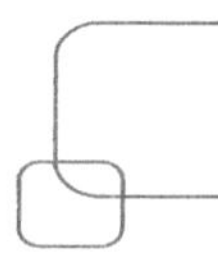

"checkinok"表示成功登录。

（3）每隔 1s 发送"{"M":"status"}\n"查询状态，返回"checked"表示设备在线，如果 300s 内收不到"checked"，则表示设备掉线，返回（1）重新连接贝壳物联。

（4）每隔 1s 发定位数据，格式为"{"M":"update","ID":"xxxx","V":{"xxxx":""经度值","纬度值"\"}}\n"。

程序中设备编码及登录密码需申请后修改为实际值，示例代码如下：

```
public class MyService extends Service implements LocationListener {
    static final int MIN_TIME = 5000;    //位置更新条件：5000ms
    static final float MIN_DIST = 5;     //位置更新条件：5m
    LocationManager mManager;            //定位管理器
    private Handler mHandler;            //消息线程
    private Socket mSocket;              //TCP_Client Socket
    private StartThread st;              //TCP 客户端线程
    private ConnectedThread rt;          //TCP 数据交换线程
    private String strRxd = "";          //接收端文本
    private byte rbuf[] = new byte[512];//接收数据
    private int len;                     //接收数据长度
    boolean running = false;
    int tn;                //1s 计数
    int wn;                //网络通信计数，超时网络状态值清零，重新登录
    int sta=1;             //状态值：1—有网络；2—连接到贝壳网络；3—设备已登录
    double mlatitude;      //纬度值
    double mlongitude;     //经度值
    @Override
    public IBinder onBind(Intent intent) {
        return null;
    }
    @Override              //服务初始化
    public void onCreate() {
        super.onCreate();
        mHandler = new MyHandler();        //实例化 Handler，用于进程间的通信
        Timer mTimer = new Timer();        //新建 Timer
        mTimer.schedule(new TimerTask() {
            @Override
            public void run() {
                tn++;                      //每秒加 1
                wn++;
                Message msg2 = mHandler.obtainMessage(); //创建消息
                msg2.what = 2;                           //变量 what 赋值
                mHandler.sendMessage(msg2);              //发送消息
            }
        }, 1000, 1000);                    //延时 1000ms，然后每隔 1000ms 发送消息
        // 获取系统定位管理器
        mManager = (LocationManager) getSystemService(LOCATION_SERVICE);
        // 开始监听位置事件
        if (ActivityCompat.checkSelfPermission(this, Manifest.permission.
```

```
            ACCESS_FINE_LOCATION) != PackageManager.PERMISSION_GRANTED) {
          return;
       }
       mManager.requestLocationUpdates(mManager.GPS_PROVIDER, MIN_TIME,
                                                  MIN_DIST, this);    }
    @Override  //
    public int onStartCommand(Intent intent, int flags, int startId) {
       return START_STICKY;
    }
    @Override  //服务停止
    public void onDestroy() {
       super.onDestroy();
       mManager.removeUpdates(this);    //停止监听位置事件
    }
    // 位置变化监听响应
    @Override
    public void onLocationChanged(Location location) {
       mlatitude = location.getLatitude();
       mlongitude = location.getLongitude();
       String strtxv = String.format("\n纬度:%.6f\n经度:%.6f",
             mlatitude,                    //纬度
             mlongitude);                  //经度
    }
    @Override                              //GPS 停用
    public void onProviderDisabled(String provider) {  }
    @Override                              //GPS 启用
    public void onProviderEnabled(String provider) {  }
    @Override                              //定位提供者状态变化
    public void onStatusChanged(String provider, int status, Bundle extras) { }
    //建立 socket 连接的线程
    private class StartThread extends Thread{
       @Override
       public void run() {
          try {
             mSocket = new Socket("121.42.180.30", 8181);//连接贝壳物联服务器
             //启动接收数据的线程
             rt = new ConnectedThread(mSocket);
             rt.start();
             running = true;
             if(mSocket.isConnected()){  //成功连接获取 socket 对象，发送成功消息
                Message msg0 = mHandler.obtainMessage();
                msg0.what=0;
                mHandler.sendMessage(msg0);
             }
          } catch (IOException e) {
             e.printStackTrace();
          }
```

```
        }
    }
    //数据输入/输出线程
    private class ConnectedThread extends Thread {
        private final Socket mmSocket;
        private final InputStream mmInStream;
        private final OutputStream mmOutStream;
        public ConnectedThread(Socket socket) {        //socket 连接
            mmSocket = socket;
            InputStream tmpIn = null;
            OutputStream tmpOut = null;
            try {
                tmpIn = mmSocket.getInputStream();       //数据通道创建
                tmpOut = mmSocket.getOutputStream();
                Message msg0 = mHandler.obtainMessage();
                msg0.what = 0;
                mHandler.sendMessage(msg0);
            } catch (IOException e) { }
            mmInStream = tmpIn;
            mmOutStream = tmpOut;
        }
        public final void run() {
            while (running) {
                int byt;
                try {
                    byt = mmInStream.read(rbuf);         //监听接收到的数据
                    if(byt>0){
                        Message msg1 = mHandler.obtainMessage();
                        msg1.what = 1;
                        msg1.obj=byt;
                        mHandler.sendMessage(msg1);      //通知主线程接收到数据
                        try{
                            sleep(200);
                        }catch (InterruptedException e){
                            e.printStackTrace();
                        }
                    }
                } catch (NullPointerException e) {
                    running = false;
                    Message msg2 = mHandler.obtainMessage();
                    msg2.what = 2;
                    mHandler.sendMessage(msg2);
                    e.printStackTrace();
                    break;
                } catch (IOException e) {
                    break;
                }
```

```
            }
        }
        public void write(byte[] bytes) {          //发送字节数据
            try {
                mmOutStream.write(bytes);
            } catch (IOException e) { }
        }
        public void cancel() {                     //关闭连接
            try {
                mmSocket.close();
            } catch (IOException e) { }
        }
    }
    //在主线程处理 Handler 传回来的 message
    class  MyHandler extends Handler{
        @Override
        public void handleMessage(Message msg) {
            switch (msg.what) {
                case 0:                            //已连接网络
                    break;
                case 1:                            //收到网络数据
                    len=Integer.parseInt(msg.obj.toString());
                    strRxd="";
                    for(int i=0;i<len;i++){
                        strRxd = strRxd + String.format("%c",rbuf[i]);
                    }
                    // 网络数据解析
                    int n = strRxd.indexOf("WELCOME TO BIGIOT");
                    if(n>0) sta=2; //收到"WELCOME TO BIGIOT"，表示已连接贝壳物联网
                    n = strRxd.indexOf("checkinok");
                    if(n>0) {       //收到"checkinok"，表示设备已登录
                        sta=3;
                        tn=30;
                    }
                    n = strRxd.indexOf("checked");
                    if(n>0) wn=0;  //收到"checked"，表示设备在线
                    break;
                case 2:              //定时 1s
                    if(wn>300){
                        wn=0;
                        sta=1;
                    }
                    switch (sta) {
                        case 1:     //有网络
                            st = new StartThread();
                            st.start(); //连接贝壳物联
                            break;
```

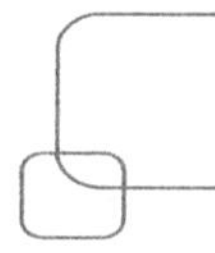

```
                case 2:          //已连接贝壳物联
                    String s =
        "{\"M\":\"checkin\",\"ID\":\"xxxx\",\"K\":\"123456789\"}\n";
                    //tvTxd.setText(s);
                    try {        //设备登录
                        rt.write(s.getBytes("utf-8"));
                    } catch (IOException e) {
                        e.printStackTrace();
                    }
                    break;
                case 3:          //设备已登录
                    if(tn==60){
                        s = "{\"M\":\"status\"}\n";
                        //tvTxd.setText(s);
                        strRxd="";
                        //tvRxd.setText(strRxd);
                        try {    //每隔 1s 发查询状态
                            rt.write(s.getBytes("utf-8"));
                        } catch (IOException e) {
                            e.printStackTrace();
                        }
                    }
                    if(tn>=120){
                        tn=0;
                        s = "{\"M\":\"update\",\"ID\":\"xxxx\",\"V\":
           {\"xxxx\":\"" + String.format("%.6f", (float)mlongitude)
            + ","+ String.format("%.6f", (float)mlatitude) + "\"}}\n";
                        try {    //每隔 1s 发定位数据
                            rt.write(s.getBytes("utf-8"));
                        } catch (IOException e) {
                            e.printStackTrace();
                        }
                    }
                    break;
            }
            break;
        }
      }
    }
}
```

程序运行后如果没连接网络，“开始”按钮为灰色，表示无法单击，弹出提示“请连接网络后重启程序”；如果已连接网络，则可单击“开始”按钮，退出程序界面，在后台运行程序，此时可以登录贝壳物联，查看设备在线状态及定位。

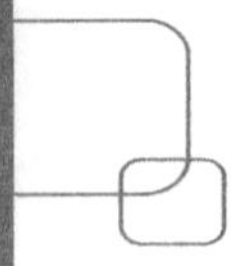

4.4 NFC

4.4.1 NFC 简介

1. NFC 通信特点

NFC（Near Field Communication）表示近场通信，使用 13.56MHz 频率，通信距离小于 10cm，一般读卡距离约 2cm 左右。因为通信距离近，所以依靠距离识别通信对象，与蓝牙通信相比不需要扫描和配对，两个 NFC 设备在接近到一定范围时会自动连接。

2. NFC 工作模式

NFC 技术由 RFID 技术发展而来，主要有如下 3 种工作模式。

（1）读卡器模式。

NFC 标签（卡片或钥匙扣）内有线圈，既是天线也是供电装置，当读卡器向 NFC 标签读/写数据时，线圈感应电给 NFC 标签内的芯片供电，再通过线圈传输数据。

（2）仿真卡模式。

NFC 设备可以作为 IC 卡被读卡器读/写数据，替代公交卡、门禁卡等 IC 卡。

（3）点对点模式。

两个 NFC 设备可以相互通信，传输文件等较大容量的数据时，可以利用先进的 Android Beam 技术，通过 NFC 建立连接，然后利用蓝牙传输文件数据。

3. NFC 相关类

（1）NfcAdapter 类的常用方法。

- getDefaultAdapter()：获得 NFC 适配器。
- isEnabled()：检测 NFC 是否可用。
- enableForegroundDispatch()：启用 NFC 监听。
- disableForegroundDispatch()：取消 NFC 监听。

（2）Tag 类由 intent.getParcelableExtra(NfcAdapter.EXTRA_TAG)方法获得 Tag(标签)对象，常用方法如下：

- tag.getId()：获得标签 ID。

（3）Ndef 类的常用方法如下：

- get(tag)：获取 Ndef 的实例。
- getMaxSize()：获取标签存储容量。
- getType()：获取标签类型。

（4）NdefMessage 类和 NdefRecord 类：NdefMessage 是标签的数据容器，含多条 NdefRecord。

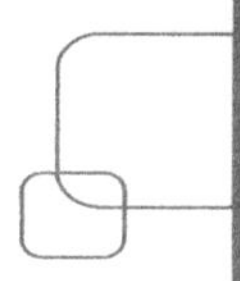

4.4.2　读取 NFC 标签 ID 值

在工厂巡检管理中只需读取 NFC 标签 ID 值就行，读取步骤如下：

（1）用 getDefaultAdapter()方法获得 NFC 适配器。

（2）用 NFC 适配器监听 NFC 标签，发现后发送一个 Intent 给当前 Activity，调用 onNewIntent 方法。

（3）在 onNewIntent 方法中获取标签对象，取出标签 ID 值。

实例 4-7　读取 NFC 标签 ID 值

在 AndroidManifest.xml 中加入有关 NFC 的权限许可：

```
<uses-permission android:name="android.permission.NFC"/>
<uses-feature android:name="android.hardware.nfc" android:required="true" />
```

在 AndroidManifest.xml 中声明 NFC 的过滤条件：

```
<intent-filter>
    <action android:name="android.nfc.action.TECH_DISCOVERED" />
    <category android:name="android.intent.category.DEFAULT" />
    <category android:name="android.intent.category.LAUNCHER" />
</intent-filter>
<meta-data
    android:name="android.nfc.action.TECH_DISCOVERED"
    android:resource="@xml/nfc_tech_filter" />
```

其中，“@xml/nfc_tech_filter”表示过滤标签类型的 nfc_tech_filter.xml 文件放在工程资源文件夹“\res\xml\”内，文件内容如下：

```
<resources xmlns:xliff="urn:oasis:names:tc:xliff:document:1.2">
    <!-- 读 NFC 卡的类型 -->
    <tech-list>
        <tech>android.nfc.tech.IsoDep</tech>
    </tech-list>
    <tech-list>
        <tech>android.nfc.tech.NfcA</tech>
    </tech-list>
    <tech-list>
        <tech>android.nfc.tech.NfcB</tech>
    </tech-list>
    <tech-list>
        <tech>android.nfc.tech.NfcF</tech>
    </tech-list>
    <tech-list>
        <tech>android.nfc.tech.NfcV</tech>
    </tech-list>
    <tech-list>
        <tech>android.nfc.tech.Ndef</tech>
    </tech-list>
```

```
    <tech-list>
        <tech>android.nfc.tech.NdefFormatable</tech>
    </tech-list>
    <tech-list>
        <tech>android.nfc.tech.MifareClassic</tech>
    </tech-list>
    <tech-list>
        <tech>android.nfc.tech.MifareUltralight</tech>
    </tech-list>
</resources>
```

主程序界面只用了一个 TextView 控件显示读取到的 ID 值，程序代码如下：

```
public class MainActivity extends AppCompatActivity {
    private NfcAdapter mNfcAdapter;         //NFC 适配器
    private PendingIntent pend;             //异步调用
    private Tag tag;                        //标签
    private TextView cardID;                //显示标签 ID
    @Override
    protected void onCreate(Bundle savedInstanceState) {
        super.onCreate(savedInstanceState);
        setContentView(R.layout.activity_main);
        cardID=(TextView)findViewById(R.id.idtv1);
        mNfcAdapter = NfcAdapter.getDefaultAdapter(this);    //获取 NFC 适配器
        cardID.setText("等待读卡...");
        //监听 NFC 标签，发现后发送一个 Intent 给当前 Activity，调用 onNewIntent 方法
        pend = PendingIntent.getActivity(this, 0, new Intent(this,
                 getClass()).addFlags(Intent.FLAG_ACTIVITY_SINGLE_TOP),  0);
    }
    //启动监听
    protected void onResume() {
        super.onResume();
        mNfcAdapter.enableForegroundDispatch(this, pend, null, null);
    }
    //取消监听
    protected void onPause() {
        super.onPause();
        if (mNfcAdapter != null) {
            mNfcAdapter.disableForegroundDispatch(this);
        }
    }
    //监听响应
    protected void onNewIntent(Intent intent) {
        super.onNewIntent(intent);
        tag=intent.getParcelableExtra(NfcAdapter.EXTRA_TAG);//获取 Tag 标签对象
        if(tag!=null){
            byte[] rfid = new byte[4];
            String strid = "";
            rfid=tag.getId();                                    //获得标签 ID 值
```

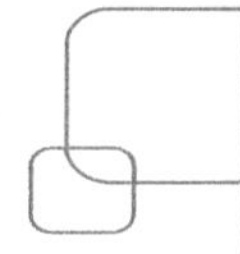


```
            for(int i=0;i<4;i++) strid+=String.format("%02X",rfid[i]);
            cardID.setText("ID: " + strid);  //显示标签 ID 值
        }else{
            return;
        }
    }
}
```

程序运行前打开 NFC，运行后显示“等待读卡...”，当把 NFC 标签贴近平板电脑后侧时，平板电脑会发出提示音，同时显示 NFC 标签 ID 值，测试效果截屏如图 4-12 所示。

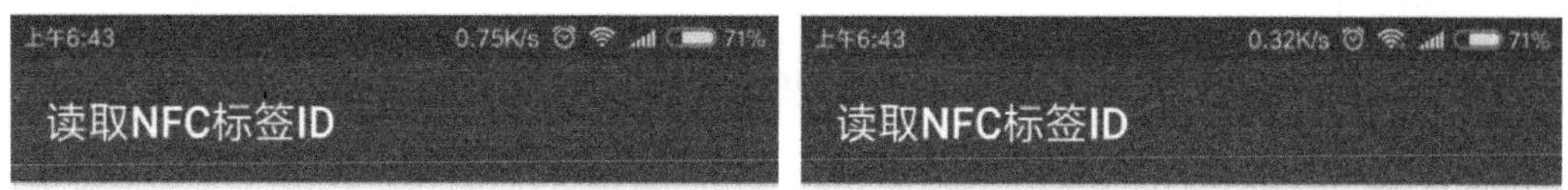

等待读卡...　　　　ID: 761E1BB6

图 4-12　实例 4-7 测试效果截屏

4.5　串口

4.5.1　嵌入式平板电脑串口

便携式平板电脑是没有串口的，只能通过其他通信接口转换；嵌入式平板电脑则是标准配置，例如，微嵌的 WAR-070 工业平板电脑有 4 路 RS-232 串口，对应 Android 驱动的设备号为 COM1～COM4，支持的最高波特率为 115200bps，其中 COM1 和 COM2 支持 RS-485 通信。

Android 系统不支持嵌入式平板电脑串口操作，必须依靠厂家提供的动态库，用动态库中相应的厂家封装的类操作串口，所编写的程序也只能运行在该厂家的工业平板电脑上。

微嵌动态库提供的包中共有 4 个类，分别为 CanFrame 类、HardwareControl 类、CustomFunctions 类和 SerialPort 类，其中 SerialPort 类是为了方便串口操作，单独封装的操作串口类有如下 4 个常用方法：

（1）打开串口。

函数：void open(String portName, int baud, int databits, String parity, int stopbits)

参数说明：

- path：串口名，对应产品中的 COM1～COM4。
- baud：串口波特率。
- databits：串口数据位。

● stopbits：串口停止位。

● parity：串口校验位，O、E、N、S 分别对应奇校验、偶校验、无校验和固定值校验。

示例：

```
SerialPort serialPort1 = new SerialPort();       //声明串口
serialPort1.open("COM1", 115200, 8, "N", 1);    //打开串口，参数9600,n,8,1
```

（2）关闭串口。

函数：void close()

参数无。

（3）读串口。

函数：int read(byte[] buff, int count, long timeout)

返回：实际读取到的字节数。

参数说明：

● buff：接收缓冲区，保存读取到的串口数据。

● count：读取字节数的最大值。

● timeout：帧间隔。

（4）写串口。

函数：int write(byte[] buff, int count)

返回：实际写入的字符个数。

参数说明：

● buff：发送缓冲区，保存待发送到串口的数据。

● count：发送字节数。

4.5.2 串口通信步骤

串口通信步骤如下：

（1）新建项目，复制“微嵌动态库”文件夹中的“weiqian”文件夹，粘贴到新建项目的文件夹中，路径为“项目文件夹\app\src\main\java\”，再复制“SerialPort.java”文件，粘贴到“MainActivity.java”所在的文件夹中，配置完微嵌动态库的项目结构如图 4-13 所示。

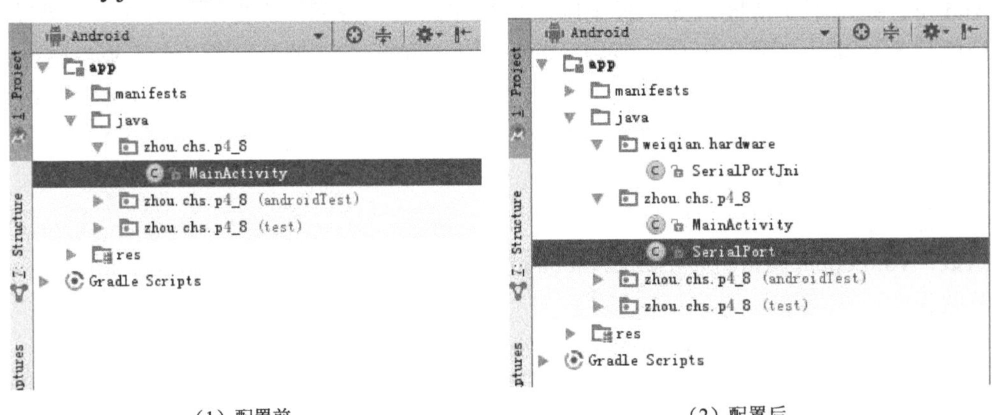

（1）配置前　　　　（2）配置后

图 4-13　配置完微嵌动态库的项目结构

（2）在 MainActivity 的 onCreate( )中用 open( )方法初始化并打开串口。

（3）创建 1 个新线程，在线程中用 read( )方法读取串口数据，读到数据后发送消息，在接收消息线程处理接收到的数据。

（4）用 write( )方法发送数据。

（5）在 MainActivity 的 onDestroy( )中用 close( )方法关闭串口。

实例 4-8 串口温/湿度采集

实例 4-8 用微嵌的工业平板电脑通过 COM1 连接具有 RS-485 接口的温/湿度变送器，采集温/湿度数据并实时显示在程序界面上，使用的温/湿度变送器型号为 TH10S-B-PE，通信协议为 MODBUS RTU，出厂默认波特率为 9600，默认通信地址为 0x01，温/湿度数据地址为 0x0000，数据格式为含 1 位小数点的整数。

程序界面如图 4-14 所示，共使用了 5 个 TextView 控件，3 个用做标签，另外两个分别显示温度和湿度数据。

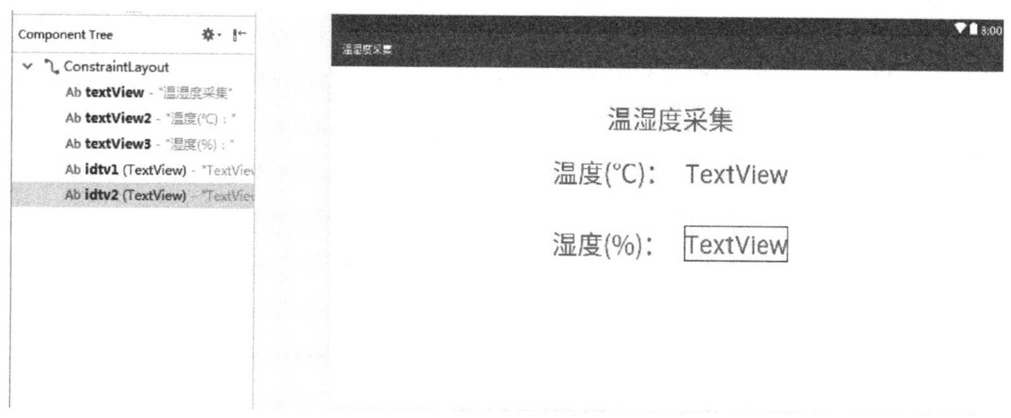

图 4-14 实例 4-8 程序界面

程序代码如下：

```
public class MainActivity extends AppCompatActivity {
    TextView tv1,tv2;                    //显示温度、湿度数据
    private SerialPort serialPort;   //声明串口
    private ReadThread mReadThread; //读取线程
    private Handler myhandler;       //信息通道
    byte[] rbuf = new byte[32];      //串口接收数据缓冲区
    int tn;                          //3s 计数
    @Override
    protected void onCreate(Bundle savedInstanceState) {
        super.onCreate(savedInstanceState);
        setContentView(R.layout.activity_main);
        tv1 = (TextView)findViewById(R.id.idtv1);    //实例化控件
        tv2 = (TextView)findViewById(R.id.idtv2);
        serialPort = new SerialPort();                  //创建串口
        //打开串口 1，串口参数：9600,n,8,1
        serialPort.open("COM1",9600, 8, "N", 1);
```

```
        mReadThread = new ReadThread();              //声明串口接收数据线程
        mReadThread.start();                         //启动串口接收数据线程
        myhandler = new MyHandler();                 //实例化 Handler，用于进程间的通信
        Timer mTimer = new Timer();                  //新建 Timer
        mTimer.schedule(new TimerTask() {
            @Override
            public void run() {
                tn++;                                //每 3s 加 1
                Message msg1 = myhandler.obtainMessage();//创建消息
                msg1.what = 1;                       //变量 what 赋值
                myhandler.sendMessage(msg1);  //发送消息
            }
        }, 1000, 3000);        //延时 1000ms，然后每隔 3000ms 发送消息
    }
    //读取数据的线程
    private class ReadThread extends Thread {
        @Override
        public void run() {
            super.run();
            byte[] buff = new byte[32];
            while(true){
                try {
                    int n = serialPort.read(buff,32,100); //接收数据
                    if(n > 0) {
                        for (int i=0;i<n;i++){
                            rbuf[i] = buff[i];           //保存数据
                        }
                        Message msg0 = myhandler.obtainMessage();
                        msg0.what = 0;
                        myhandler.sendMessage(msg0);        //收到数据，发送消息
                    }
                } catch (Exception e) {
                    e.printStackTrace();
                }
            }
        }
    }
    //在主线程处理 Handler 传回来的 message
    class MyHandler extends Handler {
        public void handleMessage(Message msg) {
            switch (msg.what) {
                case 0:     //收到串口数据
                    if((rbuf[1]==3)&&(rbuf[2]==4)) {
                        if(rbuf[3]==0x80) tv1.setText("探头错误");
                        else {      //处理并显示数据
                            int m = (rbuf[3]<<8)|(rbuf[4]&0xFF);
                            tv1.setText(String.format("%.1f", (float) m / 10));
```

```
                        m =  (rbuf[5]<<8)|(rbuf[6]&0xFF);
                        tv2.setText(String.format("%.1f", (float) m / 10));
                    }
                }
                break;
            case 1:      //3s 定时时间到
                byte[]
tbuf={(byte)0x01,(byte)0x03,(byte)0x00,(byte)0x00,(byte)0x00,(byte)0x02,
                        (byte)0xC4,(byte)0x0B};
                serialPort.write(tbuf,8); //发送数据
                break;
            }
        }
    }
    @Override   //程序退出前关闭串口
    protected void onDestroy() {
        super.onDestroy();
        serialPort.close();
    }
}
```

温/湿度传感器使用直流 24V 电源，直接从工业平板电脑的 24V 电源获取，RS-485 的 A 接平板电脑端子 12，B 接平板电脑端子 11，安装运行程序，测试效果如图 4-15 所示。

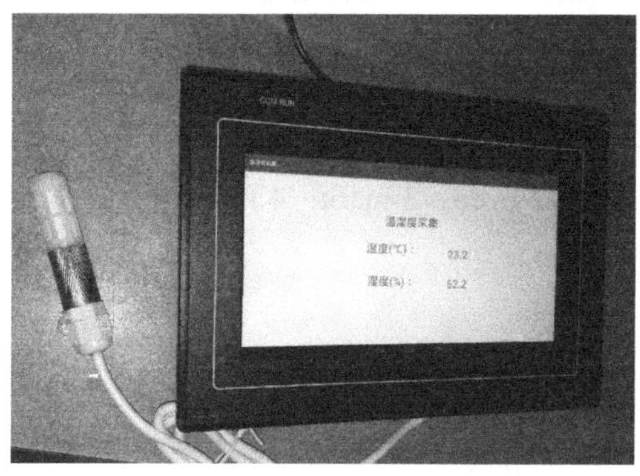

图 4-15　实例 4-8 测试效果

4.5.3　CH341 串口 Android 驱动

CH341 是南京沁恒生产的 USB 转异步串口芯片，厂家提供了 CH34x 串口 Android 驱动，使用条件如下：

- 需要基于 Android 3.1 及以上版本系统。
- Android 设备具有 USB Host 或 OTG 接口。

南京沁恒提供的 CH34xUARTDriver 类常用方法如下：

（1）EnumerateDevice。

功能：枚举 CH34x 设备。

原型：public UsbDevice EnumerateDevice()。

参数：返回枚举到的 CH34x 设备，若无设备则返回 null。

（2）OpenDevice。

功能：打开 CH34x 设备。

原型：public void OpenDevice(UsbDevice mDevice)。

参数：mDevice 需要打开的 CH34x 设备。

（3）ResumeUsbList。

功能：枚举并打开 CH34x 设备，包含 EnumerateDevice、OpenDevice 操作。

原型：public int ResumeUsbList()。

参数：返回 0 则成功，否则失败。

（4）UartInit。

功能：设置初始化 CH34x 芯片。

原型：public boolean UartInit()。

参数：若初始化失败，则返回 false，若成功则返回 true。

（5）SetConfig。

功能：设置 UART 接口的波特率、数据位、停止位、奇偶校验位及流控。

原型：public boolean SetConfig(int baudRate, byte dataBit, byte stopBit, byte parity, byte flowControl)。

参数：若设置失败，则返回 false，若成功则返回 true。

- baudRate：波特率。
- dataBits：数据位。
- stopBits：0-1 个停止位；1-2 个停止位。
- parity：0-none；1-add；2-even；3-mark；4-space。
- flowControl：0-none；1-cts/rts。

（6）WriteData。

功能：发送数据。

原型：public int WriteData(byte[] buf, int length)。

参数：返回值为写成功的字节数。

- buf：发送缓冲区。
- length：发送的字节数。

（7）ReadData。

功能：读取数据。

原型：public int ReadData(char[] data, int length)。

参数：返回实际读取的字节数。

- data：接收缓冲区，数据类型为 char。
- length：读取的字节数。

（8）CloseDevice。

功能：关闭串口。

原型：public void CloseDevice()。

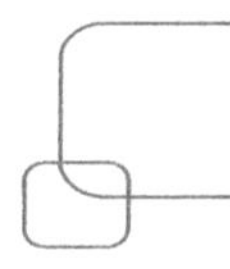

（9）isConnected：

功能：判断设备是否已经连接到 Android 系统。

原型：public boolean isConnected()。

参数：返回为 false 时表示设备未连接到系统，为 true 时表示设备已连接到系统。

4.5.4　USB 转串口通信步骤

USB 转串口通信步骤如下：

（1）新建项目，复制“沁恒 CH341 驱动”文件夹中的“CH34xUARTDriver.jar”文件，粘贴到新建项目的文件夹中，路径为“项目文件夹\app\libs\”，然后复制“xml”文件夹，粘贴到“项目文件夹\app\src\main\res”文件夹中，再复制“MyApp.java”文件，粘贴到“项目文件夹\app\src\main\java\包名称\”文件夹中，配置完 CH341 驱动的项目结构如图 4-16 所示。

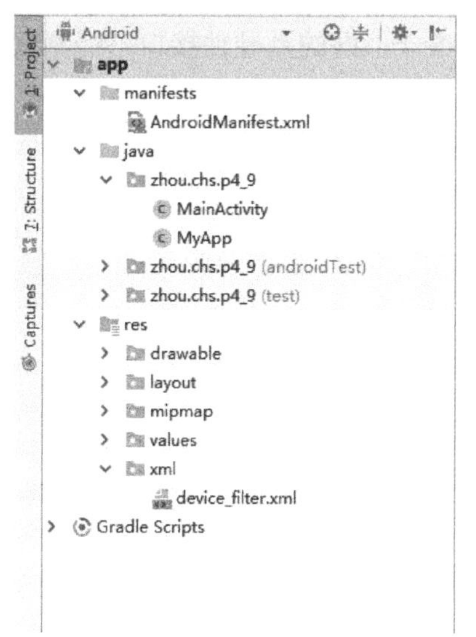

（1）Android 结构查看 MyApp 文件和 xml 文件夹

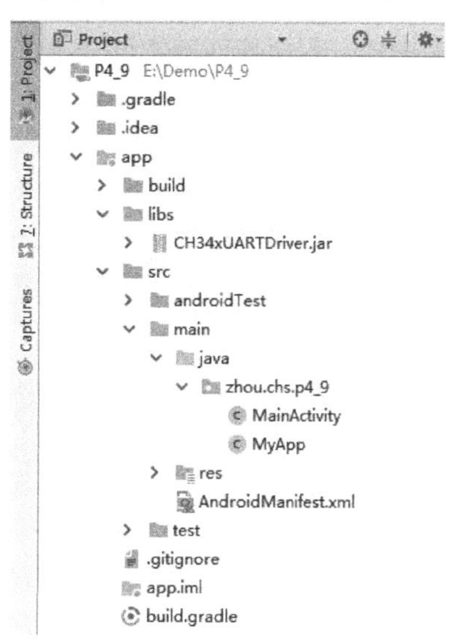

（2）Project 结构查看 CH34xUARTDriver.jar

图 4-16　配置完 CH341 驱动的项目结构

（2）在 AndroidManifest.xml 中加入有关 USB 的参数配置。

```
<uses-feature android:name="android.hardware.usb.host" />
<intent-filter>
   <action android:name="android.hardware.usb.action.USB_DEVICE_ATTACHED" />
</intent-filter>
<intent-filter>
   <action android:name="android.media.action.IMAGE_CAPTURE"/>
   <category android:name="android.intent.category.DEFAULT"/>
</intent-filter>
<meta-data android:name="android.hardware.usb.action.USB_DEVICE_ATTACHED"
     android:resource="@xml/device_filter" />
```

（3）在主程序中引用 CH34xUARTDriver 类。

```
import cn.wch.ch34xuartdriver.CH34xUARTDriver;
```

（4）在 MainActivity 的 onCreate( )中获得串口：

```
serialPort = new CH34xUARTDriver((UsbManager)
        getSystemService(Context.USB_SERVICE), this, ACTION_USB_PERMISSION);
```

（5）用 UsbFeatureSupported()方法判断设备是否支持 USB HOST。

（6）用 ResumeUsbList()方法搜索并打开 CH341 设备。

（7）用 UartInit()方法初始化 CH341 设备串口功能。

（8）用 SetConfig()设置串口参数。

（9）创建一个新线程，在线程中用 ReadData()方法读取串口数据，读到数据后发送消息，在接收消息线程处理接收到的数据。

（10）用 WriteData()方法发送数据。

实例 4-9　温/湿度采集(USB)

实例 4-9 用微嵌的工业平板电脑的 USB 接口，通过 CH341 转为 RS-485 接口，连接温/湿度变送器，程序界面同实例 4-8，实现功能也相同，唯一不同的是硬件接口，经测试和实例 4-8 效果一致。程序代码如下：

```
import android.content.Context;
import android.hardware.usb.UsbManager;
import android.os.Handler;
import android.os.Message;
import android.support.v7.app.AppCompatActivity;
import android.os.Bundle;
import android.view.WindowManager;
import android.widget.TextView;
import android.widget.Toast;
import java.util.Timer;
import java.util.TimerTask;
import cn.wch.ch34xuartdriver.CH34xUARTDriver;
public class MainActivity extends AppCompatActivity {
    private static final String ACTION_USB_PERMISSION =
                                "cn.wch.wchusbdriver.USB_PERMISSION";
    TextView tv1,tv2;                           //显示温度、湿度数据
    private CH34xUARTDriver serialPort;         //声明串口
    private ReadThread mReadThread;             //读取线程
    private Handler myhandler;                  //信息通道
    byte[] rbuf = new byte[32];                 //串口接收数据缓冲区
    int tn;                                     //3s 计数
    @Override
    protected void onCreate(Bundle savedInstanceState) {
        super.onCreate(savedInstanceState);
        setContentView(R.layout.activity_main);
        tv1 = (TextView)findViewById(R.id.idtv1);    //实例化控件
        tv2 = (TextView)findViewById(R.id.idtv2);
        serialPort = new CH34xUARTDriver(
                (UsbManager) getSystemService(Context.USB_SERVICE), this,
```

```
            ACTION_USB_PERMISSION);              //创建串口
        if (!serialPort.UsbFeatureSupported())  //判断系统是否支持 USB HOST
        {
            tv1.setText("不支持 USB HOST!");
        }
        int n = serialPort.ResumeUsbList();
        if (n == -1)// ResumeUsbList 方法用于枚举 CH34X 设备及打开相关设备
        {
            tv1.setText("打开设备失败!");
            serialPort.CloseDevice();
        } else if (n == 0){
            if (!serialPort.UartInit()) {          //对串口设备进行初始化操作
                tv1.setText("设备初始化失败!");
                return;
            }
            Toast.makeText(MainActivity.this, "打开设备成功!",
                    Toast.LENGTH_SHORT).show();
            mReadThread = new ReadThread();        //声明串口接收数据线程
            mReadThread.start();                   //启动串口接收数据线程
        } else {
            tv1.setText("未授权限!");
            //System.exit(0);  //退出系统
        }
            //配置串口参数：9600,n,8,1
        serialPort.SetConfig(9600, (byte) 8, (byte) 0, (byte)0,(byte) 0);
        myhandler = new MyHandler();          //实例化 Handler，用于进程间的通信
        Timer mTimer = new Timer();           //新建 Timer
        mTimer.schedule(new TimerTask() {
            @Override
            public void run() {
                tn++;                         //每 3s 加 1
                Message msg1 = myhandler.obtainMessage();  //创建消息
                msg1.what = 1;                //变量 what 赋值
                myhandler.sendMessage(msg1);  //发送消息
            }
        }, 1000, 3000);                   //延时 1000ms，然后每隔 3000ms 发送消息
        // 保持常亮的屏幕状态
        getWindow().addFlags(WindowManager.LayoutParams.FLAG_KEEP_SCREEN_ON);
    }
    public void onResume() {
        super.onResume();
        if(!serialPort.isConnected()) {
            int retval = serialPort.ResumeUsbPermission();
            if (retval == 0) {
            } else if (retval == -2) {
                Toast.makeText(MainActivity.this, "获取权限失败!",
                        Toast.LENGTH_SHORT).show();
```

```
            }
        }
    }
    //读取数据的线程
    private class ReadThread extends Thread {
        @Override
        public void run() {
            super.run();
            byte[] buff = new byte[32];
            while(true){
                try {
                    int n = serialPort.ReadData(buff,32); //接收数据
                    if(n > 0) {
                        for (int i=0;i<n;i++){
                            rbuf[i] = buff[i];                //保存数据
                        }
                        Message msg0 = myhandler.obtainMessage();
                        msg0.what = 0;
                        myhandler.sendMessage(msg0);          //收到数据，发送消息
                    }
                } catch (Exception e) {
                    e.printStackTrace();
                }
            }
        }
    }
    //在主线程处理 Handler 传回来的 message
    class MyHandler extends Handler {
        public void handleMessage(Message msg) {
            switch (msg.what) {
                case 0:           //收到串口数据
                    if((rbuf[1]==3)&&(rbuf[2]==4)) {
                        if(rbuf[3]==0x80) tv1.setText("探头错误");
                        else {       //处理并显示数据
                            int m = (rbuf[3]<<8)|(rbuf[4]&0xFF);
                            tv1.setText(String.format("%.1f", (float) m / 10));
                            m =  (rbuf[5]<<8)|(rbuf[6]&0xFF);
                            tv2.setText(String.format("%.1f", (float) m / 10));
                        }
                    }
                    break;
                case 1:           //3s 定时时间到
                    byte[]
tbuf={(byte)0x01,(byte)0x03,(byte)0x00,(byte)0x00, (byte)0x00,(byte)0x02,(byte)
0xC4,(byte)0x0B};
                    serialPort.WriteData(tbuf,8); //发送数据
                    break;
```

4.6　以太网接口

4.6.1　以太网通信参数设置

微嵌的 WAR-070 工业平板电脑有以太网接口，通信参数设置含 MAC 地址设置和 IP 地址设置，可以进入平板电脑的设置界面直接设置，也可以用厂家提供的动态库在程序中动态设置。

1．静态模式

设置以太网静态模式的函数：

void UseStaticIp(ContentResolver contentResolver, String ip,
String gateway, String netmask, String dns1, String dns2)

参数说明：

- contentResolver：必须的参数 getContentResolver()。
- ip：IP 地址。
- gateway：子网掩码。
- netmask 网关。
- dns1：DNS1。
- dns2：DNS2。

2．动态模式

设置以太网动态模式的函数：

CustomFunctions.UseDynamicIp(getContentResolver());

3．设置 MAC 地址

函数：int SetMacAddress(byte[] SetMacAddress);

说明：设置有线网络的 MAC 地址（物理地址）。注意，MAC 地址第一个字节的最后一位必须为零，即背景灰色位置（00:00:00:00:00:00）必须为零，参数设置后重启生效。

4.6.2　以太网 Socket 通信

工业设备间的以太网通信多用 Socket 通信模式，网络中每台设备都有自己的固定 IP 地址。

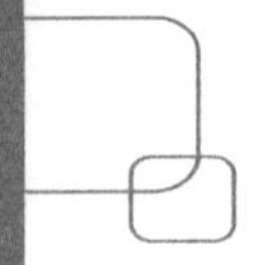

以太网 Socket 通信和前面讲到的 WiFi 通信、GPRS 通信的 Socket 通信在编程上是一样的。

实例 4-10　MODBUS_TCP 协议服务端编程

实例用工业平板电脑作为 SocketServer 端，响应多个客户端的 MODBUS_TCP 协议读取数据的请求，正常情况下这些工作是不需要界面的，为了展示客户端的连接和通信过程，程序界面设计如图 4-17 所示，最上部用 1 个 TextView 控件显示服务端与客户端的通信过程，中间部分左边用 1 个 TextView 控件显示本机 IP 地址和服务端绑定端口，右边“清空”按钮用于清空显示区域，底部用 1 个 TextView 控件显示已接入服务端的客户端 IP 地址列表。

在 AndroidManifest.xml 中加入网络权限许可：

```
<uses-permission android:name="android.permission.INTERNET" />
```

图 4-17　实例 4-10 程序界面设计

程序代码如下：

```
public class MainActivity extends AppCompatActivity {
    //声明控件
    private TextView tvRxd;             //数据显示区，显示接收与发送数据
    private TextView myIP;              //显示本机 IP 地址
    private TextView listIP;            //显示已接入客户端 IP 地址
    //声明变量
    Hashtable mtable;                   //哈希表，保存已接入客户端 IP 地址和 Socket
    OutputStream out;                   //输出数据流
    ServerSocket server;                //服务端 Socket
    accept_client accept_thread;        //服务端监听线程
    private Handler mHandler;           //消息线程
    String ip;                          //IP 地址
    boolean accept_flag = false;
    String strmsg;                      //数据显示字符串
    byte[] reg = new byte[256];         //服务端数据区
    byte[] rxd = new byte[256];         //Socket 接收到的数据
    String ipl;                         //客户端 IP 地址列表
    @Override
```

```
    protected void onCreate(Bundle savedInstanceState) {
        super.onCreate(savedInstanceState);
        setContentView(R.layout.activity_main);
        //实例化控件
        tvRxd = (TextView) findViewById(R.id.idtv1);
        myIP = (TextView)findViewById(R.id.idtv2);
        listIP = (TextView)findViewById(R.id.idtv3);
        //数据显示区可滚动
        tvRxd.setMovementMethod(ScrollingMovementMethod.getInstance());
        mtable=new Hashtable();
        ip = getIpAddressString();          //获取本机 IP
        myIP.setText("本机 IP:"+ip+"  绑定端口：8080");
        for(int i=0;i<256;i++) reg[i]=(byte)(i&0xFF);   //初始化服务端数据区
        mHandler = new MyHandler();         //实例化 Handler，用于进程间的通信
        try {
            server = new ServerSocket(8080,32); //绑定监听的端口号,最多 32 个客户端
        } catch (SocketException ee) {
            ee.printStackTrace();
            return;
        } catch (IOException e) {
            e.printStackTrace();
            return;
        }
        accept_thread = new accept_client(); //创建线程等待客户端的连接
        accept_flag = true;
        accept_thread.start();
    }
    //在主线程处理 Handler 传回来的 message
    class MyHandler extends Handler {
        public void handleMessage(Message msg) {
            switch (msg.what) {
                case 1:     //有新客户端接入
                    ipl="已接入 IP：\n";
                    //遍历哈希表中的 IP 地址
                    for(Iterator<String> iterator = mtable.keySet().iterator();
                                                    iterator.hasNext();){
                        String key=iterator.next();
                        ipl+=key+"\n";
                    }
                    listIP.setText(ipl);        //显示已接入客户端 IP 地址
                    break;
                case 2:                         //收到新数据
                    String s = (String)msg.obj;
                    String[] split = s.split(":");
                    s = split[0];               //分解出 IP 地址
                    int n = Integer.parseInt(split[1]); //分解出收到数据字节数
                    String s2="";
```

```
                //以十六进制显示收到数据
                for(int i=0;i<n;i++) s2=s2+String.format("%02X", rxd[i])+" ";
                strmsg = strmsg + "from " + s + ":  " + s2 + "\n";
                try {
                   Socket ss = (Socket) mtable.get(s); //获取客户端 socket
                   out = ss.getOutputStream();          //建立数据流
                   byte [] txd = new byte[256];         //发送缓冲区
                   if((rxd[6]==(byte) 0xFF)||(rxd[7]==(byte) 0x03)){
                      int btn = rxd[11]<<1;
                      int adn = rxd[9];
                      for (int i=0;i<8;i++) txd[i]=rxd[i];
                      txd[5]=(byte)(btn+3);
                      txd[8]=(byte)btn;
                      for (int i=0;i<btn;i++) txd[i+9]=reg[i+adn];
                      out.write(txd,0,btn+9);           //写发送缓冲区
                      s2="";
                      //以十六进制显示发送数据
                      for(int i=0;i<btn+9;i++) s2=s2+String.format("%02X",
                                                        txd[i])+" ";
                      strmsg = strmsg + "to " + s + ":  " + s2 + "\n";
                   }
                } catch (IOException e) {
                   e.printStackTrace();
                }
                tvRxd.setText(strmsg);
                break;
          }
       }
    }
    //获取本机 IP
    public static String getIpAddressString() {
       try {
          for (Enumeration<NetworkInterface> enNetI = NetworkInterface
                .getNetworkInterfaces(); enNetI.hasMoreElements(); ) {
             NetworkInterface netI = enNetI.nextElement();
             for (Enumeration<InetAddress> enumIpAddr = netI
                   .getInetAddresses(); enumIpAddr.hasMoreElements(); ) {
                InetAddress inetAddress = enumIpAddr.nextElement();
                if (inetAddress instanceof Inet4Address
                                  && !inetAddress.isLoopbackAddress()) {
                   return inetAddress.getHostAddress();
                }
             }
          }
       } catch (SocketException e) {
          e.printStackTrace();
       }
```

```
        return "";
    }
    //按钮单击事件响应
    public void clear(View view){
        strmsg="";
        tvRxd.setText("");                  //接收区清空
    }
    //服务器监听客户端发来的链接请求
    private class accept_client extends Thread
    {
        @Override
        public void run() {
            try {
                while (accept_flag)        //允许监听
                {
                    if(server.isClosed()){
                        return;            //如 ServerSocket 关闭则退出
                    }
                    Socket socket = server.accept();  //有客户端接入
                     //客户端 IP 地址
                    String s = socket.getInetAddress().getHostAddress();
                    Socket ss = (Socket) mtable.get(s);
                    if(ss!=null) mtable.remove(s);    //如果列表已有该 IP，则移除
                    mtable.put(s,socket);             //新客户端加入列表
                    Message msg = new Message();
                    msg.what=1;
                    mHandler.sendMessage(msg);
                    RecThread rt = new RecThread(socket);
                    rt.start();                       //启动新客户端数据接收线程
                }
            } catch (IOException e) {
                e.printStackTrace();
            }
            super.run();
        }
    }
    // TCP 服务器数据接收线程
    private class RecThread extends Thread {
        private final Socket mmSocket;
        private final InputStream mmInStream;
        public RecThread(Socket socket) {
            mmSocket = socket;
            InputStream tmpIn = null;
            try {
                tmpIn = mmSocket.getInputStream();   //创建数据通道
            } catch (IOException e) { }
            mmInStream = tmpIn;
```

```
        }
        public final void run() {
            while (!mmSocket.isClosed()) {
                byte[] b = new byte[512];
                try {
                    int cnt = mmInStream.read(b);   //检查是否接收到数据
                    InetAddress address = mmSocket.getInetAddress();
                    if(cnt>0) {
                        for(int i=0;i<cnt;i++) rxd[i]=b[i];
                        Message msg = new Message();
                        msg.what = 2;
                        //消息内容含发送数据的 IP 地址和数据字节数
                        msg.obj = address.getHostAddress() + ":" + cnt;
                        mHandler.sendMessage(msg);
                        try{
                            sleep(100);
                        }catch (InterruptedException e){
                            e.printStackTrace();
                        }
                    }
                } catch (NullPointerException e) {
                    e.printStackTrace();
                    break;
                } catch (IOException e) {
                    break;
                }
            }
        }
    }
}
```

图 4-18 是程序运行测试效果图，测试时用网线直接连接平板电脑和计算机，均设成固定 IP，平板电脑 IP 设为 10.126.7.88，计算机 IP 设为 10.126.7.8。用 NetAssist 软件测试，设为 TCP Client 模式，连接 10.126.7.88 的 8080 端口，连接成功后发送符合 MODBUS_TCP 协议的报文，服务器会按协议返回数据。

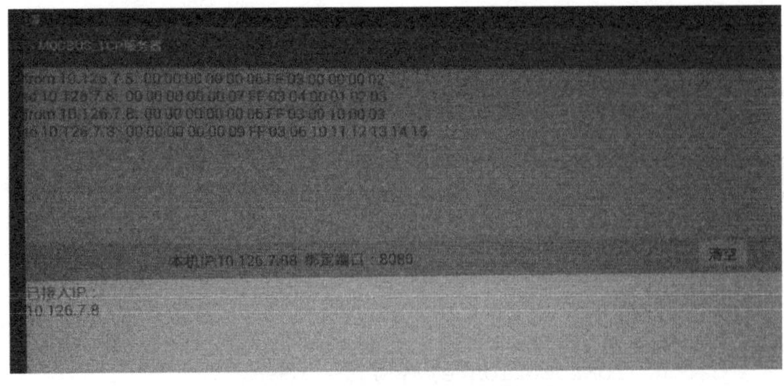

图 4-18　程序运行测试效果图

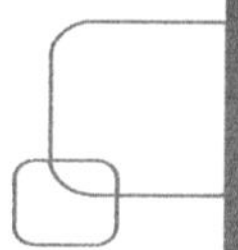

4.7 其他接口

微嵌的 WAR-070 工业平板电脑有蜂鸣器控制和背光控制接口，使用微嵌动态库中的 Beep()方法可使蜂鸣器响一次，使用 SetBackLight (true/false)方法则可控制背光的打开与关闭，微嵌工业平板电脑默认背光是常开的，可以在程序中自行控制背光的操作。

实例 4-11 蜂鸣器、背光控制

实例 4-11 展示如何控制蜂鸣器和背光，程序界面无任何控件，程序运行 30s 内如无触屏操作则关闭背光，单击屏幕时蜂鸣器响一声，30s 计时清零，此时如果屏幕背光已关闭，则打开背光。程序代码如下：

```
public class MainActivity extends AppCompatActivity
                                        implements View.OnClickListener {
    private boolean backlight;
    private LinearLayout layout;
    private Handler myhandler;              //信息通道
    private Timer mTimer;                   //定时器
    int tn;                                 //定时计数
    @Override
    protected void onCreate(Bundle savedInstanceState) {
        super.onCreate(savedInstanceState);
        setContentView(R.layout.activity_main);
        backlight = true;
        myhandler = new MyHandler();        //实例化 Handler，用于进程间的通信
        layout = (LinearLayout) findViewById (R.id.activity_main);
        layout.setOnClickListener(this);//注册屏幕单击事件
        mTimer = new Timer();               //新建 Timer
        mTimer.schedule(new TimerTask() {
            @Override
            public void run() {
                tn++;                       //每秒加 1
                Message msg1 = myhandler.obtainMessage();//创建消息
                msg1.what = 1;                             //变量 what 赋值
                myhandler.sendMessage(msg1);               //发送消息
            }
        }, 1000, 1000);                     //延时 1000ms，然后每隔 1000ms 发送消息
    }
    //屏幕单击响应
    public void onClick(View view) {
        tn = 0;                             //定时计数清零
        Beep();                             //蜂鸣器响一声
        if(!backlight){
```

```
            backlight=true;                 //如果背光关闭，则打开背光
            HardwareControl.SetBackLight(backlight);
        }
    }
    //在主线程处理 Handler 传回来的 message
    class MyHandler extends Handler {
        public void handleMessage(Message msg) {
            switch (msg.what) {
                case 1:
                    if(tn >= 30)
                    {
                        tn=31;  //防止 tn 溢出
                        backlight = false; //超 30s 无屏幕单击事件，关闭背光
                        HardwareControl.SetBackLight(backlight);
                    }
                    break;
            }
        }
    }
//程序暂停前关闭定时器，恢复常亮状态
    public void onPause() {
        super.onPause();
        HardwareControl.SetBackLight(true);
        mTimer.cancel();
    }
}
```

第 5 章　工厂动设备巡检

传统的工厂动设备巡检方式需要边测量边记录，随着便携式工业平板电脑的应用，这一巡检方式正在改变，使用带蓝牙通信功能的传感器，将轴承温度、振动数据传给平板电脑保存，然后集中将数据上传至巡检管理系统或利用 GPRS 物联网络实时上传巡检数据。本章将介绍工业平板电脑在工厂动设备巡检方面的应用编程。

5.1　项目概况

5.1.1　项目任务

工厂动设备巡检内容较多，其中有一项主要内容是机泵轴承部位的温度和振动监测，传统方式是员工拿着红外测温仪和振动仪，分别对电动机的前、后轴承，负载（泵或风机）的前、后轴承部位进行测试，每个部位包括温度、水平振动、垂直振动和轴向振动 4 个数据，每台机泵有 16 个数据，现场测试后要把数值记录到临时记录上，回到操作室再抄写到正式记录上，这种巡检方式存在如下缺点：

- 员工巡检记录工作量大。
- 记录易出现错误。
- 查看历史趋势需翻看多页记录，不方便也不直观。

项目的任务主要是解决人工记录数据的问题，要求测试数据自动记录，巡检完成后将测试数据集中上传至巡检管理系统。

5.1.2　项目技术方案

项目含无线振动温度传感器、便携式工业平板电脑、上位机巡检管理系统三部分。

1. 无线振动温度传感器

无线振动温度传感器电路主要由电子式三轴加速度传感器、数字红外温度传感器、单片机和蓝牙模块组成，单片机将采集到的温度、振动数据通过蓝牙模块传给平板电脑。电路由锂电池供电，封装在圆柱形金属外壳内，底部装有磁铁，用于吸附到设备上进行测量。无线振动温度传感器外形如图 5-1 所示。

图 5-1　无线振动温度传感器外形

无线振动温度传感器上电后开始工作，每 2s 发送一次数据，其数据格式见表 5-1。

表 5-1　无线振动温度传感器数据格式

数 据 格 式	说　明
0x01～0xFF	地址
0x03	功能码
0x06	数据字节数
0xxx	*X* 方向振动速度，单位为 0.1mm/s
0xxx	*Y* 方向振动速度，单位为 0.1mm/s
0xxx	*Z* 方向振动速度，单位为 0.1mm/s
0x00	0x01 振动超量程
0xxx	温度，单位为℃
0xxx	电池电压，单位为 0.1V
CRCL	校验码
CRCH	

2. 便携式工业平板电脑

工业平板电脑要有蓝牙和 NFC 功能，巡检时先用平板电脑扫描设备的 NFC 标签，扫描成功显示 NFC 标签 ID 值，同时添加一条巡检记录到内部数据库，用于保存巡检数据，按提示将传感器吸附在指定部位，待平板电脑上显示的测试数据稳定后保存，继续测试下一部位，直至完成本台设备的巡检后继续巡检下一台设备。在这里，NFC 标签用于标识设备，测得数据和标签 ID 绑定，上位机就能分辨出哪些数据是哪台设备的了。

平板电脑的编程中传感器通信和上位机通信均使用蓝牙接口，采集数据和上传数据要切换蓝牙设备，采集数据保存在内部数据库，上传数据成功后清空内部数据库。

3. 上位机巡检管理系统

上位机使用 USB 转蓝牙接口接收巡检数据，形成数据库，巡检管理系统可查询各动设备巡检数据，有超限报警、历史趋势异常报警等功能。

上位机通信协议见表 5-2，规定了上位机读取记录数量、读取记录、删除记录的通信规约。

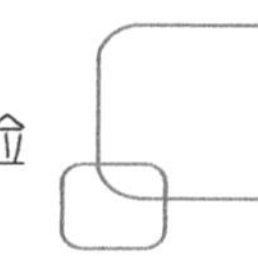

表 5-2　上位机通信协议

<table>
<tr><th rowspan="2">功　能</th><th colspan="2">发 来 信 息</th><th colspan="2">返 回 信 息</th></tr>
<tr><th>数　据</th><th>说　明</th><th>数　据</th><th>说　明</th></tr>
<tr><td rowspan="8">读取记录数量</td><td>0xFF</td><td>地址</td><td>0xFF</td><td>地址</td></tr>
<tr><td>0x03</td><td>读取</td><td>0x03</td><td>功能码</td></tr>
<tr><td>0x00</td><td rowspan="2">记录数量地址</td><td>0x02</td><td>2 字节</td></tr>
<tr><td>0x00</td><td>0x00</td><td rowspan="2">记录数量</td></tr>
<tr><td>0x00</td><td rowspan="2">任意数据</td><td>0xxx</td></tr>
<tr><td>0x01</td><td>CRCL</td><td rowspan="2">校验码</td></tr>
<tr><td>CRCL</td><td rowspan="2">校验码</td><td>CRCH</td></tr>
<tr><td>CRCH</td><td></td><td></td></tr>
<tr><td rowspan="8">读取记录</td><td>0xFF</td><td>地址</td><td>0xxx</td><td>记录序号</td></tr>
<tr><td>0x03</td><td>读取</td><td rowspan="2">…</td><td rowspan="2">5 字节
月、日、时、分、秒</td></tr>
<tr><td>0x00</td><td rowspan="2">记录序号 xx</td></tr>
<tr><td>0xxx</td><td rowspan="2">…</td><td rowspan="2">4 字节
设备 ID</td></tr>
<tr><td>0x00</td><td rowspan="2">任意数据</td></tr>
<tr><td>0x01</td><td>…</td><td>16 字节测试数据</td></tr>
<tr><td>CRCL</td><td rowspan="2">校验码</td><td>CRCL</td><td rowspan="2">校验码</td></tr>
<tr><td>CRCH</td><td>CRCH</td></tr>
<tr><td rowspan="8">删除记录</td><td>0xFF</td><td>地址</td><td rowspan="8" colspan="2">无返回信息</td></tr>
<tr><td>0x06</td><td>读取</td></tr>
<tr><td>0x00</td><td rowspan="2">记录数量地址</td></tr>
<tr><td>0x00</td></tr>
<tr><td>0x00</td><td rowspan="2">任意数据</td></tr>
<tr><td>0x00</td></tr>
<tr><td>CRCL</td><td rowspan="2">校验码</td></tr>
<tr><td>CRCH</td></tr>
</table>

5.2　动设备巡检程序设计

5.2.1　程序界面设计

程序界面设计如图 5-2 所示，主界面从上到下分为 3 个区域，上部显示设备 ID 及其测点选择，中间部分显示测试值，下部是蓝牙列表。

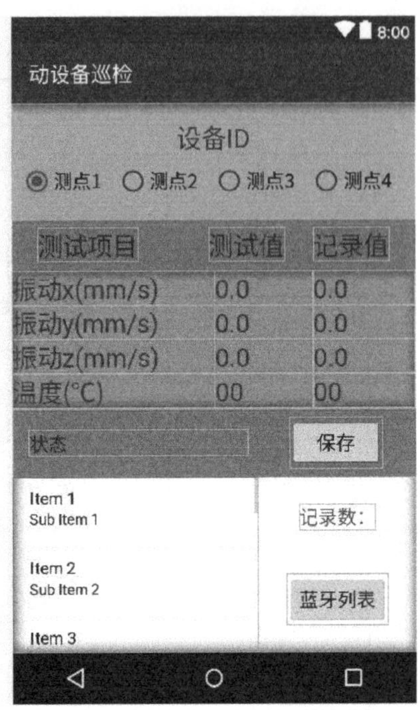

图 5-2　程序界面设计

5.2.2　程序代码编写

1．权限许可

在 AndroidManifest.xml 中加入蓝牙和 NFC 的相关权限许可：

```
<uses-permission android:name="android.permission.BLUETOOTH"/>
<uses-permission android:name="android.permission.BLUETOOTH_ADMIN"/>
<uses-permission android:name="android.permission.NFC"/>
<uses-feature android:name="android.hardware.nfc" android:required="true" />
```

在 AndroidManifest.xml 中声明 NFC 的过滤条件：

```
<intent-filter>
    <action android:name="android.nfc.action.TECH_DISCOVERED" />
    <category android:name="android.intent.category.DEFAULT" />
    <category android:name="android.intent.category.LAUNCHER" />
</intent-filter>
<meta-data
    android:name="android.nfc.action.TECH_DISCOVERED"
    android:resource="@xml/nfc_tech_filter" />
```

其中，"@xml/nfc_tech_filter"表示过滤标签类型的 nfc_tech_filter.xml 文件放在工程资源文件夹“\res\xml\”内，文件内容如下：

```
<resources xmlns:xliff="urn:oasis:names:tc:xliff:document:1.2">
    <!-- 读 NFC 卡的类型 -->
    <tech-list>
        <tech>android.nfc.tech.IsoDep</tech>
```

```
    </tech-list>
    <tech-list>
        <tech>android.nfc.tech.NfcA</tech>
    </tech-list>
    <tech-list>
        <tech>android.nfc.tech.NfcB</tech>
    </tech-list>
    <tech-list>
        <tech>android.nfc.tech.NfcF</tech>
    </tech-list>
    <tech-list>
        <tech>android.nfc.tech.NfcV</tech>
    </tech-list>
    <tech-list>
        <tech>android.nfc.tech.Ndef</tech>
    </tech-list>
    <tech-list>
        <tech>android.nfc.tech.NdefFormatable</tech>
    </tech-list>
    <tech-list>
        <tech>android.nfc.tech.MifareClassic</tech>
    </tech-list>
    <tech-list>
        <tech>android.nfc.tech.MifareUltralight</tech>
    </tech-list>
</resources>
```

2. 程序完整源代码

```
public class MainActivity extends AppCompatActivity
                                     implements AdapterView.OnItemClickListener,
                                     View.OnClickListener,
                                     RadioGroup.OnCheckedChangeListener{
    //定义控件
    ListView lv;                     //列表显示蓝牙设备
    TextView tv;                     //显示设备 NFC 标签 ID 值
    TextView tv1,tv2,tv3,tv4;        //显示测量值
    TextView tv5,tv6,tv7,tv8;        //显示保存值
    TextView tvSta;                  //显示状态信息
    TextView tvRn;                   //显示记录数
    Button btList,btSave;            //按键
    RadioGroup sel;                  //测点选择
    RadioButton rb1;
    //变量定义
    private NfcAdapter mNfcAdapter;          //NFC 适配器
    private PendingIntent pend;              //异步调用
    private Tag tag;                         //标签
```

```
    private BluetoothAdapter btAdapter;           //蓝牙适配器
    private BluetoothDevice btDevice;             //蓝牙设备
    private Set<BluetoothDevice> pairedBts;       //配对蓝牙设备集合
    private BluetoothSocket btSocket = null;      //蓝牙 socket
    private Handler myhandler;                    //信息通道
    private LinkThread mlink;                     //自定义连接线程
    private ComThread mcom;                       //自定义数据通信线程
    UUID uuid = UUID.fromString("00001101-0000-1000-8000-00805F9B34FB");
    public byte rbuf[] = new byte[64];            //接收缓冲区
    int len;                                      //接收字节长度
    private boolean isConnect;                    //已连接状态
    private boolean ss;                           //轮流显示

    String db_name="mdb";                         //数据库名称
    String tb_name="xj";                          //巡检数据表
    SQLiteDatabase db;                            //数据库
    private Date now;                             //日期
    String ndata,ntime,nid; //记录中的日期、时间、设备 ID 值
    int sz[] = new int[16];
    int msel=0;                //测点选择：0-测点 1；1-测点 2；2-测点 3；3-测点 4
    int mx,my,mz,mt;           //当前测试值
    int rn=0;                  //记录数
    Cursor cp;                 //数据记录指针
    @Override
    protected void onCreate(Bundle savedInstanceState) {
        super.onCreate(savedInstanceState);
        setContentView(R.layout.activity_main);
        tv = (TextView) findViewById(R.id.idtv);     //控件实例化
        tv1 = (TextView) findViewById(R.id.idtv1);
        tv2 = (TextView) findViewById(R.id.idtv2);
        tv3 = (TextView) findViewById(R.id.idtv3);
        tv4 = (TextView) findViewById(R.id.idtv4);
        tv5 = (TextView) findViewById(R.id.idtv5);
        tv6 = (TextView) findViewById(R.id.idtv6);
        tv7 = (TextView) findViewById(R.id.idtv7);
        tv8 = (TextView) findViewById(R.id.idtv8);
        tvSta = (TextView) findViewById(R.id.idtv9);
        tvRn = (TextView) findViewById(R.id.idtv10);
        btSave = (Button) findViewById(R.id.idSave);
        btList = (Button) findViewById(R.id.idList);
        btSave.setOnClickListener(this);             //注册按钮单击事件
        btList.setOnClickListener(this);
        rb1=(RadioButton) findViewById(R.id.idrb1);
        lv = (ListView) findViewById(R.id.idbl);
        lv.setOnItemClickListener(this);
        sel=(RadioGroup)findViewById(R.id.radioGroup);
        sel.setOnCheckedChangeListener(this);        //注册 RadioGroup 选择事件
```

```
        myhandler = new MyHandler(); //实例化 Handler，用于进程间的通信
        btAdapter = BluetoothAdapter.getDefaultAdapter();   //蓝牙适配器
        //屏幕常亮
        getWindow().addFlags(WindowManager.LayoutParams.FLAG_KEEP_SCREEN_ON);
        //建立数据库
        db=openOrCreateDatabase(db_name, Context.MODE_PRIVATE,null);
        //生成记录表
        String createTable="CREATE TABLE IF NOT EXISTS " + tb_name +
                "(mdate VARCHAR(20),mtime VARCHAR(10),id VARCHAR(10)," +
                "x1 INTEGER,y1 INTEGER,z1 INTEGER,t1 INTEGER," +
                "x2 INTEGER,y2 INTEGER,z2 INTEGER,t2 INTEGER," +
                "x3 INTEGER,y3 INTEGER,z3 INTEGER,t3 INTEGER," +
                "x4 INTEGER,y4 INTEGER,z4 INTEGER,t4 INTEGER)";
        db.execSQL(createTable);
        btSave.setEnabled(false);    //禁用保存按钮，扫描到 NFC 标签后才可使用
        mNfcAdapter = NfcAdapter.getDefaultAdapter(this);   //获取 NFC 适配器
        //监听 NFC 标签，发现后发送一个 Intent 给当前 Activity，调用 onNewIntent 方法
        pend = PendingIntent.getActivity(this, 0, new Intent(this,
                getClass()).addFlags(Intent.FLAG_ACTIVITY_SINGLE_TOP), 0);
    }
    // 启动 NFC 监听
    protected void onResume() {
        super.onResume();
        mNfcAdapter.enableForegroundDispatch(this, pend, null, null);
    }
    // NFC 监听响应
    protected void onNewIntent(Intent intent) {
        super.onNewIntent(intent);
        tag=intent.getParcelableExtra(NfcAdapter.EXTRA_TAG);//获取到 Tag 标签对象
        if(tag!=null){
            byte[] rfid = new byte[4];
            String strid = "";
            rfid=tag.getId();                          //获得标签 ID 值
            for(int i=0;i<4;i++) strid+=String.format("%02X",rfid[i]);
            rn++;
            btSave.setEnabled(true);
            now = new Date();
            ndata = String.format("%tF",now);    //获得当前日期
            ntime = String.format("%tT",now);    //获得当前时间
            nid = strid;
            for(int i=0;i<16;i++) sz[i]=0;
            add(ndata,ntime,nid,sz);                   //新建巡检记录
            rb1.setChecked(true);
            tv.setText(nid);                           //显示设备 NFC 标签 ID 值
            tvRn.setText("记录数：" + rn);             //刷新记录数
        }else{
            return;
```

```
        }
    }
    // 添加记录
    private void add(String mdate, String mtime,String id,int sz[]) {
        ContentValues cv=new ContentValues(15); //
        cv.put("mdate", mdate);
        cv.put("mtime", mtime);
        cv.put("id", id);
        cv.put("x1", sz[0]);
        cv.put("y1", sz[1]);
        cv.put("z1", sz[2]);
        cv.put("t1", sz[3]);
        cv.put("x2", sz[4]);
        cv.put("y2", sz[5]);
        cv.put("z2", sz[6]);
        cv.put("t2", sz[7]);
        cv.put("x3", sz[8]);
        cv.put("y3", sz[9]);
        cv.put("z3", sz[10]);
        cv.put("t3", sz[11]);
        cv.put("x4", sz[12]);
        cv.put("y4", sz[13]);
        cv.put("z4", sz[14]);
        cv.put("t4", sz[15]);
        db.insert(tb_name, null, cv);
    }
    //响应按键单击事件
    public void onClick(View v) {
        switch (v.getId()) {
            case R.id.idList:                                //蓝牙列表按钮
                pairedBts = btAdapter.getBondedDevices();   //获得已配对蓝牙设备集合
                ArrayList bt_list = new ArrayList();
                lv.setEnabled(true);
                if (!btAdapter.isEnabled()) {               //当前蓝牙适配器不可用
                    Intent turnOn = new
                            Intent(BluetoothAdapter.ACTION_REQUEST_ENABLE);
                    startActivityForResult(turnOn, 0);      //调用打开蓝牙适配器程序
                    tvSta.setText("打开蓝牙适配器");
                } else {
                    tvSta.setText("蓝牙适配器已打开");
                }
                for(BluetoothDevice bt : pairedBts){ //已配对蓝牙设备集合转为列表
                    bt_list.add(bt.getName() + "\n" + bt.getAddress());
                }                                         //列表放入适配器
                final ArrayAdapter adapter = new ArrayAdapter
                        (this, android.R.layout.simple_list_item_1, bt_list);
                lv.setAdapter(adapter);  //通过适配器在ListView上显示配对蓝牙设备列表
```

```
            tvSta.setText("选择蓝牙设备");
            break;
        case R.id.idSave:             //保存按钮
            ContentValues cv = new ContentValues();
            if(msel==0){              //保存测点 1 数据
                sz[0]=mx;
                sz[1]=my;
                sz[2]=mz;
                sz[3]=mt;
                cv.put("x1", sz[0]);
                cv.put("y1", sz[1]);
                cv.put("z1", sz[2]);
                cv.put("t1", sz[3]);
            }
            else if(msel==1){         //保存测点 2 数据
                sz[4]=mx;
                sz[5]=my;
                sz[6]=mz;
                sz[7]=mt;
                cv.put("x2", sz[4]);
                cv.put("y2", sz[5]);
                cv.put("z2", sz[6]);
                cv.put("t2", sz[7]);
            }
            else if(msel==2){        //保存测点 3 数据
                sz[8]=mx;
                sz[9]=my;
                sz[10]=mz;
                sz[11]=mt;
                cv.put("x3", sz[8]);
                cv.put("y3", sz[9]);
                cv.put("z3", sz[10]);
                cv.put("t3", sz[11]);
            }
            else if(msel==3){        //保存测点 4 数据
                sz[12]=mx;
                sz[13]=my;
                sz[14]=mz;
                sz[15]=mt;
                cv.put("x4", sz[12]);
                cv.put("y4", sz[13]);
                cv.put("z4", sz[14]);
                cv.put("t4", sz[15]);
            }
            //更新当前记录测试数据
            db.update(tb_name,cv, "mtime=? AND id=?", new String[]{ntime,nid});
            show();                                    //显示新保存数据
```

```
            break;
        }
    }
    //响应列表单击选项事件
    public void onItemClick(AdapterView<?> parent, View view, int position,
                                                                long id) {
        TextView txv = (TextView) view;         //获取选中项文本
        String s = txv.getText().toString();
        String[] addr = s.split("\n");          //抽取 MAC 地址
        try {                                   //通过 MAC 地址获得蓝牙设备
            btDevice = btAdapter.getRemoteDevice(addr[1]);
            lv.setEnabled(false);
        } catch (Exception e) {
            tvSta.setText("获取设备失败");
        }
        mlink = new LinkThread(btDevice);       //在蓝牙设备连接线程中加载蓝牙设备
        mlink.start();                          //启动连接蓝牙设备线程
    }
    @Override                                   //响应 RadioGroup 选择事件
    public void onCheckedChanged(RadioGroup radioGroup, int i) {
        switch (i) {
            case R.id.idrb1:
                msel=0;   //测点 1
                break;
            case R.id.idrb2:
                msel=1;   //测点 2
                break;
            case R.id.idrb3:
                msel=2;   //测点 3
                break;
            case R.id.idrb4:
                msel=3;   //测点 4
                break;
        }
        show();             //刷新选择测点的记录值
    }
    //显示已保存数据
    public void show() {
        switch (msel) {
            case 0:
                tv5.setText(String.format("%.1f", (float)sz[0]/10));
                tv6.setText(String.format("%.1f", (float)sz[1]/10));
                tv7.setText(String.format("%.1f", (float)sz[2]/10));
                tv8.setText(String.format("%d", sz[3]));
                break;
            case 1:
                tv5.setText(String.format("%.1f", (float)sz[4]/10));
```

```
                tv6.setText(String.format("%.1f", (float)sz[5]/10));
                tv7.setText(String.format("%.1f", (float)sz[6]/10));
                tv8.setText(String.format("%d", sz[7]));
                break;
            case 2:
                tv5.setText(String.format("%.1f", (float)sz[8]/10));
                tv6.setText(String.format("%.1f", (float)sz[9]/10));
                tv7.setText(String.format("%.1f", (float)sz[10]/10));
                tv8.setText(String.format("%d", sz[11]));
                break;
            case 3:
                tv5.setText(String.format("%.1f", (float)sz[12]/10));
                tv6.setText(String.format("%.1f", (float)sz[13]/10));
                tv7.setText(String.format("%.1f", (float)sz[14]/10));
                tv8.setText(String.format("%d", sz[15]));
                break;
        }
    }
    //连接蓝牙装置
    private class LinkThread extends Thread {
        public LinkThread(BluetoothDevice mDevice) {
            btSocket = null;
            try {                           //定义 Socket 为蓝牙串口服务
                btSocket = mDevice.createRfcommSocketToServiceRecord(uuid);
            } catch (Exception e) {
            }
        }
        public final void run() {
            btAdapter.cancelDiscovery();
            try {
                btSocket.connect();         //建立 Socket 连接
                isConnect = true;
                mcom = new ComThread(btSocket);
                mcom.start();               //建立连接后启动建立数据通信线程
                Message msg = myhandler.obtainMessage();
                msg.what = 1;
                myhandler.sendMessage(msg);  //通知主线程可以开始通信
            } catch (IOException e1) {
                isConnect = false;
                try {
                    btSocket.close();       //关闭蓝牙连接
                    btSocket = null;
                } catch (IOException e2) {
                }
            }
        }
    }
```

```
//在主线程处理 Handler 传回来的 message
class MyHandler extends Handler {
    public void handleMessage(Message msg) {
        switch (msg.what) {
            case 1:                        //成功连接蓝牙
                tvSta.setText("已连接蓝牙");
                cp = db.query(tb_name, null, null, null, null, null, null);
                rn=cp.getCount();          //获得记录数
                tvRn.setText("记录数: " + rn);
                break;
            case 2:                        //收到蓝牙数据
                len=0;
                //传感器数据
                if((rbuf[1]==0x03)&&(rbuf[2]==0x06)){
                    //显示测试数据
                    mx = rbuf[3]&(0xFF);
                    tv1.setText(String.format("%.1f", (float)mx/10));
                    my =rbuf[4]&(0xFF);
                    tv2.setText(String.format("%.1f", (float)my/10));
                    mz =rbuf[5]&(0xFF);
                    tv3.setText(String.format("%.1f", (float)mz/10));
                    mt = rbuf[7]&(0xFF);
                    tv4.setText(String.format("%d", mt));
                    int m = rbuf[8]&(0xFF);
                    ss=!ss;     //轮流显示信息，说明蓝牙连接正常，能不断接收到数据
                    if(ss) tvSta.setText(String.format("电池%.1f",
                                                    (float)m/10)+"V");
                    else tvSta.setText("收到传感器数据");
                }
                //上位机查询记录数
                if((rbuf[1]==0x03)&&(rbuf[2]==0x00)&&(rbuf[3]==0x00)){
                    cp = db.query(tb_name, null, null, null, null, null, null);
                    rn=cp.getCount();
                    byte tbuf[] = new byte[7]; //发送缓冲区
                    tbuf[0]=(byte) 0xFF;
                    tbuf[1]=(byte) 0x03;
                    tbuf[2]=(byte) 0x02;
                    tbuf[3]=(byte)((rn>>8)&0xFF);
                    tbuf[4]=(byte)(rn&0xFF);
                    int crc = CRC16(tbuf,5);
                    tbuf[5]=(byte)(crc&0xFF);
                    tbuf[6]=(byte)((crc>>8)&0xFF);
                    mcom.write(tbuf);          //返回记录数
                    tvSta.setText("已连接上位机");
                }
                //上位机删除记录
                if((rbuf[1]==0x06)&&(rbuf[2]==0x00)&&(rbuf[3]==0x00)){
```

```
                db.delete(tb_name, null, null);
                rn=0;
                tvRn.setText("记录数：" + rn);
                tvSta.setText("记录已删除");
            }
            //上位机调取记录
            if((rbuf[1]==0x03)&&(rbuf[2]==0x00)&&((rbuf[3]&0xFF)>0x00)){
                int n = rbuf[3]&0xFF;
                cp.moveToFirst();
                for(int i=1;i<n;i++) cp.moveToNext();
                byte tbuf[] = new byte[28];                    //发送缓冲区
                tbuf[0]=(byte)(n & 0xFF);                      //序号
                String s=cp.getString(0);
                String[] sn = s.split("-");
                tbuf[1]=(byte)(Integer.parseInt(sn[1])&0xFF);   //月
                tbuf[2]=(byte)(Integer.parseInt(sn[2])&0xFF);   //日
                s=cp.getString(1);
                sn = s.split(":");
                tbuf[3]=(byte)(Integer.parseInt(sn[0])&0xFF);   //时
                tbuf[4]=(byte)(Integer.parseInt(sn[1])&0xFF);   //分
                tbuf[5]=(byte)(Integer.parseInt(sn[2])&0xFF);   //秒
                s=cp.getString(2);
                for (int i = 0; i < 8; i += 2) {
                  //两位一组，表示一个字节，把这样表示的十六进制字符串还原成一个字节
                    tbuf[i / 2+6] = (byte) ((Character.digit(s.charAt(i),
                            16) << 4) + Character.digit(s.charAt(i + 1), 16));
                }
                for(int i=0;i<16;i++)
                tbuf[10+i] = (byte)(cp.getInt(i+3)&0xFF);
                int crc = CRC16(tbuf,26);
                tbuf[26]=(byte)(crc&0xFF);
                tbuf[27]=(byte)(crc>>8);
                mcom.write(tbuf);                   //发送记录数据
                tvSta.setText("上传记录：" + n);
            }
            break;
        }
    }
}
//数据通信线程
private class ComThread extends Thread {
    private final BluetoothSocket mSocket;
    private final InputStream mInStream;          //定义输入流
    private final OutputStream mOutStream;        //定义输出流
    public ComThread(BluetoothSocket socket) {   //Socket 连接
        mSocket = socket;
        InputStream tmpIn = null;
```

```
        OutputStream tmpOut = null;
        try {
            tmpIn = mSocket.getInputStream();           //Socket 输入数据流
            tmpOut = mSocket.getOutputStream();         //Socket 输出数据流
        } catch (IOException e) {
        }
        mInStream = tmpIn;
        mOutStream = tmpOut;
    }
    //阻塞线程接收数据
    public final void run() {
        byte[] buf = new byte[512];                     //接收数据临时缓冲区
        while (isConnect) {
            try {
                int byt = mInStream.read(buf);
                    // 收到数据后转移到待处理存储区
                for (int i = 0; i < byt; i++) rbuf[len + i] = buf[i];
                len = len + byt;                        //数据分段接收，字节数累计
                if (len > 7) {
                    Message msg = myhandler.obtainMessage();
                    msg.what = 2;
                    myhandler.sendMessage(msg);    //通知主线程接收到数据
                }
                try {
                    sleep(50);      //延时 50ms，等待接收区数据处理完毕
                } catch (InterruptedException e) {
                }
            } catch (NullPointerException e) {
                isConnect = false;
                break;
            } catch (IOException e) {
                break;
            }
        }
    }
    //发送字节数据
    public void write(byte[] bytes) {
        try {
            mOutStream.write(bytes);
        } catch (IOException e) {
        }
    }
    //关闭蓝牙连接
    public void cancel() {
        try {
            mSocket.close();
        } catch (IOException e) {
```

```
            }
        }
    }
    //CRC校验
    public int CRC16(byte dat[],int len)
    {
        int CRC=0xFFFF;
        int temp;
        int i,j;
        for( i = 0; i<len; i ++)
        {
            temp = dat[i];
            if(temp < 0) temp += 256;
            temp &= 0xFF;
            CRC^= temp;
            for (j = 0; j<8; j++)
            {
                if ((CRC & 0x0001) == 0x0001)
                    CRC=(CRC>>1)^0xA001;
                else
                    CRC >>=1;
            }
        }
        return (CRC&0xffff);
    }
    //取消监听
    protected void onPause() {
        super.onPause();
        if (mNfcAdapter != null) {
            mNfcAdapter.disableForegroundDispatch(this);
        }
    }
}
```

5.2.3 动设备巡检步骤

动设备巡检步骤如下。

（1）打开蓝牙，运行程序，初次使用时先扫描无线振动温度传感器的蓝牙进行配对。

（2）单击“蓝牙列表”按钮，显示已配对蓝牙列表，选择无线振动温度传感器的蓝牙，连接后会收到并显示测试数据。

（3）扫描被巡检设备 NFC 标签，显示设备 ID 值，记录数加 1。

（4）将无线振动温度传感器放到指定测点位置，等 3～5s，待数据稳定后单击“保存”按钮，继续测试下一个测点，巡检程序界面如图 5-3 所示。

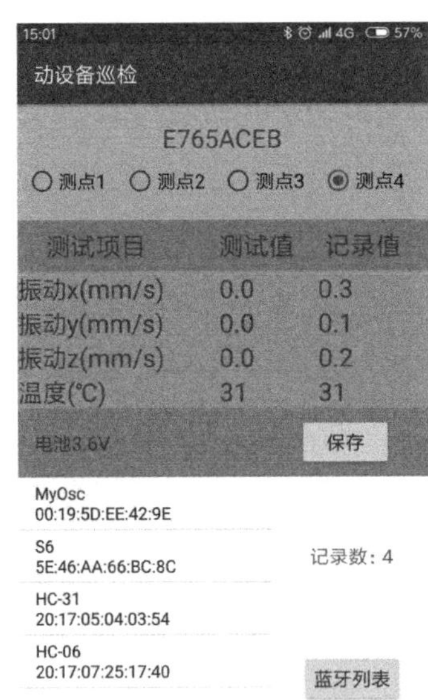

图 5-3　巡检程序界面

（5）重复步骤（3）和（4），巡检其他设备，直到巡检完全部设备，退出程序。

（6）回到操作室后，运行上位机程序，运行平板电脑程序，准备上传巡检数据。

（7）单击“蓝牙列表”按钮，显示已配对蓝牙列表，选择上位机蓝牙，初次上传数据时上位机蓝牙也要先配对。

（8）在上位机读取记录数量，按记录数量逐条读取记录，读取完毕后发删除记录报文，上位机读取记录后的界面如图 5-4 所示。

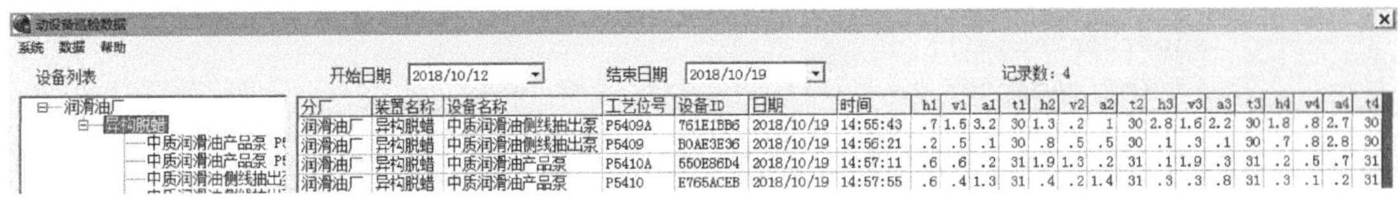

分厂	装置名称	设备名称	工艺位号	设备ID	日期	时间	h1	v1	a1	t1	h2	v2	a2	t2	h3	v3	a3	t3	h4	v4	a4	t4
润滑油厂	异构脱蜡	中质润滑油侧线抽出泵	P5409A	761E1BB6	2018/10/19	14:55:43	.7	1.5	3.2	30	1.3	.2	1	30	2.8	1.6	2.2	30	1.8	.8	2.7	30
润滑油厂	异构脱蜡	中质润滑油侧线抽出泵	P5409	B0AE3E36	2018/10/19	14:56:21	.2	.5	.1	30	.8	.5	.5	30	.1	.3	.1	30	.7	.8	2.8	30
润滑油厂	异构脱蜡	中质润滑油产品泵	P5410A	550E86D4	2018/10/19	14:57:11	.6	.6	.2	31	1.9	1.3	.2	31	.1	1.9	.3	31	.2	.5	.7	31
润滑油厂	异构脱蜡	中质润滑油产品泵	P5410	E765ACEB	2018/10/19	14:57:55	.6	.4	1.3	31	.4	.2	1.4	31	.3	.3	.8	31	.3	.1	.2	31

图 5-4　上位机读取记录后的界面

5.3　动设备振动分析程序设计

5.3.1　分析用无线振动传感器

员工巡检动设备，要求测量并判断振动速度是否超标，如果超标需汇报主管技术人员，由技术人员进行详细检测，分析判断振动速度超标原因，提出处理措施。这时用到的无线振动传感器上传数据不只是振动速度值，还有振动频谱信息，技术人员可以通过频谱辅助判断振动超标原因。分析用无线振动传感器数据格式见表 5-3，每帧数据为 512 字节，只测单个方向的振动，除了振动速度值之外，还有振动加速度、振动幅度和 500 字节的频谱数据。

表 5-3　分析用无线振动传感器数据格式

数　据	说　明
0x01	地址
0x03	功能码
0xxx	振动加速度，2 字节
0xxx	振动速度，2 字节
0xxx	振动幅度，2 字节
0xxx	电池电压，2 字节
…	频谱数据，500 字节
CRC	校验码，2 字节

5.3.2　程序界面设计

动设备振动分析程序界面如图 5-5 所示，主界面上部显示设备振动波形及频谱波形，同时以文字形式显示振动加速度、速度和位移值，下部是蓝牙列表，中部“状态”显示传感器电池电压，“暂停”按钮用于测试时暂时停止刷新画面，用平板电脑自带的截屏功能保存测试波形及数据。

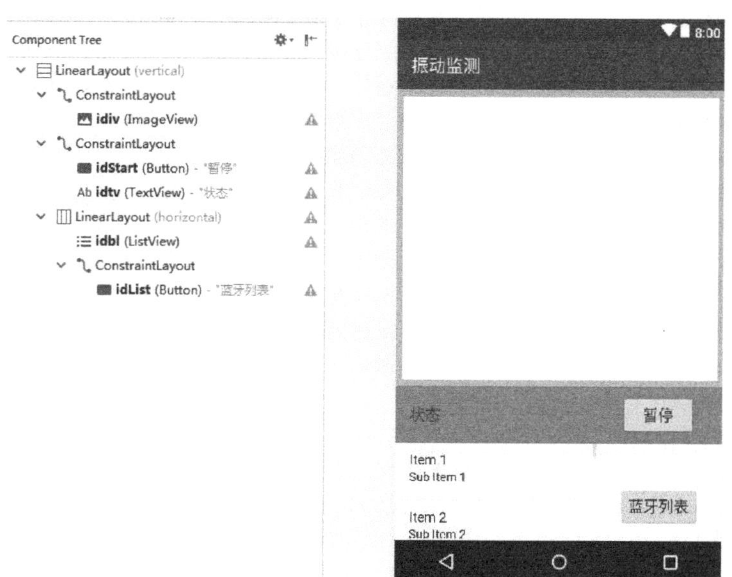

图 5-5　动设备振动分析程序界面

5.3.3　程序代码编写

1．权限许可

在 AndroidManifest.xml 中加入蓝牙权限许可：

```
<uses-permission android:name="android.permission.BLUETOOTH"/>
<uses-permission android:name="android.permission.BLUETOOTH_ADMIN"/>
```

2. 程序完整源代码

```
public class MainActivity extends AppCompatActivity
        implements AdapterView.OnItemClickListener,View.OnClickListener{
    //定义控件
    ListView lv;                    //列表显示蓝牙设备
    TextView tvSta;                 //显示状态信息
    Button btList,btStart;          //按键
    ImageView wave;                 //显示波形
    //变量定义
    private BluetoothAdapter btAdapter;             //蓝牙适配器
    private BluetoothDevice btDevice;               //蓝牙设备
    private Set<BluetoothDevice> pairedBts;         //配对蓝牙设备集合
    private BluetoothSocket btSocket = null;        //蓝牙 socket
    private Handler myhandler;                      //信息通道
    private LinkThread mlink;                       //自定义连接线程
    private ComThread mcom;                         //自定义数据通信线程
    UUID uuid = UUID.fromString("00001101-0000-1000-8000-00805F9B34FB");
    public byte rbuf[] = new byte[600];             //接收缓冲区
    int len;                        //接收字节长度
    boolean isConnect;              //已连接状态
    boolean pause=false;            //暂停
    int ma,mv,ms,mu;                //当前测量值
    int[] wa = new int[125];        //振动加速度曲线缓冲区
    int[] wf = new int[125];        //频谱曲线缓冲区
    private Bitmap bitmap;          //图片
    private Canvas canvas;          //画布
    private int myX;                //画布宽度
    private int myY;                //画布高度
    private Paint paint;            //画笔
    @Override
    protected void onCreate(Bundle savedInstanceState) {
        super.onCreate(savedInstanceState);
        setContentView(R.layout.activity_main);
        tvSta = (TextView) findViewById(R.id.idtv);    //控件实例化
        btList = (Button) findViewById(R.id.idList);
        btStart = (Button) findViewById(R.id.idStart);
        wave= (ImageView) findViewById(R.id.idiv);
        btStart.setOnClickListener(this);     //注册按钮单击监听事件
        btStart.setEnabled(false);
        btList.setOnClickListener(this);
        lv = (ListView) findViewById(R.id.idbl);
        lv.setOnItemClickListener(this);      //注册列表选项单击监听事件
        myhandler = new MyHandler();          //实例化 Handler，用于进程间的通信
```

```
        btAdapter = BluetoothAdapter.getDefaultAdapter();   //蓝牙适配器
        //屏幕常亮
        getWindow().addFlags(WindowManager.LayoutParams.FLAG_KEEP_SCREEN_ON);
    }
    //响应按键单击事件
    public void onClick(View v) {
        switch (v.getId()) {
            case R.id.idList:         //蓝牙列表按钮
                pairedBts = btAdapter.getBondedDevices();//获得已配对蓝牙设备集合
                ArrayList bt_list = new ArrayList();
                lv.setEnabled(true);
                if (!btAdapter.isEnabled()) {              //当前蓝牙适配器不可用
                    Intent turnOn = new
                            Intent(BluetoothAdapter.ACTION_REQUEST_ENABLE);
                    startActivityForResult(turnOn, 0);  //调用打开蓝牙适配器程序
                    tvSta.setText("打开蓝牙适配器");
                } else {
                    tvSta.setText("蓝牙适配器已打开");
                }
                for(BluetoothDevice bt : pairedBts){ //已配对蓝牙设备集合转为列表
                    bt_list.add(bt.getName() + "\n" + bt.getAddress());
                }           //列表放入适配器
                final ArrayAdapter adapter = new ArrayAdapter
                        (this, android.R.layout.simple_list_item_1, bt_list);
                lv.setAdapter(adapter);//通过适配器在 ListView 上显示配对蓝牙设备列表
                tvSta.setText("选择蓝牙设备");
                break;
            case R.id.idStart:           //开始按钮
                    if(pause){
                        btStart.setText("暂停");
                        pause=false;
                    }else {
                        btStart.setText("开始");
                        pause=true;
                    }
                break;
        }
    }
    //响应列表单击选项事件
    public void onItemClick(AdapterView<?> parent, View view, int position,
long id) {
        TextView txv = (TextView) view;  //获取选中项文本
        String s = txv.getText().toString();
        String[] addr = s.split("\n");   //抽取 MAC 地址
        try {        //通过 MAC 地址获得蓝牙设备
            btDevice = btAdapter.getRemoteDevice(addr[1]);
            lv.setEnabled(false);
```

```
        } catch (Exception e) {
            tvSta.setText("获取设备失败");
        }
        mlink = new LinkThread(btDevice);    //在蓝牙设备连接线程中加载蓝牙设备
        mlink.start();                       //启动连接蓝牙设备线程
    }
    //连接蓝牙装置
    private class LinkThread extends Thread {
        public LinkThread(BluetoothDevice mDevice) {
            btSocket = null;
            try {    //定义Socket为蓝牙串口服务
                btSocket = mDevice.createRfcommSocketToServiceRecord(uuid);
            } catch (Exception e) {
            }
        }
        public final void run() {
            btAdapter.cancelDiscovery();
            try {
                btSocket.connect();              //建立Socket连接
                isConnect = true;
                mcom = new ComThread(btSocket);
                mcom.start();                    //建立连接后启动建立数据通信线程
                Message msg = myhandler.obtainMessage();
                msg.what = 1;
                myhandler.sendMessage(msg);      //通知主线程可以开始通信
            } catch (IOException e1) {
                isConnect = false;
                try {
                    btSocket.close();            //关闭蓝牙连接
                    btSocket = null;
                } catch (IOException e2) {
                }
            }
        }
    }
    //在主线程处理Handler传回来的Message
    class MyHandler extends Handler {
        public void handleMessage(Message msg) {
            switch (msg.what) {
                case 1:                          //成功连接蓝牙
                    tvSta.setText("已连接蓝牙");
                    btStart.setEnabled(true);
                    break;
                case 2:     //收到蓝牙数据
                    len=0;
                    if(rbuf[1]==0x03){
                        ma=((rbuf[2]&0xFF)<<8)|(rbuf[3]&0xFF); //振动加速度
```

```
                    mv=((rbuf[4]&0xFF)<<8)|(rbuf[5]&0xFF); //振动速度
                    ms=((rbuf[6]&0xFF)<<8)|(rbuf[7]&0xFF); //振动幅度
                    mu=rbuf[9]&0xFF;    //电池电压
                    for(int i=0;i<125;i++){    //波形数据
                        wa[i]=((rbuf[2*i+10]&0xFF)<<8)|(rbuf[2*i+11]&0xFF);
                        wf[i]=((rbuf[2*i+260]&0xFF)<<8)|(rbuf[2*i+261]&0xFF);
                    }
                    if(pause){
                        tvSta.setText("暂停。。。");
                    }else {
                        Show();
                  tvSta.setText(String.format("电池电压：%.1fV",(float)mu/10));
                    }
                }
                break;
            }
        }
    }
    //数据通信线程
    private class ComThread extends Thread {
        private final BluetoothSocket mSocket;
        private final InputStream mInStream;               //定义输入流
        private final OutputStream mOutStream;             //定义输出流
        public ComThread(BluetoothSocket socket) {         //Socket 连接
            mSocket = socket;
            InputStream tmpIn = null;
            OutputStream tmpOut = null;
            try {
                tmpIn = mSocket.getInputStream();          //Socket 输入数据流
                tmpOut = mSocket.getOutputStream();        //Socket 输出数据流
            } catch (IOException e) {
            }
            mInStream = tmpIn;
            mOutStream = tmpOut;
        }
        //阻塞线程接收数据
        public final void run() {
            byte[] buf = new byte[600];  //接收数据临时缓冲区
            while (isConnect) {
                try {
                    int byt = mInStream.read(buf);
                      // 收到数据后转移到待处理存储区
                    for (int i = 0; i < byt; i++) rbuf[len + i] = buf[i];
                    len = len + byt;         //数据分段接收，字节数累计
                    if (len > 510) {
                        Message msg = myhandler.obtainMessage();
                        msg.what = 2;
```

```
                    myhandler.sendMessage(msg); // 通知主线程接收到数据
                }
                try {
                    sleep(50);     //延时 50ms，等待接收区数据处理完毕
                } catch (InterruptedException e) {
                }
            } catch (NullPointerException e) {
                isConnect = false;
                break;
            } catch (IOException e) {
                break;
            }
        }
    }
    //发送字节数据
    public void write(byte[] bytes) {
        try {
            mOutStream.write(bytes);
        } catch (IOException e) {
        }
    }
    //关闭蓝牙连接
    public void cancel() {
        try {
            mSocket.close();
        } catch (IOException e) {
        }
    }
}
//显示波形
public void Show() {
    myX=wave.getWidth();
    myY=wave.getHeight();
    if (bitmap == null) {               //创建一个新的 bitmap 对象
        bitmap = Bitmap.createBitmap(myX, myY, Bitmap.Config.RGB_565);
    }
    canvas = new Canvas(bitmap);        //根据 bitmap 对象创建一个画布
    canvas.drawColor(Color.WHITE);      //设置画布背景色为白色
    paint = new Paint();                //创建一个画笔对象
    paint.setStrokeWidth(2);            //设置画笔的线条粗细为 2 磅
    paint.setColor(Color.GRAY);         //画背景网格
    canvas.drawLine(0,myY/2,myX,myY/2,paint);
    for(int i=1;i<5;i++){
        canvas.drawLine(i*myX/5,0,i*myX/5,myY,paint);
    }
    for(int i=1;i<25;i++){
        canvas.drawLine(i*myX/25,myY/2-10,i*myX/25,myY/2+10,paint);
```

```
        }
        paint.setColor(Color.BLACK);      //振动波形曲线，黑色
        for(char i=1;i<125;i++){
            canvas.drawLine((i-1)*myX/125, wa[i-1]*myY/1024,
                                        i*myX/125,wa[i]*myY/1024,paint);
        }
        paint.setColor(Color.RED);        //FFT 曲线，红色
        for(char i=1;i<125;i++){
            canvas.drawLine((i-1)*myX/125, myY-(wf[i-1])*myY/1024,
                                    i*myX/125,myY-(wf[i])*myY/1024,paint);
        }
        //显示测量值
        paint.setColor(Color.RED);
        paint.setTextSize(48);
        canvas.drawText(String.format("加速度：%.1fm/s2",
                                        (float)ma/10),300,60,paint);
        canvas.drawText(String.format("速度：%.1fmm/s",
                                        (float)mv/10),300,120,paint);
        canvas.drawText(String.format("位移：%.3fmm",
                                        (float)ms/1000),300,180,paint);
        //显示频谱坐标
        paint.setColor(Color.LTGRAY);
        paint.setTextSize(24);
        canvas.drawText("50",myX/5,myY/2,paint);
        canvas.drawText("100",2*myX/5,myY/2,paint);
        canvas.drawText("150",3*myX/5,myY/2,paint);
        canvas.drawText("200",4*myX/5,myY/2,paint);
        wave.setImageBitmap(bitmap);      //在 ImageView 中显示 bitmap
    }
    @Override   //程序退出前关闭 Socket
    protected void onDestroy() {
        super.onDestroy();
        mcom.cancel();
    }
}
```

5.3.4　测试效果

动设备振动分析程序测试截屏如图 5-5 所示，使用前打开传感器电源，再打开平板电脑蓝牙开关，搜索传感器蓝牙并配对，然后运行程序，单击“蓝牙列表”按钮，显示已配对蓝牙列表后，选中并单击传感器的蓝牙设备，开始连接传感器，成功后会接收到传感器发来的数据。

显示区右上角显示振动数据，中间曲线为振动波形曲线，底部曲线为频谱曲线，中间刻度为频率刻度，每小格代表 10Hz，分析范围为 6～249Hz。

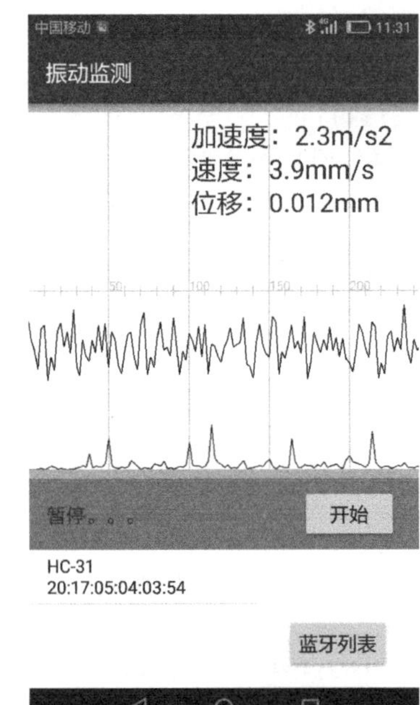

图 5-6　动设备振动分析程序测试截屏

第 6 章　采油管线解堵装置遥控

有一套油田用采油管线解堵装置，使用车载撬装方式，原电控系统设计采用传统盘装表加控制按钮的控制方式，由于装置始终在车上，操作不方便，所以需要改为遥控操作，便携式工业平板电脑成了首选“遥控器”。本章主要讲述工业平板电脑在工控装置遥控方面的应用编程。

6.1　项目概况

6.1.1　原控制系统组成

采油管线解堵装置的工艺原理图如图6-1所示，装置中有2个药罐，在装置使用之前用上药泵将药液装进药罐，使用时先启动供水泵，再启动加药泵混配好药液冲洗管线解堵。

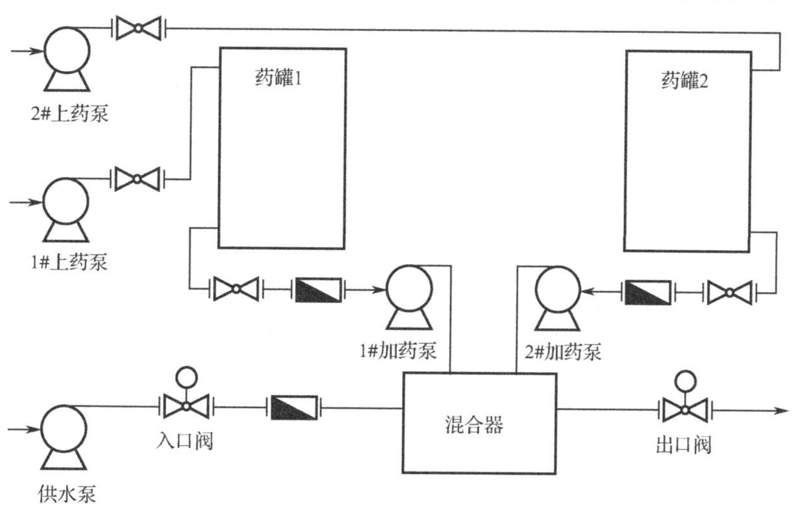

图6-1　采油管线解堵装置的工艺原理图

控制系统的电动机有5个，其中上药泵使用的是接触器控制，加药泵和供水泵由变频控制，控制的电动阀有2个。控制系统输入模拟量有8个，包括2个药罐的液位、3个变频的频率及3个流量，输出模拟量有3个，分别控制3个变频频率。

6.1.2 遥控改造方案

遥控改造方案示意图如图6-2所示，在原控制系统内增加3个模块，分别是模拟量模块、开关量模块和RS-485/WiFi转换模块。模拟量模块和开关量模块的RS-485接口支持MODBUS协议，平板电脑用WiFi连接RS-485/WiFi转换模块，再通过RS-485接口连接模拟量模块和开关量模块，进而控制原控制系统，实现遥控功能。

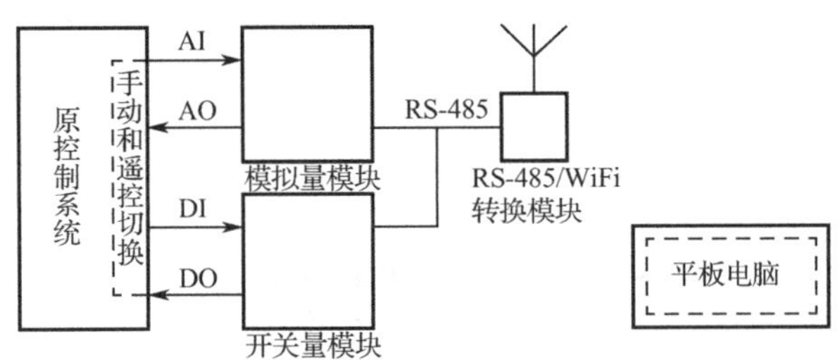

图6-2　遥控改造方案示意图

1. 开关量模块

开关量模块使用先淼科技的JF-12DI8DO-1-002，端子图如图6-3所示，有12组开关量输入、8组开关量输出、RS-485通信接口，使用直流24V电源。

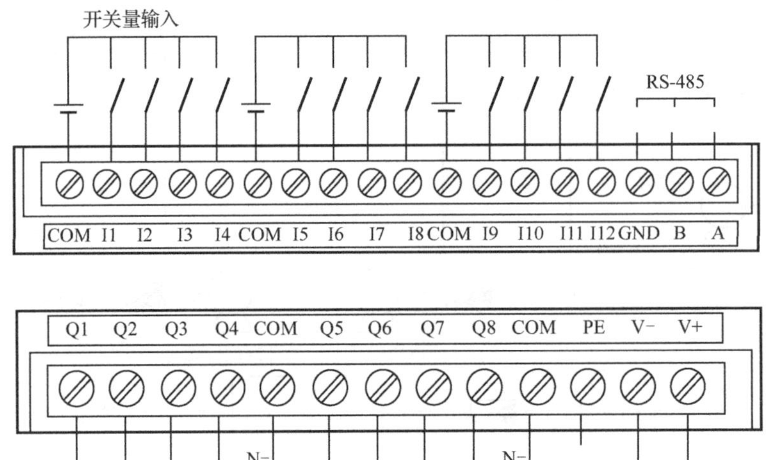

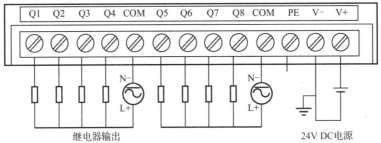

图6-3　开关量模块JF-12DI8DO-1-002端子图

开关量模块出厂默认通信参数为“9600,n,8,1”，通信地址为1，使用厂家配套软件可修改通信参数和通信地址。开关量模块通信协议见表6-1，用02功能码读取输入状态，读取16位，实际使用12位，用05功能码设定输出状态。

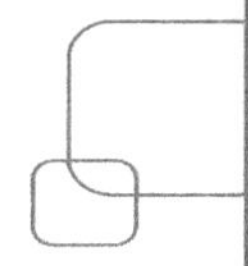

表6-1 开关量模块通信协议

<table>
<tr><th rowspan="2">功 能</th><th colspan="2">发 来 信 息</th><th colspan="2">返 回 信 息</th></tr>
<tr><th>数 据</th><th>说 明</th><th>数 据</th><th>说 明</th></tr>
<tr><td rowspan="8">读输入状态
02</td><td>0x01～0xFE</td><td>地址</td><td>0x01～0xFE</td><td>地址</td></tr>
<tr><td>0x02</td><td>功能码</td><td>0x02</td><td>功能码</td></tr>
<tr><td>0x00</td><td rowspan="2">起始地址</td><td>0x02</td><td>2字节</td></tr>
<tr><td>0x00</td><td>…</td><td rowspan="2">16位数据</td></tr>
<tr><td>0x00</td><td rowspan="2">16路输入位</td><td>…</td></tr>
<tr><td>0x10</td><td>CRCL</td><td rowspan="2">校验码</td></tr>
<tr><td>CRCL</td><td rowspan="2">校验码</td><td>CRCH</td></tr>
<tr><td>CRCH</td><td></td><td></td></tr>
<tr><td rowspan="8">单路输出
05</td><td>0x01～0xFE</td><td>地址</td><td colspan="2" rowspan="8">发来信息直接返回</td></tr>
<tr><td>0x05</td><td>功能码</td></tr>
<tr><td>0x00</td><td rowspan="2">线圈地址</td></tr>
<tr><td>0x0x</td></tr>
<tr><td>0xFF/0x00</td><td rowspan="2">FF00 接点闭合
0000 接点断开</td></tr>
<tr><td>0x00</td></tr>
<tr><td>CRCL</td><td rowspan="2">校验码</td></tr>
<tr><td>CRCH</td></tr>
</table>

2．模拟量模块

模拟量模块使用先淼科技的JF-10AI4AO-1-002，端子图如图6-4所示，模拟量为直流0～20mA信号，有10组模拟量输入、4组模拟量输出、RS-485通信接口，使用直流24V电源。

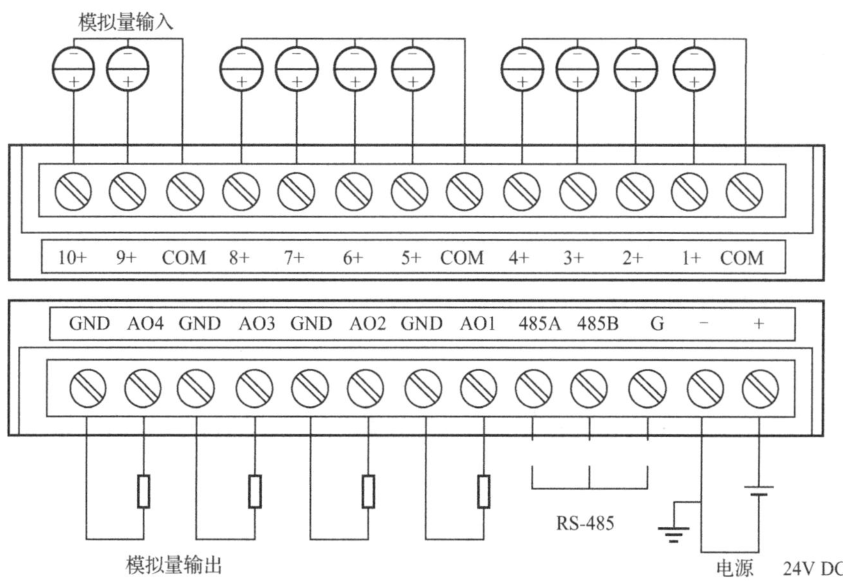

图6-4 模拟量模块JF-10AI4AO-1-002端子图

模拟量模块通信协议见表6-2，用04功能码读取模拟量输入寄存器，用06功能码写单个模拟量输出寄存器，模拟量模块A/D转换精度为12位，直流0～20mA模拟量对应数值范围为0～4095。

表6-2　模拟量模块通信协议

功　能	发来信息		返回信息	
	数　据	说　明	数　据	说　明
读模拟量 04	0x01～0x1F	地址	0x01～0x1F	地址
	0x04	功能码	0x04	功能码
	0x00	起始地址	0x14	20字节
	0x00		…	10个模拟量 每个占2字节
	0x00	读10个模拟量	…	
	0x0A		CRCL	校验码
	CRCL	校验码	CRCH	
	CRCH			
单个模拟量输出 06	0x01～0xFE	地址	发来信息直接返回	
	0x06	功能码		
	0x00	模拟量输出地址0～3		
	0x0x			
	0xxx	模拟量值		
	0xxx			
	CRCL	校验码		
	CRCH			

3．RS-485/WiFi转换模块

RS-485/WiFi转换模块原理图如图6-5所示，由WiFi模块、MAX3485E和降压用的开关电源组成。有人物联WiFi模块型号为USR-C210，串口支持RS-485通信，默认参数为“115200,n,8,1”。

先将USR-C210工作模式设为AP模式，用手机连接模块SSID，登录参数设置页面，地址为http://10.10.100.254/，用户名和密码都是“admin”，参数设置如图6-6所示，“串口参数设置”部分的波特率改为“9600”，与IO模块一致，“流控与RS-485”选择“485”，“网络参数设置”选择“透传模式”，“SocketA设置”部分的通信协议为“UDP-Server”，端口为“8899”，服务器地址为“10.10.100.254”，设置完后单击底部“保存”按钮保存所设定参数。

4．接线示意图

遥控改造接线示意图如图6-7所示，各输入/输出开关量和模拟量按图接线。开关量输出7个，对应7个开关量输入，代表设备运行状态反馈，开关量输出串接到原控制回路，注意加控制模式切换开关，状态反馈从接触器辅助接点、变频器输出接点引出干接点。模拟量输入

8路，输出3路，输出加控制模式切换开关，输入串接在原盘装表信号回路。

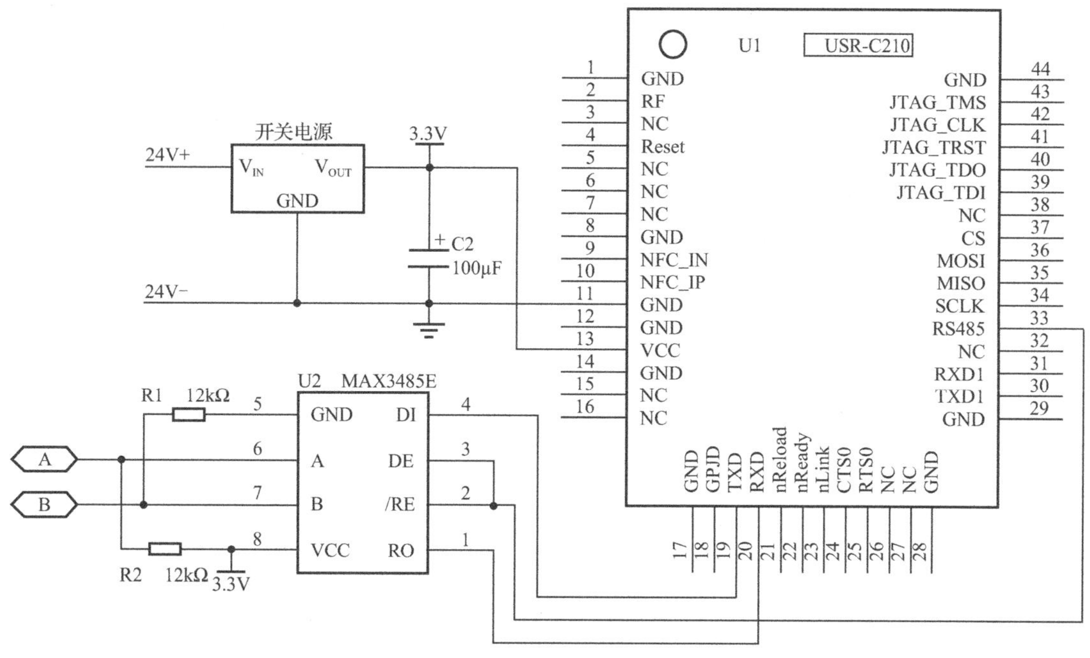

图6-5　RS-485/WiFi转换模块原理图

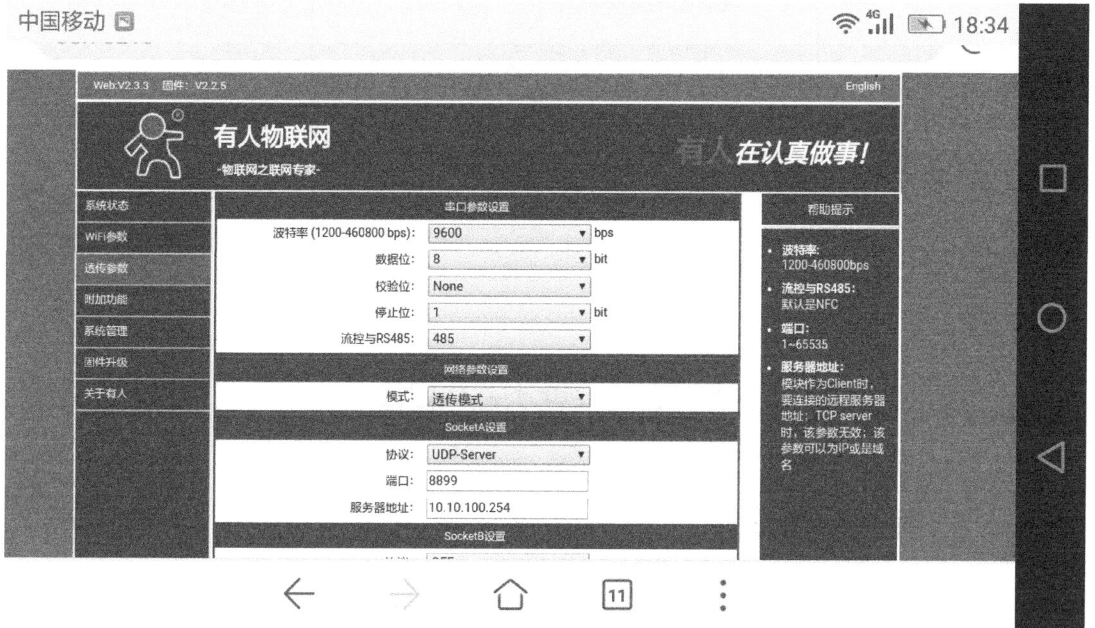

图6-6　USR-C210参数设置

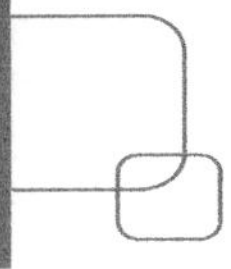

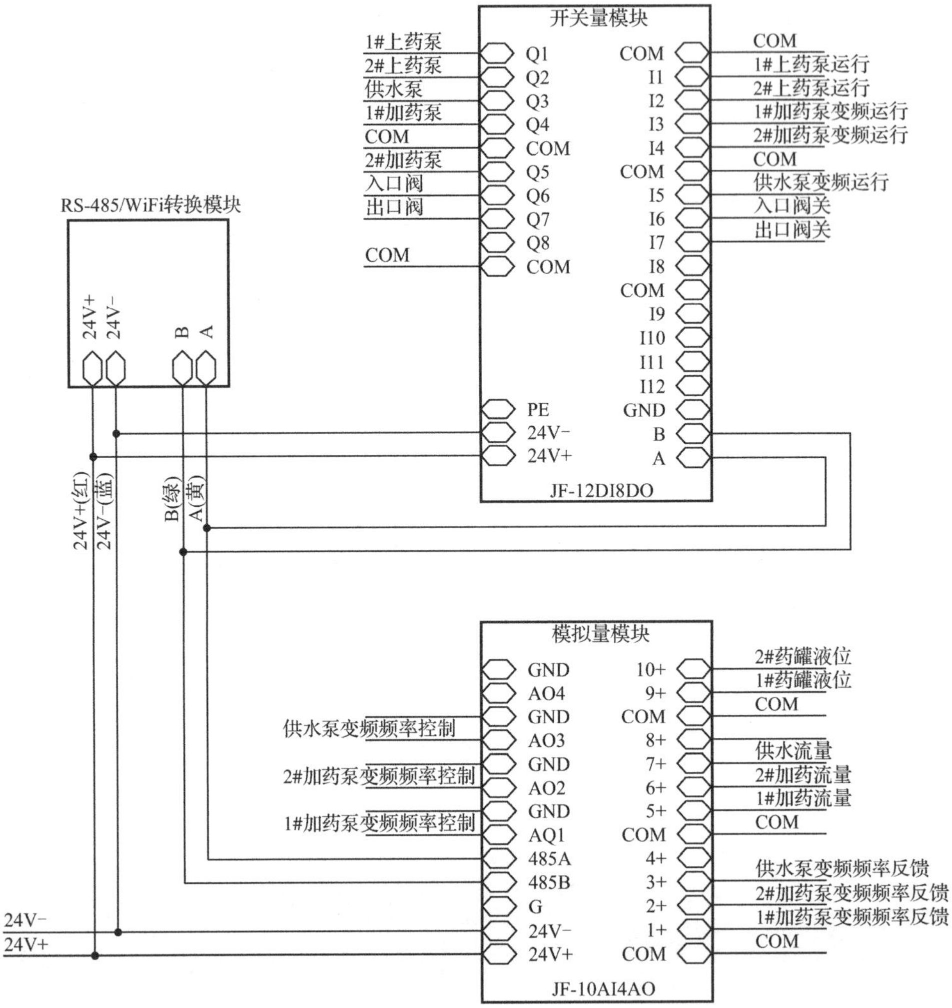

开关量模块

外接	端子	端子	外接
1#上药泵	Q1	COM	COM
2#上药泵	Q2	I1	1#上药泵运行
供水泵	Q3	I2	2#上药泵运行
1#加药泵	Q4	I3	1#加药泵变频运行
COM	COM	I4	2#加药泵变频运行
2#加药泵	Q5	COM	COM
入口阀	Q6	I5	供水泵变频运行
出口阀	Q7	I6	入口阀关
	Q8	I7	出口阀关
COM	COM	I8	
		COM	
		I9	
		I10	
		I11	
		I12	
	PE	GND	
	24V−	B	
	24V+	A	

JF-12DI8DO

RS-485/WiFi转换模块

24V+ 24V− B A

24V+(红) 24V−(蓝) B(绿) A(黄)

模拟量模块

外接	端子	端子	外接
	GND	10+	2#药罐液位
	AO4	9+	1#药罐液位
供水泵变频频率控制	GND	COM	COM
	AO3	8+	
2#加药泵变频频率控制	GND	7+	供水流量
	AO2	6+	2#加药流量
1#加药泵变频频率控制	GND	5+	1#加药流量
	AQ1	COM	COM
	485A	4+	
	485B	3+	供水泵变频频率反馈
	G	2+	2#加药泵变频频率反馈
24V−	24V−	1+	1#加药泵变频频率反馈
24V+	24V+	COM	COM

JF-10AI4AO

图6-7　遥控改造接线示意图

6.2　遥控App

6.2.1　程序界面设计

程序界面设计如图6-8所示，主界面使用FrameLayout控件，然后放入ImageView控件显示工艺原理图，再叠加ConstraintLayout控件放入其他Button、TextView等控件，用于泵的启停、变频频率调节等操作，对应工艺图位置显示液位、流量等参数，整体控制和监测功能一目了然。中心部分区域在程序运行后用于系统启动控制，系统启动后再作为泵的启停控制和频率设置操作区，单击泵对应的按钮，显示泵的启停控制，如果不想操作，则8s后自动退出操作页面，显示通信计数值，如果一直变化代表通信正常，单击频率值可进入频率更改界面。

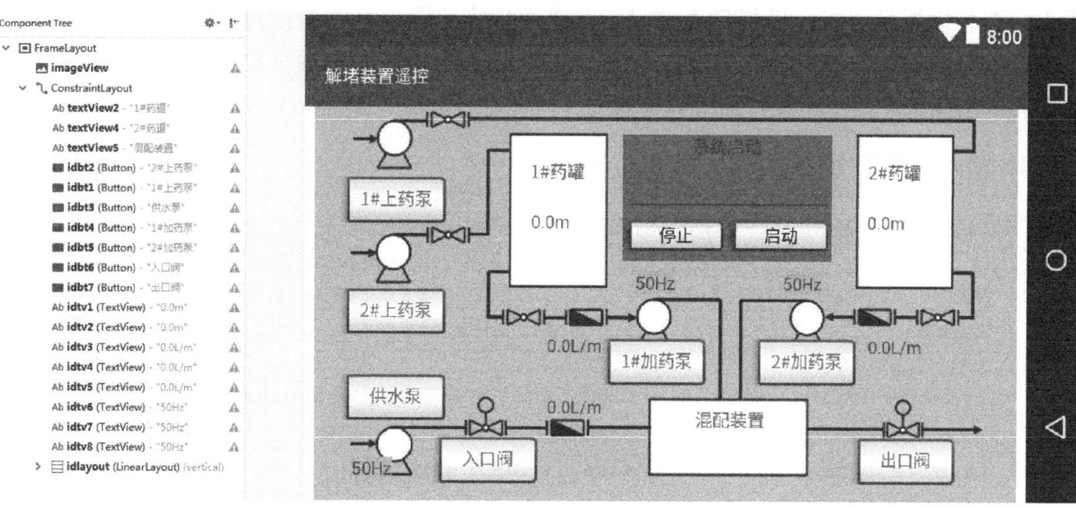

图6-8　程序界面设计

6.2.2　程序代码编写

1．权限许可

程序要使用WiFi的UDP通信，就需要在AndroidManifest.xml中加入网络的权限许可：

```
<uses-permission android:name="android.permission.INTERNET" />
```

2．屏幕控制

程序界面按照横屏模式设计，如果在程序运行过程中自动切换，则会出现竖屏模式无法完整显示界面的情况，同时在横屏和竖屏切换过程中，会初始化程序，造成程序运行的中断，为此在程序代码中要加入强制横屏语句。

便携式平板电脑和手机一样，一段时间内无操作会自动进入暂停状态，同时黑屏，遥控操作这种应用想要禁止进入暂停状态，需要在程序代码中要加入屏幕常亮语句。

```
//强制横屏
setRequestedOrientation(ActivityInfo.SCREEN_ORIENTATION_LANDSCAPE);
//屏幕常亮
getWindow().addFlags(WindowManager.LayoutParams.FLAG_KEEP_SCREEN_ON);
```

3．UDP通信过程

WiFi模块工作于UDP-Server模式，平板电脑运行后先绑定本地端口，然后连接WiFi模块，代码如下：

```
//绑定本地端口为6000
uSocket = new DatagramSocket(6000);
//建立UDP连接，参数为对侧IP地址和端口
uSocket.connect(InetAddress.getByName("10.10.100.254"), 8899);
```

程序中定义了1个定时器，定时周期为0.5s，建立UDP连接后，无操作时轮流读取开关量

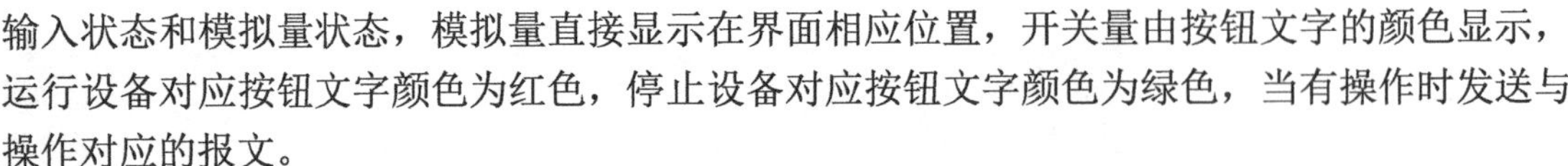

输入状态和模拟量状态，模拟量直接显示在界面相应位置，开关量由按钮文字的颜色显示，运行设备对应按钮文字颜色为红色，停止设备对应按钮文字颜色为绿色，当有操作时发送与操作对应的报文。

4．程序完整源代码

```
public class MainActivity extends AppCompatActivity
                                            implements View.OnClickListener{
    TextView tvH1,tvH2,tvL1,tvL2,tvL3,tvF1,tvF2,tvF3,tvSta;
    Button bt1,bt2,bt3,bt4,bt5,bt6,bt7,bt8,bt9;
    EditText et;
    private Handler myhandler;           //声明线程myhandler
    private DatagramSocket uSocket;
    private DatagramPacket rPacket,tPacket;
    boolean running = false;
    boolean connected = false;
    private UdpThread ut;                //UDP线程
    private ReceiveThread ct;            //UDP接收线程
    String strSta;
    int tn=0;                            //延时3s后自动退出操作状态
    int tm=0;                            //通信计数
    int Sta=0;                           //状态：特定值发送对应命令，=0时读取状态
    int setf1=0,setf2=0,setf3=0;         //3个变频器的设定频率
    int setf;                            //设定频率
    private byte rbuf[] = new byte[128];     //接收缓冲区
    private byte tbuf[] = new byte[8];       //发送缓冲区
    int crc16;
    private int len;                         //接收数据长度
    boolean next = false;            //当Sta=0时，轮流读取开关量状态和模拟量状态
    //写开关量，开关量模块通信地址为1
    byte[] writeDO = {(byte) 0x01, (byte) 0x05, (byte) 0x00, (byte) 0x00,
                        (byte) 0x00, (byte) 0x00, (byte) 0xFF, (byte) 0xFF};
    //读开关量
    byte[] readDI = {(byte) 0x01, (byte) 0x02, (byte) 0x00, (byte) 0x00,
                       (byte) 0x00, (byte) 0x10, (byte) 0x79, (byte) 0xC6};
    //写变频频率，填写频率，计算CRC
    byte[] writeAO = {(byte) 0x02, (byte) 0x06, (byte) 0x00, (byte) 0x00,
                        (byte) 0x00, (byte) 0x00, (byte) 0xFF, (byte) 0xFF};
    //读模拟量，通信地址为2，读取10路AI
    byte[] readAI = {(byte) 0x02, (byte) 0x04, (byte) 0x00, (byte) 0x00,
                       (byte) 0x00, (byte) 0x0A, (byte) 0x70, (byte) 0x3E};
    @Override
    protected void onCreate(Bundle savedInstanceState) {
        super.onCreate(savedInstanceState);
        setContentView(R.layout.activity_main);
        //强制横屏
        setRequestedOrientation(ActivityInfo.SCREEN_ORIENTATION_LANDSCAPE);
```

```
        //屏幕常亮
        getWindow().addFlags(WindowManager.LayoutParams.FLAG_KEEP_SCREEN_ON);
        init();      //控件初始化
        myhandler = new MyHandler();     //新建Handler，用于线程间的通信
        Timer mTimer = new Timer();      //新建Timer
        mTimer.schedule(new TimerTask() {
            @Override
            public void run() {
                tn++;                    //每秒加1
                Message msg = myhandler.obtainMessage(); //创建消息
                msg.what = 1;                            //给变量what赋值
                myhandler.sendMessage(msg);              //发送消息
            }
        }, 3000, 500);                   //延时3000ms，然后每隔500ms发送消息
    }
        //处理接收到的消息
    class MyHandler extends Handler {
        public void handleMessage(Message msg) {
            switch (msg.what) {
                case 1:                  //定时
                    if(tn>15){
                        if(tn==16){
                            Sta=0;
                            tvSta.setText("操作取消！");
                            et.setVisibility(View.INVISIBLE);
                            bt8.setVisibility(View.INVISIBLE);
                            bt9.setVisibility(View.INVISIBLE);
                        }
                        tn=20;
                    }
                    if(connected){
                        if (Sta == 0) {     //轮流读取AI和DI
                            next = !next;
                            if (next) tbuf = readDI;
                            else tbuf = readAI;
                        }
                        if ((Sta >= 17) && (Sta <= 23)) {  //输出0
                            writeDO[3] = (byte) ((Sta - 17) & 0xFF);
                            writeDO[4] = (byte) (0xFF);
                            crc16 = CRC16(writeDO, 6);
                            writeDO[6] = (byte) (crc16 & 0xFF);
                            writeDO[7] = (byte) (crc16 >> 8);
                            tbuf = writeDO;
                        }
                        if ((Sta >= 33) && (Sta <= 39)) {  //输出1
                            writeDO[3] = (byte) ((Sta - 33) & 0xFF);
                            writeDO[4] = (byte) (0x00);
```

```
                crc16 = CRC16(writeDO, 6);
                writeDO[6] = (byte) (crc16 & 0xFF);
                writeDO[7] = (byte) (crc16 >> 8);
                tbuf = writeDO;
            }
            if (Sta == 40) {                              //写1#加药泵频率
                writeAO[3] = (byte) (0x00);
                writeAO[4] = (byte) (setf1 >> 8);
                writeAO[5] = (byte) (setf1 & 0xFF);
                crc16 = CRC16(writeAO, 6);
                writeAO[6] = (byte) (crc16 & 0xFF);
                writeAO[7] = (byte) (crc16 >> 8);
                tbuf = writeAO;
            }
            if (Sta == 41) {                              //写2#加药泵频率
                writeAO[3] = (byte) (0x01);
                writeAO[4] = (byte) (setf2 >> 8);
                writeAO[5] = (byte) (setf2 & 0xFF);
                crc16 = CRC16(writeAO, 6);
                writeAO[6] = (byte) (crc16 & 0xFF);
                writeAO[7] = (byte) (crc16 >> 8);
                tbuf = writeAO;
            }
            if (Sta == 42) {                              //写供水泵频率
                writeAO[3] = (byte) (0x02);
                writeAO[4] = (byte) (setf3 >> 8);
                writeAO[5] = (byte) (setf3 & 0xFF);
                crc16 = CRC16(writeAO, 6);
                writeAO[6] = (byte) (crc16 & 0xFF);
                writeAO[7] = (byte) (crc16 >> 8);
                tbuf = writeAO;
            }
            if(Sta>10) Sta=0;
            tPacket = null;
            try {
                tPacket = new DatagramPacket(tbuf, 8);
                uSocket.send(tPacket);                    //UDP连接发送数据
            } catch (Exception e) {
            }

        }
        break;
    case 2:                                               //收到数据
        if((rbuf[0]==0x01) && (rbuf[1]==0x02))            //输入寄存器状态
        {
            crc16=CRC16(rbuf,5);
            if(((rbuf[5]&0xFF)==(crc16&0xFF)) &&
```

```
            ((rbuf[6]&0xFF)==((crc16>>8)&0xFF)))
           {
              int m = rbuf[3];
              if((m&0x01)==1) bt1.setTextColor(Color.RED);
              else bt1.setTextColor(Color.GREEN);
              if((m&0x02)==2) bt2.setTextColor(Color.RED);
              else bt2.setTextColor(Color.GREEN);
              if((m&0x04)==4) bt3.setTextColor(Color.RED);
              else bt3.setTextColor(Color.GREEN);
              if((m&0x08)==8) bt4.setTextColor(Color.RED);
              else bt4.setTextColor(Color.GREEN);
              if((m&0x10)==16) bt5.setTextColor(Color.RED);
              else bt5.setTextColor(Color.GREEN);
              if((m&0x20)==0) bt6.setTextColor(Color.RED);
              else bt6.setTextColor(Color.GREEN);
              if((m&0x40)==0) bt7.setTextColor(Color.RED);
              else bt7.setTextColor(Color.GREEN);
           }
        }
        if((rbuf[0]==0x02) && (rbuf[1]==0x04))         //模拟量
        {
           crc16=CRC16(rbuf,23);
           if(((rbuf[23]&0xFF)==(crc16&0xFF)) &&
              ((rbuf[24]&0xFF)==((crc16>>8)&0xFF)))
           {
              int m[] = new int[10];
              for(int i=0;i<10;i++) {
                 m[i]=(rbuf[2*i+3]<<8)|(rbuf[2*i+4]&0xFF);
              }
                 tvH1.setText(String.format("%.1f",
                 (float)(15.0*m[8]/3276-3.75)) );     //液位1
                 tvH2.setText(String.format("%.1f",
                 (float)(15.0*m[9]/3276-3.75)) );     //液位2
                 tvL1.setText(String.format("%.2f",
                 (float)(10.0*m[4]/3276-2.5)) );      //流量1
                 tvL2.setText(String.format("%.2f",
                 (float)(10.0*m[5]/3276-2.5)) );      //流量2
                 tvL3.setText(String.format("%.2f",
                 (float)(10.0*m[6]/3276-2.5)) );      //流量3
                 tvF1.setText(String.format("%.0f",
                 (float)(50.0*m[0]/4096)) );          //变频1
                 tvF2.setText(String.format("%.0f",
                 (float)(50.0*m[1]/4096)) );          //变频2
                 tvF3.setText(String.format("%.0f",
                 (float)(50.0*m[2]/4096)) );          //变频3
           }
        }
```

```
                tm++;
                if(tm>120) tm=0;
                if(Sta==0){
                    tvSta.setText("通信计数: " + Integer.toString(tm));
                }
                break;
            case 3:                                                  //设备已连接
                connected=true;
                tvSta.setText("设备已连接! ");
                break;
        }
    }
}
//控件初始化
public void init() {
    tvH1=findViewById(R.id.idtv1);
    tvH2=findViewById(R.id.idtv2);
    tvL1=findViewById(R.id.idtv3);
    tvL2=findViewById(R.id.idtv4);
    tvL3=findViewById(R.id.idtv5);
    tvF1=findViewById(R.id.idtv6);
    tvF2=findViewById(R.id.idtv7);
    tvF3=findViewById(R.id.idtv8);
    tvSta=findViewById(R.id.idtv);
    et=findViewById(R.id.idet);
    bt1=findViewById(R.id.idbt1);
    bt2=findViewById(R.id.idbt2);
    bt3=findViewById(R.id.idbt3);
    bt4=findViewById(R.id.idbt4);
    bt5=findViewById(R.id.idbt5);
    bt6=findViewById(R.id.idbt6);
    bt7=findViewById(R.id.idbt7);
    bt8=findViewById(R.id.idbt8);
    bt9=findViewById(R.id.idbt9);
    bt1.setOnClickListener(this);
    bt2.setOnClickListener(this);
    bt3.setOnClickListener(this);
    bt4.setOnClickListener(this);
    bt5.setOnClickListener(this);
    bt6.setOnClickListener(this);
    bt7.setOnClickListener(this);
    bt8.setOnClickListener(this);
    bt9.setOnClickListener(this);
    tvF1.setOnClickListener(this);
    tvF2.setOnClickListener(this);
    tvF3.setOnClickListener(this);
    et.setVisibility(View.INVISIBLE);
```

```
        bt8.setVisibility(View.INVISIBLE);
        //bt9.setVisibility(View.INVISIBLE);
    }
    //操作区显示启停泵
    public void setCmd1() {
        tvSta.setText(strSta);
        bt8.setText("停止");
        bt9.setText("启动");
        et.setVisibility(View.INVISIBLE);
        bt8.setVisibility(View.VISIBLE);
        bt9.setVisibility(View.VISIBLE);
    }
    //操作区显示开关阀门
    public void setCmd2() {
        tvSta.setText(strSta);
        bt8.setText("关闭");
        bt9.setText("打开");
        et.setVisibility(View.INVISIBLE);
        bt8.setVisibility(View.VISIBLE);
        bt9.setVisibility(View.VISIBLE);
    }
    //操作区显示开关阀门
    public void setCmd3() {
        tvSta.setText(strSta);
        bt8.setText("取消");
        bt9.setText("确定");
        et.setVisibility(View.VISIBLE);
        et.setText(Integer.toString(setf));
        bt8.setVisibility(View.VISIBLE);
        bt9.setVisibility(View.VISIBLE);
    }
    @Override
    public void onClick(View view) {
        tn=0;
        switch (view.getId()){
            case R.id.idbt1:                                        //1#上药泵
                Sta=1;
                strSta="1#上药泵操作";
                setCmd1();
                break;
            case R.id.idbt2:                                        //2#上药泵
                Sta=2;
                strSta="2#上药泵操作";
                setCmd1();
                break;
            case R.id.idbt3:                                        //供水泵
                Sta=3;
```

```
            strSta="供水泵操作";
            setCmd1();
            break;
        case R.id.idbt4:                                    //1#加药泵
            Sta=4;
            strSta="1#加药泵操作";
            setCmd1();
            break;
        case R.id.idbt5:                                    //2#加药泵
            Sta=5;
            strSta="2#加药泵操作";
            setCmd1();
            break;
        case R.id.idbt6:                                    //入口阀
            Sta=6;
            strSta="入口阀操作";
            setCmd2();
            break;
        case R.id.idbt7:                                    //出口阀
            Sta=7;
            strSta="出口阀操作";
            setCmd2();
            break;
        case R.id.idtv6:                                    //1#加药泵频率
            Sta=8;
            setf=setf1;
            strSta="1#加药泵频率";
            setCmd3();
            break;
        case R.id.idtv7:                                    //2#加药泵频率
            Sta=9;
            setf=setf2;
            strSta="2#加药泵频率";
            setCmd3();
            break;
        case R.id.idtv8:                                    //供水泵频率
            Sta=10;
            setf=setf3;
            strSta="供水泵频率";
            setCmd3();
            break;
        case R.id.idbt8:                                    //停止/关闭/取消
            Sta=Sta|0x10;
            tvSta.setText(strSta);
            et.setVisibility(View.INVISIBLE);
            bt8.setVisibility(View.INVISIBLE);
            bt9.setVisibility(View.INVISIBLE);
```

```
            break;
        case R.id.idbt9:                                    //启动/打开/确定
            if(Sta == 0){
                ut = new UdpThread();
                ut.start();                                 //进入UDP连接线程
                bt9.setVisibility(View.INVISIBLE);
            }else {
                Sta = Sta | 0x20;
                tvSta.setText(strSta);
                et.setVisibility(View.INVISIBLE);
                bt8.setVisibility(View.INVISIBLE);
                bt9.setVisibility(View.INVISIBLE);
                if(Sta==40) setf1=Integer.parseInt(et.getText().toString());
                if(Sta==41) setf2=Integer.parseInt(et.getText().toString());
                if(Sta==42) setf3=Integer.parseInt(et.getText().toString());
            }
            break;
    }
}
//CRC校验
int CRC16(byte dat[],int len)
{
    int CRC=0xFFFF;
    int temp;
    int i,j;
    for( i = 0; i<len; i ++)
    {
        temp = dat[i];
        if(temp < 0) temp += 256;
        temp &= 0xFF;
        CRC^= temp;
        for (j = 0; j<8; j++)
        {
            if ((CRC & 0x0001) == 0x0001)
              CRC=(CRC>>1)^0xA001;
            else
               CRC >>=1;
        }
    }
    return (CRC&0xFFFF);
}
//UDP连接线程
private class UdpThread extends Thread{
    public void run() {
        try {
            uSocket = new DatagramSocket(6000);   //绑定本地端口为6000
            //建立UDP连接，参数为对侧IP地址和端口
```

```
                uSocket.connect(InetAddress.getByName("10.10.100.254"),8899);
                running=true;
                Message msg = myhandler.obtainMessage();
                msg.what = 3;
                myhandler.sendMessage(msg);
                ct = new ReceiveThread();
                ct.start();                         //运行接收UDP数据线程
            } catch (Exception e) {
            }
        }
    }
    //UDP数据接收线程
    private class ReceiveThread extends Thread{
        @Override
        public void run() {
            int byt;                            //bytes returned from read()
            byte buf[] = new byte[128];
            while (running) {
                rPacket = null;
                try {
                    rPacket = new DatagramPacket(buf, buf.length);
                    uSocket.receive(rPacket); //接收数据
                    byt=rPacket.getLength();
                    if(byt>0){                  //收到数据
                        for(int i=0;i<byt;i++) rbuf[i]=buf[i];
                        Message msg = myhandler.obtainMessage();
                        msg.what = 2;
                        msg.obj=byt;
                        myhandler.sendMessage(msg);    //通知主线程接收数据
                        try{
                            sleep(100);
                        }catch (InterruptedException e){
                            e.printStackTrace();
                        }
                    }
                } catch (NullPointerException e) {
                    running = false;
                    e.printStackTrace();
                    break;
                } catch (IOException e) {
                    e.printStackTrace();
                }
            }
        }
    }
}
```

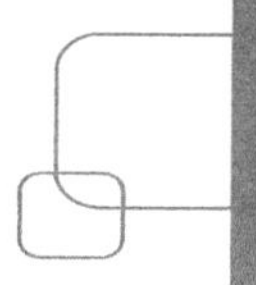

6.2.3　程序测试

采油管线解堵装置遥控程序运行界面截屏如图6-9所示，程序运行后，进入横屏状态，屏幕常亮。

单击“启动”按钮，系统启动，依次测试开关量输入/输出、模拟量输入/输出是否正确，如果出现问题，则可以将串口调试工具接到RS-485总线上，监测定时输出的读取状态报文及反馈报文，当有启停泵操作或调节变频频率操作时，也能监测到对应的报文，辅助查找问题。

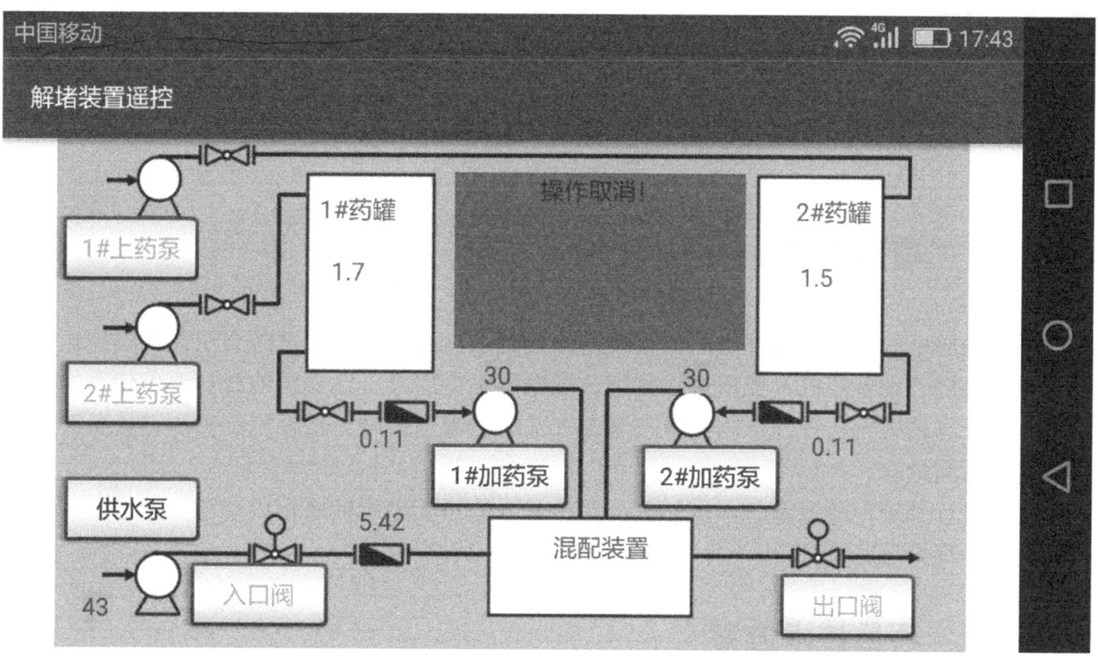

图6-9　采油管线解堵装置遥控程序运行界面截屏

第7章　低压抽屉柜无线测温

低压抽屉柜无线测温系统含两大部分，一是抽屉柜内安装电池供电的无线温度传感器；二是工业平板电脑及其连接的无线接收装置，用于接收无线温度传感器发来的温度信息并显示出来。本章讲述如何用工业平板电脑串口接收温度数据，实现数据显示、超限报警、历史趋势查询功能。

7.1　项目概况

7.1.1　项目任务

低压抽屉柜动触头及内部主回路接线易因接触不良而过热，严重时会引起抽屉柜短路，造成盘柜崩烧、设备停机、低压进线跳闸、晃电等不良后果。抽屉柜的设计要求使得抽屉柜回路在运行时抽屉无法打开，因此电气运行人员在日常巡检时无法使用红外测温设备对其内部温度进行测量。

需要设计抽屉柜测温系统，用触摸屏集中显示低压配电所抽屉柜内动触头部位温度，以方便电气运行人员巡检查看。

7.1.2　项目技术方案

低压抽屉柜无线测温技术方案示意图如图7-1所示，在低压配电间里，将无线温度传感器安装到需要测温的抽屉柜内，工业平板电脑安装在低压配电间的控制屏上，通过无线接收模块接收各无线温度传感器采集到的温度数据，工业平板电脑同时连接温/湿度传感器，显示配电间内的温/湿度数据。

1. 无线温度传感器

用电子温度传感器DS18B20作为温度探头，每套传感器用9个探头，分别采集进线动触头、开关下侧接线、出线动触头3个部位，每个部位包括A、B、C三相，用单片机采集温度信号后通过433MHz无线模块发送出去。

为防止新安装无线温度传感器影响原抽屉柜内电路的正常工作，电源采用电池供电，没有从抽屉柜内取电，为节省电池消耗，无线温度传感器每半小时工作3s，采集温度信号并发送出去后进入休眠状态。

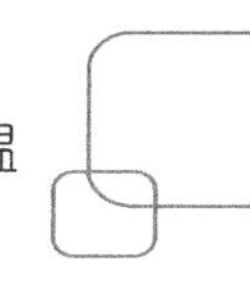

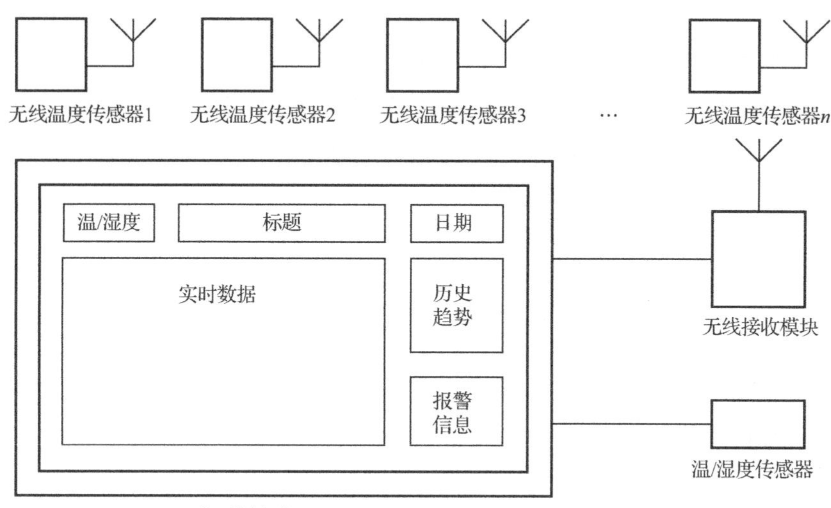

图7-1　低压抽屉柜无线测温技术方案示意图

2．无线接收模块

无线接收模块有转发数据和同步数据功能，转发数据功能是将接收到的无线数据用RS-485转发给工业平板电脑，同步数据功能是接收到无线温度传感器发送过来的数据后立即返回同步数据，使无线温度传感器按照地址顺序轮流发送数据，防止多个无线温度传感器同时发送数据而造成冲突。

无线接收模块转发数据使用RS-485通信接口，通信参数为“9600,n,8,1”，无线接收模块MODBUS通信协议数据格式见表7-1。

表7-1　无线接收模块MODBUS通信协议数据格式

地　址	功　能	字 节 数	数　据	校　验
0x01～0xFF	0x03	0x0A	9字节温度数据 ＋1字节电池电压数据	CRC

3．温/湿度传感器

温/湿度传感器型号为TH10S-B-PE，使用RS-485通信接口，通信协议为MODBUS，出厂默认地址为0x01，默认通信参数为“9600,n,8,1”，其中通信地址和波特率可修改。温/湿度传感器内部寄存器说明见表7-2。

表7-2　温/湿度传感器内部寄存器说明

寄存器地址	数 据 内 容	字 节 数	单　位	备　注
0	温度值	2	0.1℃	数据为0x8000时为探头错误
1	湿度值	2	0.1%rh	
100	通信地址	2		范围为1～247
101	波特率	2		0：1200，1：2400，2：4800，3：9600

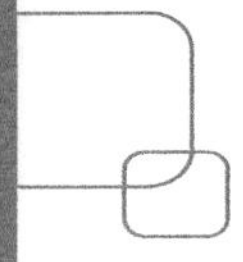

4. 工业平板电脑

微嵌WAR-101RT的10in工业平板电脑有4个串口和1个网络接口，其中串口1和串口2支持RS-485通信，串口1接无线接收模块，串口2接温/湿度传感器。工业平板电脑、无线接收模块和温/湿度传感器都使用DC 24V电源供电。

7.2 Android程序设计

7.2.1 程序界面设计

程序界面设计如图7-2所示，界面分为标题、实时数据、历史趋势、报警信息四大部分。标题左侧显示低压配电间温/湿度信息，右侧显示当前日期和时间；实时数据用ListView控件显示；长按某条记录，在历史趋势位置显示该条记录对应回路3日内的温度变化曲线；报警信息也只显示3日内的。

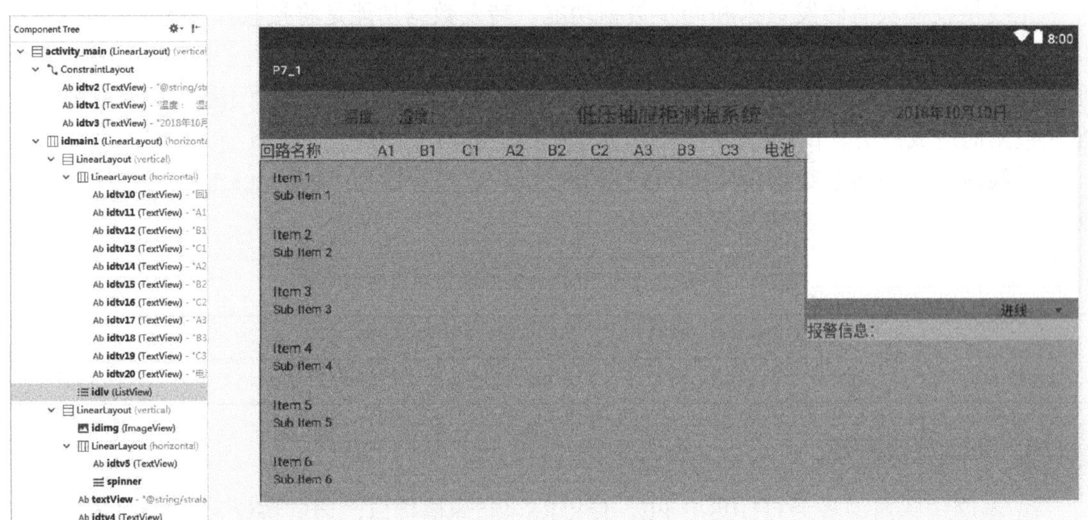

图7-2　程序界面设计

7.2.2 程序代码的编写

1. 程序通用性的实现

不同低压配电所的电气回路名称不同，但程序要设计为通用的，这就需要先用Excel编写配电所回路信息表，样表见表7-3，只需填写回路名称及其对应的通信地址即可。编写完后保存为CSV文件dat.csv，并复制到工业平板电脑“Documents”文件夹内，程序开始运行时读取该文件，获得回路名称及其通信地址，这样就实现了程序的通用性，当回路有变化或用到不同的配电所时，只需重新编辑dat.csv文件即可。

表7-3　配电所回路信息表样表

回 路 名 称	通 信 地 址
生化回流泵 P104/3	1
检油泵 P108/1	2
排水泵 114	3
油泥浮渣泵 P110/1	4
油泥浮渣泵 P110/2	5
投光塔	6
含油污升泵 P101/3	7
照明配电箱 M	8
凝剂泵	9
风机 CL0B	10
沉淀池刮泥机 M103/1	11
真空泵 P111/2	12
凝剂泵 P113/2	13
喷淋泵 P001B	14
泵 P002	15
泵 M103/2	16
泵 P101/1	17
过滤机房风机	18
配电间 M	19
泵 P104/5	20
喷淋泵 P001A	21
风机 C01	22
泵房轴流风机	23
加药过滤间照明 M	24

程序要读取“Documents”文件夹内的文件，就需要在AndroidManifest.xml中加入如下有关读/写SD卡的权限许可：

```
<uses-permission android:name="android.permission.WRITE_EXTERNAL_STORAGE" />
<uses-permission android:name="android.permission.READ_EXTERNAL_STORAGE" />
```

工业平板电脑的Android系统版本为4.4，没达到6.0，在程序中不需要动态申请读/写SD卡的权限。

2. 程序自启动

低压配电所的电源可能出现晃电，此时工业平板电脑会重新启动，我们希望低压抽屉柜无线测温系统能随着自启动，而不需人为重新运行程序，这需要在AndroidManifest.xml中加入如下语句：

```
<category android:name="android.intent.category.HOME" />
<category android:name="android.intent.category.DEFAULT" />
<category android:name="android.intent.category.MONKEY" />
```

程序安装并运行后并不会直接实现自启动，需要设置后才生效，设置方法为：程序运行后，按Home键会弹出提示，默认自启动程序为“启动器”，选择要自启动的程序并单击“始终”按钮，完成开机自启动设置。

3. 全屏模式

在嵌入式工业平板电脑只运行一个程序时，选择全屏模式，界面更美观，也不容易因误操作退出程序，微嵌动态库提供了两种进入全屏的方法，其中一种称为黏性沉浸全屏模式，在程序中加入CustomFunctions.FullScreenSticky(getWindow());，即可实现全屏模式，这种方法的实现代码如下：

```
static public void FullScreenSticky(Window window) {
    window.getDecorView().setSystemUiVisibility(View.SYSTEM_UI_FLAG_LAYOUT_
STABLE
            | View.SYSTEM_UI_FLAG_LAYOUT_HIDE_NAVIGATION
            | View.SYSTEM_UI_FLAG_LAYOUT_FULLSCREEN
            | View.SYSTEM_UI_FLAG_HIDE_NAVIGATION
            | View.SYSTEM_UI_FLAG_FULLSCREEN
            | View.SYSTEM_UI_FLAG_IMMERSIVE_STICKY);
}
```

在黏性沉浸全屏模式下，程序占用屏幕的全部空间，当手指从屏幕的上方边沿处向下划动或从屏幕的下方边沿处向上划动时，系统界面会以半透明的效果浮现在程序视图之上，此时单击系统界面上的控件会退出黏性沉浸全屏模式。

4. 串口应用

程序初始化时打开了两个串口，也启动了两个串口接收数据的线程，串口1只接收无线接收模块转发来的数据，不需发送数据；串口2则需要定时发送读取命令给温/湿度传感器，才会返回温/湿度数据。

串口接收数据线程中需要用临时缓冲区，因为线程是不断读取的，每次读取即使没有数据也会覆盖临时缓冲区，所以读取到数据后要转移到固定缓冲区，在消息线程中处理数据，如果不用临时缓冲区，直接读取到固定缓冲区，则会造成数据没来得及处理就已被新的读取操作改变了，从而无法得到正确结果。

5. 数据库

数据库中包含了温度记录和报警记录，只保留最近3天的，超期自动删除，主要是因为保留3天就够用了，可根据实际需要确定保留期限，不设保留期限肯定不行，但数据量太大时会影响程序的正常运行。

温度记录用来显示历史趋势曲线，同一部位3个测点一组，既能看到历史变化，也能明显看出温差。要显示某一回路的历史趋势曲线，需要在实时数据界面长按该回路记录。报警

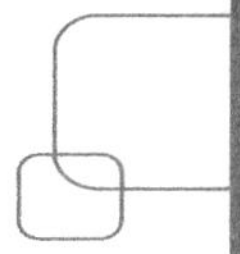

记录有温度异常、电池电压低、通信中断3种情况，其中温度异常含超上限报警、温度超平均值一定限度报警两种情况。某回路温度异常或电池电压低报警时，实时数据界面的回路名称背景色变为红色，通信中断时背景色变为黄色。

6. 程序完整源代码

```
    public class MainActivity extends AppCompatActivity implements
                 AdapterView.OnItemLongClickListener,AdapterView.
OnItemSelectedListener{
        //声明控件
        TextView tvt;          //显示所内温/湿度
        TextView tvd;          //显示日期
        TextView tva;          //显示报警信息
        TextView tvs;          //显示曲线对应的回路名称
        ListView lvh;          //显示各回路实时温度
        Spinner spd;           //曲线部位选择，分进线、开关、出线3个部位，同时显示3相
        ImageView img;         //显示曲线
        SerialPort serialPort,serialPort2;                  //串口
        //声明变量
        private Date now; //日期
        private SimpleDateFormat myDate;                    //日期
        private MyAdapter mAdapter;                         //适配器
        private ReadThread mReadThread;                     //读取线程
        private ReadThread2 mReadThread2;                   //读取线程
        private Handler myhandler;                          //信息通道
        private Timer mTimer;                               //定时器
        int tn;                                             //定时计数
        int en=0;                                           //开机延时显示
        int smax;                                           //回路数
        int tmax=60;                                        //报警温度上限
        int ttc=20;                                         //温差报警值
        String[] strhl = new String[120];                   //回路名称
        int[] t1 = new int[120];                            //温度值1～9
        int[] t2 = new int[120];
        int[] t3 = new int[120];
        int[] t4 = new int[120];
        int[] t5 = new int[120];
        int[] t6 = new int[120];
        int[] t7 = new int[120];
        int[] t8 = new int[120];
        int[] t9 = new int[120];
        int[] t10 = new int[120];          //通信超时计数
        int[] t11 = new int[120];          //异常标志，0-正常；1-温度异常；2-电池电压低
        int[] bt = new int[120];           //电池电压
        int[] ttn = new int[120];          //回路通信地址
        String shows;                      //选中回路名称
        int zn;                            //部位选择：0-进线；1-开关；2-出线
```

```
    byte[] rbuf1 = new byte[32];     //COM1接收缓冲区
    byte[] rbuf2 = new byte[32];     //COM2接收缓冲区
    private int newh,oldh;           //新、旧小时数值，不相等时代表过了1小时
    static final String db_name="ts";   //数据库名称
    static final String tb_name="tb";   //温度数据表
    static final String ab_name="ab";   //报警信息表
    SQLiteDatabase db;                  //数据库
    String day1,day2,day3;              //今天、昨天、前天日期值
    int tm;                             //温度数据组数
    int[] tba = new int[128];           //温度曲线缓冲区a
    int[] tbb = new int[128];           //温度曲线缓冲区b
    int[] tbc = new int[128];           //温度曲线缓冲区c
    private Bitmap bitmap;              //图片
    private Canvas canvas;              //画布
    private int myX;                    //画布宽度
    private int myY;                    //画布高度
    private Paint paint;                //画笔
    @Override
    protected void onCreate(Bundle savedInstanceState){
        super.onCreate(savedInstanceState);
        setContentView(R.layout.activity_main);
        CustomFunctions.FullScreenSticky(getWindow());  //全屏模式
        //控件实例化
        tvt=(TextView) findViewById(R.id.idtv1);
        tvd=(TextView) findViewById(R.id.idtv3);
        tva=(TextView) findViewById(R.id.idtv4);
        tvs=(TextView) findViewById(R.id.idtv5);
        lvh=(ListView) findViewById(R.id.idlv);
        spd=(Spinner) findViewById(R.id.spinner);
        img=(ImageView) findViewById(R.id.idimg);
        tva.setMovementMethod(ScrollingMovementMethod.getInstance());    //文
本可滚动
        datin();                                     //导入回路数据
        spd.setOnItemSelectedListener(this);         //测温部位选项监听注册
        mAdapter = new MyAdapter(this);              //得到1个MyAdapter对象
        lvh.setAdapter(mAdapter);                    //为ListView绑定Adapter
        lvh.setOnItemLongClickListener(this);        //注册列表选择监听事件
        serialPort = new SerialPort();               //串口1
        serialPort2 = new SerialPort();              //串口2
        myhandler = new MyHandler();           //实例化Handler，用于进程间的通信
        //打开2个串口，参数都是9600,n,8,1
        serialPort.open("COM1",9600, 8, "N", 1);
        serialPort2.open("COM2",9600, 8, "N", 1);
        mReadThread = new ReadThread();
        mReadThread.start();                   //启动串口1接收数据线程
        mReadThread2 = new ReadThread2();
        mReadThread2.start();                  //启动串口2接收数据线程
```

```
        //数据库操作
        db=openOrCreateDatabase(db_name, Context.MODE_PRIVATE,null);
        String createTable="CREATE TABLE IF NOT EXISTS " + tb_name +
                          "(mdate VARCHAR(20),mtime VARCHAR(10),name
                          VARCHAR(32),t1 INTEGER,t2 INTEGER,t3 INTEGER,
                          t4 INTEGER,t5 INTEGER,t6 INTEGER,t7 INTEGER,
                          t8 INTEGER,t9 INTEGER)";
        db.execSQL(createTable);
        createTable="CREATE TABLE IF NOT EXISTS " + ab_name + "(mdate
                          VARCHAR(20),name VARCHAR(32),msg VARCHAR(64))";
        db.execSQL(createTable);
        //初始化日期与时间
        now = new Date();
        String t = String.format("%tR",now);
        String[] tt = t.split(":");
        newh=Integer.parseInt(tt[0]);
        oldh=newh;
        myDate = new SimpleDateFormat("yyyy-MM-dd");
        day1 = myDate.format(new Date(System.currentTimeMillis()));//当前日期
        day2 = myDate.format(new Date(System.currentTimeMillis()-24*
3600000));                                 //昨天日期
        day3 = myDate.format(new Date(System.currentTimeMillis()-48*
3600000));                                 //前天日期
        shows = strhl[0];                  //默认显示第一个回路的温度曲线
        tvs.setText(shows);
        mTimer = new Timer();              //新建Timer
        mTimer.schedule(new TimerTask() {
           @Override
           public void run() {
              tn++;                        //每秒加1
              Message msg1 = myhandler.obtainMessage();
              msg1.what = 1;
              myhandler.sendMessage(msg1);
           }
        }, 1000, 1000);                    //延时1000ms，然后每隔1000ms发送消息
    }
    //添加温度记录
    private void addTmp(String mdate, String mtime,String name, int tt1,
  int tt2, int tt3, int tt4, int tt5, int tt6, int tt7, int tt8, int tt9) {
        ContentValues cv=new ContentValues(9); //
        cv.put("mdate", mdate);
        cv.put("mtime", mtime);
        cv.put("name", name);
        cv.put("t1", tt1);
        cv.put("t2", tt2);
        cv.put("t3", tt3);
        cv.put("t4", tt4);
```

```
            cv.put("t5", tt5);
            cv.put("t6", tt6);
            cv.put("t7", tt7);
            cv.put("t8", tt8);
            cv.put("t9", tt9);
            db.insert(tb_name, null, cv);
        }
        //添加并显示报警记录
        private void addAlm(String mdate, String name, String strm) {
            ContentValues cv=new ContentValues(3);
            cv.put("mdate", mdate);
            cv.put("name", name);
            cv.put("msg", strm);
            db.insert(ab_name, null, cv);
            Cursor p=db.rawQuery("SELECT * FROM " + ab_name, null);
            if (p.getCount()>0){
                String str="共有"+p.getCount()+"条报警记录\n";
                p.moveToLast();                        //指针移到起始记录
                do{                                    //将报警记录赋值给字符串
                    str+=p.getString(0)  +  "    "  +  p.getString(1)    +  "     "  +
p.getString(2) + "\n";
                } while(p.moveToPrevious());           //指针移到下一条记录
                tva.setText(str);                      //显示报警记录
            }
            p.close();
        }
        @Override                                      //长按某回路则显示该回路温度曲线
        public boolean onItemLongClick(AdapterView<?> adapterView, View view,
int i, long l) {
            shows = strhl[i];
            tvs.setText(shows);
            if(en>0) Show();
            return false;
        }
        @Override                                      //选择要显示温度曲线的测点部位
        public void onItemSelected(AdapterView<?> adapterView, View view, int
i, long l) {
            zn=i;
            if(en>0) Show();
            CustomFunctions.FullScreenSticky(getWindow()); //全屏模式
        }
        @Override
        public void onNothingSelected(AdapterView<?> adapterView) {
            CustomFunctions.FullScreenSticky(getWindow()); //全屏模式
        }
        //COM1读取数据的线程
        private class ReadThread extends Thread {
```

```
        @Override
        public void run() {
            super.run();
            byte[] buff = new byte[32];                    //串口接收临时缓冲区
            while(true){
                try {
                    int n = serialPort.read(buff,32,100);
                    if(n > 0) {
                        Message msg = myhandler.obtainMessage();
                        msg.what = 2;
                        for (int i=0;i<n;i++){
                            rbuf1[i] = buff[i];
                        }                     //将临时缓冲区数据转移到串口1接收缓冲区
                        msg.obj=n;
                        myhandler.sendMessage(msg);    //发消息：串口1收到数据
                    }
                } catch (Exception e) {
                    e.printStackTrace();
                }
            }
        }
    }
    //COM2读取数据的线程
    private class ReadThread2 extends Thread {
        @Override
        public void run() {
            super.run();
            byte[] buf = new byte[32];                 //串口接收临时缓冲区
            while(true){
                try {
                    int n = serialPort2.read(buf,32,100);
                    if(n > 0) {
                        for (int i=0;i<n;i++){
                            rbuf2[i] = buf[i];
                        }                     //将临时缓冲区数据转移到串口2接收缓冲区
                        Message msg = myhandler.obtainMessage();
                        msg.what = 3;
                        myhandler.sendMessage(msg);    //发消息：串口2收到数据
                    }
                } catch (Exception e) {
                    e.printStackTrace();
                }
            }
        }
    }
    //在主线程处理Handler传回来的message
    class MyHandler extends Handler {
```

```
        public void handleMessage(Message msg) {
            switch (msg.what) {
                case 1:                                    //定时
                    now = new Date();
                    String t = String.format("%tR",now);
                    tvd.setText(String.format("%tF",now) + "  " + t);
                    String[] tt = t.split(":");
                    newh=Integer.parseInt(tt[0]);
                    if(newh!=oldh) {
                        myDate = new SimpleDateFormat("yyyy-MM-dd");
                        //当前日期
                        day1 = myDate.format(new Date(System.currentTimeMillis
()));
                        //昨天日期
                        day2 = myDate.format(new Date(System.currentTimeMillis
()-24*3600000));
                        //前天日期
                        day3 = myDate.format(new Date(System.currentTimeMillis
()-48*3600000));
                        //删除3天前的报警记录
                        db.delete(ab_name, "mdate<?", new String[]{day3});
                        //删除3天前的温度记录
                        db.delete(tb_name, "mdate<?", new String[]{day3});
                        for (int j = 0; j < smax; j++) {   //通信中断判断
                            t10[j]++;
                            if (t10[j] > 3) {
                                t10[j] = 5;
                                db.delete(ab_name, "name=?", new String[]
{strhl[j]});

                                addAlm(day1, strhl[j], "通信中断! ");
                            }
                            //温度记录
                            addTmp(day1, tt[0], strhl[j], t1[j], t2[j], t3[j],
                                   t4[j], t5[j], t6[j], t7[j], t8[j], t9[j]);
                            if(en>0) Show();
                        }
                    }
                    oldh=newh;
                    if(tn>5){                                  //5s采集一次温/湿度
                        tn=0;
                        en=1;
                        byte[] tbuf={(byte)0x01,(byte)0x03,(byte)0x00,(byte)
                             0x00,(byte)0x00,(byte)0x02,(byte)0xC4,(byte)0x0B};
                        serialPort2.write(tbuf,8);             //发送读取温/湿度数据
                    }
                    break;
                case 2:                                        //COM1收到数据
```

```
            if(rbuf1[1]==3) {
                int n = 0;
                while ((ttn[n] != (rbuf1[0] & 0xFF)) && (n < smax)) {
                    n++;
                }
                if (n >= smax) break;
                int m = 0;
                for (int i = 0; i < 9; i++) {
                    if (rbuf1[3 + i] > tmax) m = 1;
                }
                int tp=(rbuf1[3]+rbuf1[4]+rbuf1[5])/3;
                for (int i = 0; i < 3; i++) if((rbuf1[3+i]-tp)>ttc) m=1;
                tp=(rbuf1[6]+rbuf1[7]+rbuf1[8])/3;
                for  (int  i  =  0;  i  <  3;  i++)  if((rbuf1[6+i]-tp)>ttc)
m=1;
                tp=(rbuf1[9]+rbuf1[10]+rbuf1[11])/3;
                for  (int  i  =  0;  i  <  3;  i++)  if((rbuf1[9+i]-tp)>ttc)
m=1;
                t11[n] = 0;
                if (m > 0) {                              //温度异常报警
                    db.delete(ab_name, "name=?", new String[]{strhl[n]});
                    addAlm(day1, strhl[n], "温度异常！");
                    t11[n] = 1;
                }
                t1[n] = rbuf1[3];
                t2[n] = rbuf1[4];
                t3[n] = rbuf1[5];
                t4[n] = rbuf1[6];
                t5[n] = rbuf1[7];
                t6[n] = rbuf1[8];
                t7[n] = rbuf1[9];
                t8[n] = rbuf1[10];
                t9[n] = rbuf1[11];
                t10[n] = 0;                               //通信中断计数清零
                bt[n] = rbuf1[12];
                mAdapter.notifyDataSetChanged();   //刷新列表显示
                if(bt[n] < 36) {                          //电池电压低报警
                    db.delete(ab_name,"name=?",new  String[]{strhl[n]});
                    addAlm(day1,strhl[n],"电池电压低！");
                    t11[n] = 2; //
                }
            }
            break;
        case 3:                                           //COM2收到数据
            if((rbuf2[1]==3)&&(rbuf2[2]==4)) {
                if (rbuf2[3] == 0x80) tvt.setText("");
                else {                                    //处理并显示数据
```

```
                        int m = (rbuf2[3] << 8) | (rbuf2[4] & 0xFF);
                        String s= "室内温度: " + String.format("%.1f",
                                                (float) m / 10) + "℃  ";
                        m = (rbuf2[5] << 8) | (rbuf2[6] & 0xFF);
                        s = s + " 湿度: " + String.format("%.1f", (float) m
                                                          / 10) + "%rh";
                        tvt.setText(s);                 //显示温/湿度数据
                    }
                }
                break;
            }
        }
    }
    //导入数据
    public void datin() {
        int m=0;
        String str="";
        //打开文件夹“Documents”中的“dat.csv”文件
        File file = new File(Environment.getExternalStoragePublicDirectory
                (Environment.DIRECTORY_DOCUMENTS), "dat.csv");
        try {   //将GBK格式转为UTF-8格式
            InputStreamReader inreader =
                    new InputStreamReader(new FileInputStream(file), "GBK");
            BufferedReader reader = new BufferedReader(inreader);
            str = reader.readLine();              //标题行忽略
            do {
                str = reader.readLine(); //取记录
                String[] strdat = str.split(","); //根据","分隔出字段插入数据表
                strhl[m]=strdat[0];               //获得回路名称
                ttn[m]=Integer.parseInt(strdat[1]);  //获得回路的通信地址
                m++;
                smax=m;                              //获得回路总数
            }
            while (!str.equals(null));
            reader.close();
        } catch (Exception e) {
            e.printStackTrace();
        }
    }
    //存放item.xml中的控件
    public final class ViewHolder{
        public  TextView  tv30,tv31,tv32,tv33,tv34,tv35,tv36,tv37,tv38,tv39,
tv40;
    }
    //构造新的适配器
    private class MyAdapter extends BaseAdapter {
```

```
        private LayoutInflater mInflater; //得到一个LayoutInfalter对象用来导入
布局
        public MyAdapter(Context context) {            //构造函数
            this.mInflater = LayoutInflater.from(context);
        }
        @Override                                       //返回数组的长度
        public int getCount() {
            return smax;
        }
        @Override
        public Object getItem(int position) {
            return null;
        }
        @Override
        public long getItemId(int position) { return 0; }
        @Override
        public View getView(final int position, View convertView, ViewGroup
parent) {
            ViewHolder holder;
            if (convertView == null) {
                convertView = mInflater.inflate(R.layout.item,null);
                holder = new ViewHolder();
                //得到各个控件的对象
                holder.tv30 = (TextView) convertView.findViewById(R.id.idtv30);
                holder.tv31 = (TextView) convertView.findViewById(R.id.idtv31);
                holder.tv32 = (TextView) convertView.findViewById(R.id.idtv32);
                holder.tv33 = (TextView) convertView.findViewById(R.id.idtv33);
                holder.tv34 = (TextView) convertView.findViewById(R.id.idtv34);
                holder.tv35 = (TextView) convertView.findViewById(R.id.idtv35);
                holder.tv36 = (TextView) convertView.findViewById(R.id.idtv36);
                holder.tv37 = (TextView) convertView.findViewById(R.id.idtv37);
                holder.tv38 = (TextView) convertView.findViewById(R.id.idtv38);
                holder.tv39 = (TextView) convertView.findViewById(R.id.idtv39);
                holder.tv40 = (TextView) convertView.findViewById(R.id.idtv40);
                convertView.setTag(holder);             //绑定ViewHolder对象
            }
            else{
                holder = (ViewHolder)convertView.getTag();//取出ViewHolder对象
            }
            //设置TextView显示的内容，即存放在数组中的数据
            holder.tv30.setText(strhl[position]);
            holder.tv31.setText(Integer.toString(t1[position]));
            holder.tv32.setText(Integer.toString(t2[position]));
            holder.tv33.setText(Integer.toString(t3[position]));
            holder.tv34.setText(Integer.toString(t4[position]));
            holder.tv35.setText(Integer.toString(t5[position]));
            holder.tv36.setText(Integer.toString(t6[position]));
```

```
            holder.tv37.setText(Integer.toString(t7[position]));
            holder.tv38.setText(Integer.toString(t8[position]));
            holder.tv39.setText(Integer.toString(t9[position]));
            holder.tv40.setText(String.format("%.1f",(float)bt[position]/
10));
            holder.tv30.setBackgroundColor(0);
            //温度超限或电池电压低时，回路名称背景色变为红色
            if(t11[position] > 0) holder.tv30.setBackgroundColor(Color.RED);
            //通信中断时，回路名称背景色变为红色
            if(t10[position] > 3) holder.tv30.setBackgroundColor(Color.YELLOW);
            return convertView;
        }
    }
    //显示波形
    public void Show() {
        String[] st = new String[]{"t1","t2","t3"}; //默认选择进线部位测点温度
        if(zn==1) st = new String[]{"t4","t5","t6"};//选择开关部位测点温度
        if(zn==2) st = new String[]{"t7","t8","t9"};//选择出线部位测点温度
        Cursor p = db.query(tb_name, st, null, null, null, null, null);
        tm = p.getCount();                              //获得记录总数
        if (tm > 0) {
            if (tm > 72) tm = 72;
            p.moveToFirst();                        //移动指针到第一条
            for (int i = 0; i < tm; i++) {          //将对应温度赋值给显示曲线缓冲区
                tba[i] = p.getInt(0);
                tbb[i] = p.getInt(1);
                tbc[i] = p.getInt(2);
                p.moveToNext();                     //移动指针到下一条
            }
        }
        p.close();
        myX=img.getWidth();
        myY=img.getHeight();
        if (bitmap == null) {
            //创建一个新的bitmap对象，宽、高使用界面布局中ImageView对象的宽、高
            bitmap = Bitmap.createBitmap(myX, myY, Bitmap.Config.RGB_565);
        }
        canvas = new Canvas(bitmap);                //根据bitmap对象创建一个画布
        canvas.drawColor(Color.WHITE);              //设置画布背景色为白色
        paint = new Paint();                        //创建一个画笔对象
        paint.setStrokeWidth(8);                    //设置画笔的线条粗细为2磅
        paint.setColor(Color.BLACK);                //画外框
        canvas.drawLine(0, 0, myX, 0,paint);
        canvas.drawLine(0, myY,myX, img.getHeight(),paint);
        canvas.drawLine(0, 0, 0, myY,paint);
        canvas.drawLine(myX, 0, myX, myY,paint);
        paint.setStrokeWidth(2);                    //设置画笔的线条粗细为2磅
```

```
        paint.setColor(Color.GRAY);                    //画背景网格
        for(int i=1;i<5;i++){
            canvas.drawLine(0,i*myY/5,myX,i*myY/5,paint);
        }
        for(int i=1;i<3;i++){
            canvas.drawLine(i*myX/3,0,i*myX/3,myY,paint);
        }
        //画温度坐标
        canvas.drawText(String.format("%d",60),10,myY/5-10,paint);
        canvas.drawText(String.format("%d",40),10,2*myY/5-10,paint);
        canvas.drawText(String.format("%d",20),10,3*myY/5-10,paint);
        canvas.drawText(String.format("%d",0),10,4*myY/5-10,paint);
        canvas.drawText(String.format("%d",-20),10,myY-10,paint);
        paint.setColor(Color.YELLOW);                  //画A相温度曲线，黄色
        for(char i=1;i<tm;i++){
            canvas.drawLine((i-1)*myX/72, myY-(tba[i-1]+20)*myY/100,
                                    i*myX/72,myY-(tba[i]+20)*myY/100,paint);
        }
        paint.setColor(Color.GREEN);                   //画B相温度曲线，绿色
        for(char i=1;i<tm;i++){
            canvas.drawLine((i-1)*myX/72, myY-(tbb[i-1]+20)*myY/100,
                                    i*myX/72,myY-(tbb[i]+20)*myY/100,paint);
        }
        paint.setColor(Color.RED);                     //画C相温度曲线，红色
        for(char i=1;i<tm;i++){
            canvas.drawLine((i-1)*myX/72, myY-(tbc[i-1]+20)*myY/100,
                                    i*myX/72,myY-(tbc[i]+20)*myY/100,paint);
        }
        img.setImageBitmap(bitmap);                    //在ImageView中显示bitmap
    }
    //程序暂停前关闭定时器
    public void onPause() {
        super.onPause();
        mTimer.cancel();
    }
}
```

7.2.3　程序测试

低压抽屉柜测温系统程序运行效果如图7-3所示，程序运行后，进入全屏状态。

从串口1模拟输入符合MODBUS协议的数据，实时数据界面能显示温度，当温度异常或电池电压低时显示对应的报警信息，同时实时数据界面报警回路名称背景改变颜色。

检查串口2每5s输出读取温/湿度数据报文，模拟回复报文后，程序显示模拟的温/湿度数据。

长按实时数据某条记录，在历史趋势区下侧显示该回路名称，每小时记录一次温度数

据，有温度数据记录时会显示曲线。

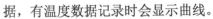

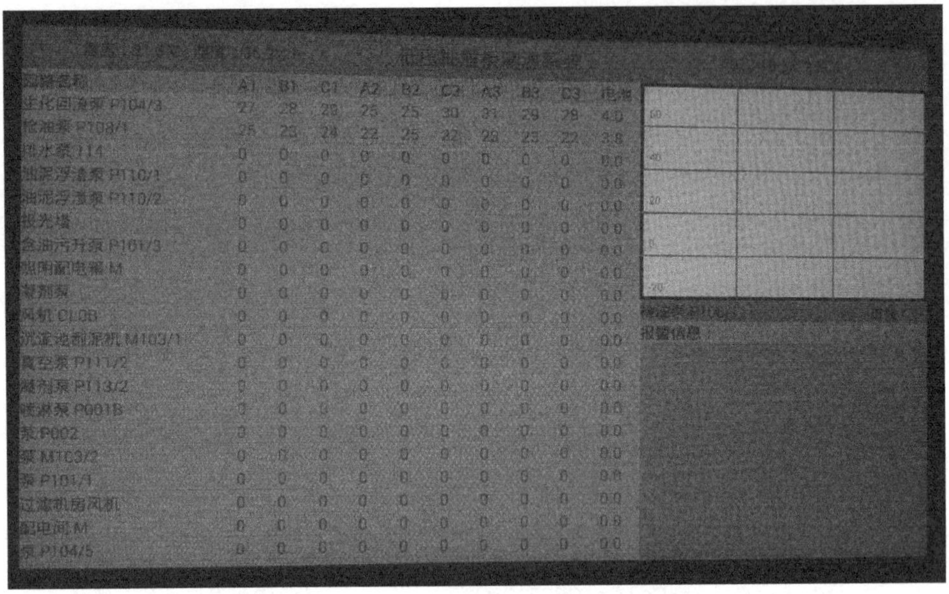

图7-3　低压抽屉柜测温系统程序运行效果图

第 8 章　高压配电所运行监控

大中型生产企业都有高压配电所，高压配电所内的主要设备有高压开关柜、直流电源和其他辅助装置，这些设备的运行信息需要传输到电气运行班组的值班室供值班人员查看。目前的解决办法是在高压配电所安装通信管理装置，通过网络接口或RS-485接口采集各电气设备的运行信息统一上传至上位机。本章通过实例介绍如何用Android工业平板电脑实现高压配电所运行监控功能，取代通信管理机和上位机。

8.1　项目概况

8.1.1　项目任务

采集高压配电所内直流电源装置、小电流接地选线装置、各电气回路高压综合保护器的运行信息和电度表电量信息，把数据统一上传至运行值班室，实现高压配电所的远程监控。

8.1.2　项目技术方案

工业平板电脑通过以太网接口接高压配电所内局域网，与高压开关柜上的综合保护器通信，采集电力系统电压、各回路运行电流等信息，通过RS-485接口连接直流电源、小电流接地选线装置和电度表的通信接口，采集直流电源运行数据、小电流接地选线装置报警信息和各电气回路的电度表底数。

工业平板电脑既是通信管理机，也是上位机，用触摸屏直接显示采集到的信息，可实时查看高压配电所运行数据和报警信息。

8.2　电力设备通信规约

8.2.1　小电流接地选线装置通信规约

小电流接地选线装置型号为YH-B811，RS-485接口使用MODBUS通信规约，所支持的功能码见表8-1，与工业平板电脑的通信只用到功能码02，读取遥信数据即各回路接地报警信息，某高压配电所接地报警信息点表见表8-2。

表8-1　YH-B811支持的MODBUS功能码

功能码	定　义	应　用
02	读开关量输入	读取遥信数据
04	读输入寄存器数据	读取遥测数据
05	写开关量输出	遥控操作
10	写多路寄存器	时间设置

表8-2　某高压配电所接地报警信息点表

点　号	报警信息	点　号	报警信息
0	6kV母线I电压异常告警	16	母线II电压异常告警
1	84607线接地告警	17	84608线接地告警
2	84611线接地告警	18	84614线接地告警
3	84613线接地告警	19	84616线接地告警
4	84615线接地告警	20	84618线接地告警
5	84617线接地告警	21	84620线接地告警
6	84619线接地告警	22	区外接地故障告警

测试用的小电流接地选线装置串口通信参数为9600,n,8,1，通信地址为0x14，读取接地报警信息的通信协议见表8-3，返回数据均为0，代表没有报警信息。

表8-3　读取接地报警信息的通信协议

<table>
<tr><th colspan="2">读取命令</th><th colspan="2">返回信息</th></tr>
<tr><th>数　据</th><th>说　明</th><th>数　据</th><th>说　明</th></tr>
<tr><td>0x14</td><td>地址</td><td>0x14</td><td>地址</td></tr>
<tr><td>0x02</td><td>功能码</td><td>0x02</td><td>功能码</td></tr>
<tr><td>0x00</td><td rowspan="2">起始地址</td><td>0x03</td><td>3字节</td></tr>
<tr><td>0x00</td><td>0x00</td><td rowspan="3">3字节数据</td></tr>
<tr><td>0x00</td><td rowspan="2">19点报警信息</td><td>0x00</td></tr>
<tr><td>0x13</td><td>0x00</td></tr>
<tr><td>0x3B</td><td rowspan="2">校验码</td><td>0x7A</td><td rowspan="2">校验码</td></tr>
<tr><td>0x02</td><td>0x8B</td></tr>
</table>

8.2.2　直流电源通信规约

测试用的直流电源装置型号为HJK004G-3S，RS-485通信接口支持MODBUS协议，通信参数为9600,n,8,1，通信地址为0x05，读取直流电源运行信息的通信协议见表8-4，返回直流电源的主要运行参数：合闸母线电压、控制母线电压、电池电压、电池电流和负载电流，直流电源正常运行时负载电流由控制母线提供，电池电流反映的是电池的浮充电电流。

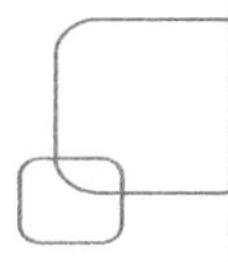

表8-4　读取直流电源运行信息的通信协议

读取命令		返回信息	
数　据	说　明	数　据	说　明
0x05	地址	0x05	地址
0x03	功能码	0x03	功能码
0x00	起始地址	0x0A	10字节
0x00		0x0972	合闸母线电压　单位为0.1V　实际值为241.8V
0x00	读取寄存器数量	0x0897	控制母线电压　单位为0.1V　实际值为219.9V
0x05		0x0972	电池电压　单位为0.1V　实际值为241.8V
CRCL	校验码	0x0000	电池电流　单位为0.1A　实际值为0A
CRCH		0x0012	负载电流　单位为0.1A　实际值为1.8A
		CRCL	校验码
		CRCH	

8.2.3　电度表通信规约

电度表通信规约的新版本是DL/T645-2007，实际应用中还是以DL/T645-1997为主。电度表的RS-485接口通信参数为1200,e,8,1，可以读取的参数很多，除了有功电量和无功电量之外，还有电流、电压、功率、功率因数、最大需量等参数，电度表的有功电量和无功电量从平板电脑中读取，其他参数从微机综合保护器中读取。

读取电度表有功电量通信协议见表8-5，通信地址出厂值默认为表号，可以修改，以内部实际通信地址为准，在协议中低位在前，不足12位的高位补0，有功电量标识为0x43C3，无功电量标识为0x43C4，校验码CS为从起始符开始到校验码之前的所有各字节模256的和，即各字节二进制算术和，不计超过256的溢出值，返回电量数据减0x33，前、后字节换位得到结果，含2位小数位。

表8-5　读取电度表有功电量通信协议

读取命令		返回信息	
数　据	说　明	数　据	说　明
0xFE	前导字节，0～4字节	0xFE	前导字节，0～4字节
0x68	起始符	0x68	起始符
0x77	通信地址 表号80869577	0x77	通信地址 表号80869577
0x95		0x95	
0x86		0x86	
0x80		0x80	
0x00		0x00	
0x00		0x00	
0x68	起始符	0x68	起始符

续表

读取命令		返回信息	
数　据	说　明	数　据	说　明
0x01	功能码：读数据	0x81	功能码：返回数据
0x02	数据长度2	0x06	数据长度6
0x43C3	有功电量标识	0x43C3	有功电量标识
CS	校验	0x49B33533	减0x33，前、后字节换位，电量值280.16
0x16	结束符	CS	校验
		0x16	结束符

8.2.4　微机综合保护器通信

1. 以太网传输报文格式

测试用微机综合保护器型号为PCS-9621D，报文传输格式由APCI和ASDU两部分组成，APCI格式见表8-6，通信以字节方式传输,字节顺序采用低位字节在前的方式。ASDU常用格式有ASDU21和ASDU10，ASDU21格式见表8-7，用于后台对装置发送命令，ASDU10格式见表8-8，用于装置上送数据。

表8-6　APCI格式

字节序号	数　据	说　明
0～1	0xEB90	标识符
2～5	0x00000014	数据长度为源厂站号开始的报文字节数，包括ADSU部分字节数
6～7	0xEB90	标识符
8～9	0x0000	源厂站号，站内监控系统的源厂站号为0
10～11	0x000A	源设备地址，本机IP地址末位字节
12～13	0x0000	目标厂站号，站内监控系统的目标厂站号为0，广播厂站号为0xFFFF
14～15	0x0043	目标设备地址，微机综合保护器IP地址末位字节，广播厂地址为0xFFFF
16～17	0x0000	数据编号，自增
18～19	0x002B	设备类型，0x002B代表保护测控设备
20～21	0x0050	设备网络状态，0x0050代表网络通信正常
22～23	0x0000	首级路由装置地址
24～25	0x0000	末级路由装置地址
26～27	0xFFFF	保留字节0xFFFF

表8-7　ASDU21格式

字　节	报文内容	说　明
1	类型标识（TYP）=0x15（控制）	ASDU21控制方向
2	可变结构限定词（VSQ）	0x81

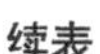

续表

字　节	报文内容	说　明
3	传送原因（COT）	8：同时同步 9：总查询（总召唤）的启动 20：一般命令 31：扰动数据的传输 40：通用分类写命令 42：通用分类读命令
4	应用服务数据单元公共地址	0～254
5	功能类型（FUN）FE	GEN通用分类功能254
6	信息序号（INF）	240：读所有被定义组的标题 241：读一个组全部条目的值或属性 243：读单个条目的目录 244：读单个条目的值或属性 245：对通用分类数据总查询 248：　写条目 249：　带确认的写条目 250：　带执行的写条目 251：　写条目终止
7	返回信息标识符（RII）	由主站给出，子站原值返回
8	通用分类数据集数目（NGD） D6～D1元素数目	D6～D1信息点号的个数，通俗讲就是有多少个条目
9	通用分类标识序号（GIN）	组号（0～255）
10		条目号0=组标识符；（1～255）=条目标识符
11	描述类别（KOD）	0：无所指定的描述类别
		1：实际值
		2：默认值
		3：量程（最大值、最小值、步长）
		5：精度
		6：因子
		7：%参比
		8：列表
		9：量纲
		10：描述
		19：相应的功能类型和信息序号
		20：相应的事件
		23：相关联的条目

表8-8　ASDU10格式

字　节	报 文 内 容	说　明
1	类型标识（TYP）=0x0A（监视）	ASDU10监视方向
2	可变结构限定词（VSQ）	0x81
3	传送原因（COT）	1：自发（突发）报文 2：循环传送 3：复位帧计算位（FCB） 4：复位通信单元（CU） 5：启动/重新启动 6：电源合上 7：测试模式 8：时间同步 9：总查询（总召唤） 10：总查询（总召唤）终止 11：当地操作 12：远方操作 20：命令的肯定认可 21：命令的否定认可 31：扰动数据的传送 40：通用分类写命令的肯定认可 41：通用分类写命令的否定认可 42：通用分类读命令的有效数据响应 43：通用分类读命令的无效数据响应 44：通用分类写确认
4	应用服务数据单元公共地址	0～254
5	功能类型（FUN）FE	GEN通用分类功能254
6	信息序号（INF）	240：读所有被定义组的标题 241：读一个组全部条目的值或属性 243：读单个条目的目录 244：读单个条目的值或属性 245：对通用分类数据总查询中止 248：　写条目 249：　带确认的写条目 250：　带执行的写条目 251：写条目终止
7	返回信息标识符（RII）	由主站给出，子站原值返回
8	通用分类数据集数目（NGD） D8 后续状态位 | D7 计数器 | D6～D1 元素条目	D8=0后面未跟相同RII的ASDU D8=1后面跟相同RII的ASDU D7具有相同RII的ASDU的一位计数器位（取反） D6～D1信息点号的个数，通俗讲就是有多少个条目

续表

字　节	报 文 内 容	说　明
9	通用分类标识序号（GIN）	组号（0～255）
10		条目号0=组标识符，（1～255）=条目标识符
11	描述类别（KOD）	0：无所指定的描述类别
		1：实际值
		2：默认值
		3：量程（最大值、最小值、步长）
		5：精度
		6：因子
		7：%参比
		8：列表
		9：量纲
		10：描述
		19：相应的功能类型和信息序号
		20：相应的事件
		23：相关联的条目
12	通用分类数据描述（GDD）	数据类型
13		数据宽度
14		D8=0后面未跟相同RII的ASDU D8=1后面跟相同RII的ASDU D7～D1表示GID的数目
15	通用分类标识数据（GID）	有（数据宽度×数目）个字节
	通用分类标识序号（GIN）	第*n*组描述
	描述类别（KOD）	
	通用分类数据描述（GDD）	
	通用分类标识数据（GID）	

2. 工业平板电脑和微机综合保护器通信过程

工业平板电脑监控程序运行后，首先和各微机综合保护器建立TCP连接，然后定时循环发送开关状态查询命令，兼作为心跳包，接下来微机综合保护器会自动上传各种数据，其中遥测量是循环发送，遥信、变位和继电保护动作是状态改变时主动上传，工业平板电脑需要做的就是解析微机综合保护器上传报文，刷新遥测数据，当有遥信、变位和继电保护动作时加入运行记录。

8.3 工业平板电脑Android程序

8.3.1 程序界面设计

高压配电所运行监控程序界面设计如图8-1所示，界面分为主界面和辅助界面，用“界面切换”按钮切换，主界面顶部显示标题和当前日期及时间，中部显示高压配电所的系统电压、各回路运行状态和运行电流，底部显示运行记录，辅助界面显示直流电源装置、小电流接地选线装置的运行信息和电度表底数。

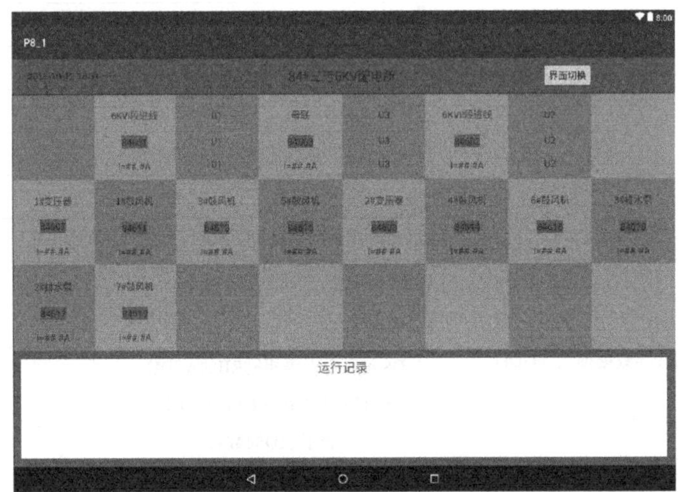

（1）主界面

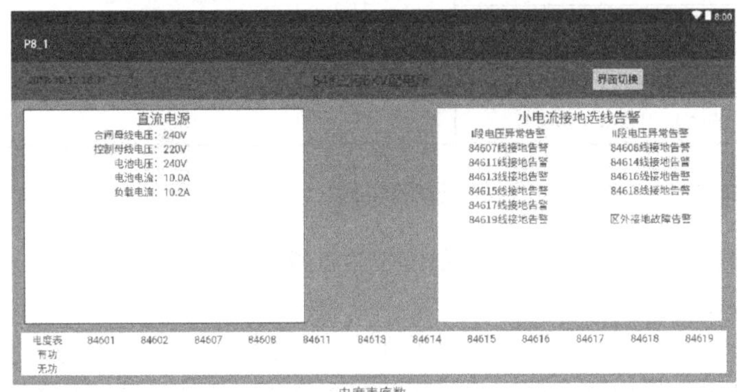

（2）辅助界面

图8-1　高压配电所运行监控程序界面设计

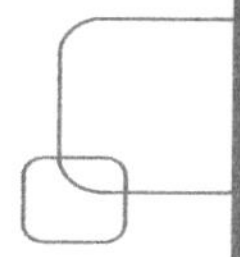

8.3.2 程序代码的编写

程序自启动、全屏模式、串口应用、以太网应用等知识点和前面的实例类似，这里不再重复，重点是通信协议的实现，具体看程序代码。

```
public class MainActivity extends AppCompatActivity {
    int hmax=13;                                      //回路数量
    String[] hname = {                                //回路名称
            "三污6kV I段进线84601","三污6kV II段进线84602","三污6kV 母联84603",
            "1#变压器84607", "2#变压器84608", "1#鼓风机84611", "3#鼓风机84613",
            "4#鼓风机84614", "5#鼓风机84615", "6#鼓风机84616", "2#排水泵84617",
            "3#排水泵84618", "7#鼓风机84619"};
    //声明控件
    TextView tvSta;                                   //显示运行记录
    TextView tvd;                                     //显示日期和时间
    TextView[] U = new TextView[9];                   //显示系统电压
    TextView[] IA = new TextView[hmax];               //显示回路电流
    TextView[] HL = new TextView[hmax];               //显示回路编号
    TextView[] XX = new TextView[14];                //显示小电流接地选线状态
    TextView[] ZL = new TextView[5];                 //显示直流电源运行参数
    TextView[] DB = new TextView[24];                 //显示电度表底数
    LinearLayout ll1,ll2;
    //声明变量
    SerialPort serialPort,serialPort2;                //串口1和串口2
    private ReadThread1 mReadThread1;                 //串口1读取线程
    private ReadThread2 mReadThread2;                 //串口2读取线程
    Hashtable mtable;                       //哈希表，保存已接入客户端的IP地址和Socket
    Hashtable adrtable;                     //哈希表，保存回路序号与IP末位地址的对应关系
    OutputStream out;                       //以太网输出数据流
    Handler mHandler;                       //消息线程
    Socket mSocket;                         //网络Socket
    StartThread st;                         //TCP客户端线程
    RecThread rt;                           //TCP数据接收线程
    String strSta = "";                     //运行记录文本
    byte[] rbuf1 = new byte[32];            //COM1接收缓冲区
    byte[] rbuf2 = new byte[32];            //COM2接收缓冲区
    byte rbuf[] = new byte[2048];           //以太网接收缓冲区
    byte buf[] = new byte[256];             //以太网报文解析缓冲区
    int bw;                                 //报文组数
    byte[] tbuf =                           //APCI
            {(byte)0x90,(byte)0xEB,(byte)0x1F,(byte)0x00,(byte)0x00,(byte)
            0x00,(byte)0x90,(byte)0xEB,(byte)0x00,(byte)0x00,(byte)0x0A,
            (byte)0x00,(byte)0x00,(byte)0x00,(byte)0x43,(byte)0x00,(byte)
            0x00,(byte)0x00,(byte)0x01,(byte)0x00,(byte)0x10,(byte)0x00,
            (byte)0x00,(byte)0x00,(byte)0x00,(byte)0x00,(byte)0x90,
            (byte)0xEB,
```

```
                //以太网发送缓冲区
                (byte)0x15,(byte)0x81,(byte)0x2A,(byte)0x43,(byte)0xFE,(byte)
                0xF1,(byte)0x09,(byte)0x01,(byte)0x02,(byte)0x00,(byte)0x01 };
        boolean running = false;
        int len;                                //以太网接收数据长度
        //电度表表号
        byte[] mymt = {
            (byte)0x01, (byte)0x00, (byte)0x00, (byte)0x00, (byte)0x00, (byte)
0x00,                                           //84601
            (byte)0x02, (byte)0x00, (byte)0x00, (byte)0x00, (byte)0x00, (byte)
0x00,                                           //84602
            (byte)0x07, (byte)0x00, (byte)0x00, (byte)0x00, (byte)0x00, (byte)
0x00,                                           //84607
            (byte)0x08, (byte)0x00, (byte)0x00, (byte)0x00, (byte)0x00, (byte)
0x00,                                           //84608
            (byte)0x11, (byte)0x00, (byte)0x00, (byte)0x00, (byte)0x00, (byte)
0x00,                                           //84611
            (byte)0x13, (byte)0x00, (byte)0x00, (byte)0x00, (byte)0x00, (byte)
0x00,                                           //84613
            (byte)0x14, (byte)0x00, (byte)0x00, (byte)0x00, (byte)0x00, (byte)
0x00,                                           //84614
            (byte)0x15, (byte)0x00, (byte)0x00, (byte)0x00, (byte)0x00, (byte)
0x00,                                           //84615
            (byte)0x16, (byte)0x00, (byte)0x00, (byte)0x00, (byte)0x00, (byte)
0x00,                                           //84616
            (byte)0x17, (byte)0x00, (byte)0x00, (byte)0x00, (byte)0x00, (byte)
0x00,                                           //84617
            (byte)0x18, (byte)0x00, (byte)0x00, (byte)0x00, (byte)0x00, (byte)
0x00,                                           //84618
            (byte)0x19, (byte)0x00, (byte)0x00, (byte)0x00, (byte)0x00, (byte)
0x00,                                           //84619
            (byte)0x03, (byte)0x00, (byte)0x00, (byte)0x00, (byte)0x00, (byte)
0x00};                                          //84603
        int tn=100,tn2=0;                       //定时计数
        int[] bn = new int[hmax];               //发送报文计数
        //回路IP地址
        String[] pcsip ={"198.121.0.61","198.121.0.62","198.121.0.63",
                "198.121.0.67","198.121.0.68","198.121.0.71","198.121.0.73",
                "198.121.0.74","198.121.0.75","198.121.0.76","198.121.0.77",
                "198.121.0.78","198.121.0.79"};
        String strip;
        int[] Sta = new int[hmax];                  //状态：0-未连接；1-已连接
        int[] sn = new int[hmax];                   //连接计数
        byte[][] Reg6 = new byte[hmax][64]; //遥测寄存器，每个回路16个遥测量，64字节
        byte[][] Reg2 = new byte[hmax][4];  //继电保护动作寄存器，每个回路4字节
        byte[][] Reg3 = new byte[hmax][4];  //报警寄存器，每个回路4字节
        byte[][] Reg5 = new byte[hmax][4];  //遥信寄存器，每个回路4字节
```

```
        byte[] Reg = new byte[20+hmax*8];   //小电流预留10字节，直流10字节，其余电度
表每个回路8字节
        String mdate,mtime;                  //当前日期和时间
        @Override
        protected void onCreate(Bundle savedInstanceState) {
            super.onCreate(savedInstanceState);
            setContentView(R.layout.activity_main);
            CustomFunctions.FullScreenSticky(getWindow()); //全屏模式
            ll1 = findViewById(R.id.idll1);
            ll2 = findViewById(R.id.idll2);
            tvSta = findViewById(R.id.idtv);
            tvd = findViewById(R.id.idtvt);
            //系统电压显示控件数组
            int[] idu = {R.id.idtv11,R.id.idtv12,R.id.idtv13,
                  R.id.idtv21,R.id.idtv22,R.id.idtv23,
                  R.id.idtv31,R.id.idtv32,R.id.idtv33};
            for(int i=0;i<9;i++){
               U[i]=findViewById(idu[i]);
            }
            //回路电流显示控件数组
            int[] idx = {R.id.idl1,R.id.idl2,R.id.idl3,R.id.idl4,R.id.idl5,
               R.id.idl6,R.id.idl7,R.id.idl8,R.id.idl9,R.id.idl10,R.id.idl11,
               R.id.idl12,R.id.idl13,R.id.idl14};
            for(int i=0;i<14;i++){
               XX[i]=findViewById(idx[i]);
            }
            //电度表底数显示控件数组
            int[] iddb = {R.id.idd1,R.id.idd2,R.id.idd3,R.id.idd4,R.id.idd5,
                R.id.idd6,R.id.idd7,R.id.idd8,R.id.idd9,R.id.idd10,
                R.id.idd11,R.id.idd12,R.id.idd13,R.id.idd14,R.id.idd15,
                R.id.idd16,R.id.idd17,R.id.idd18,R.id.idd19,R.id.idd20,
                R.id.idd21,R.id.idd22,R.id.idd23,R.id.idd24,};
            for(int i=0;i<24;i++){
               DB[i]=findViewById(iddb[i]);
            }
            //直流电源运行数据显示控件数组
            int[] idz = {R.id.idz1,R.id.idz2,R.id.idz3,R.id.idz4,R.id.idz5};
            for(int i=0;i<5;i++){
               ZL[i]=findViewById(idz[i]);
            }
            //回路编号和电流显示控件数组
            int[] idhl = {R.id.idtv012,R.id.idtv022,R.id.idtv032,R.id.idtv072,
                  R.id.idtv082,R.id.idtv112,R.id.idtv132,R.id.idtv142,
                  R.id.idtv152,R.id.idtv162,R.id.idtv172,R.id.idtv182,
                  R.id.idtv192};
            int[] idia = {R.id.idtv013,R.id.idtv023,R.id.idtv033,R.id.idtv073,
                  R.id.idtv083,R.id.idtv113,R.id.idtv133,R.id.idtv143,
```

```
            R.id.idtv153,R.id.idtv163,R.id.idtv173,R.id.idtv183,
            R.id.idtv193};
    for(int i=0;i<hmax;i++){
        HL[i]=findViewById(idhl[i]);
        IA[i]=findViewById(idia[i]);
    }
    //运行记录可滚动显示
    tvSta.setMovementMethod(ScrollingMovementMethod.getInstance());
    mtable=new Hashtable();                       //初始化哈希表
    adrtable=new Hashtable();
    for (int i=0;i<hmax;i++) {
        String s = pcsip[i];
        String[] ips = s.split("\\.");
        int n = Integer.parseInt(ips[3]);       //分解出IP末位地址
        adrtable.put(n,i);                      //新的IP地址加入列表
    }
    mHandler = new MyHandler();             //实例化Handler，用于进程间的通信
    serialPort = new SerialPort();          //串口1
    serialPort2 = new SerialPort();         //串口2
    //打开2个串口
    serialPort.open("COM1",9600, 8, "N", 1);
    serialPort2.open("COM2",1200, 8, "E", 1);
    mReadThread1 = new ReadThread1();
    mReadThread1.start();                   //启动串口1接收数据线程
    mReadThread2 = new ReadThread2();
    mReadThread2.start();               //启动串口2接收数据线程
    Timer mTimer = new Timer();         //新建Timer
    mTimer.schedule(new TimerTask() {
        @Override
        public void run() {
            Message msg = mHandler.obtainMessage();   //创建消息
            msg.what = 0;                             //变量what赋值
            mHandler.sendMessage(msg);                //发送消息
        }
    }, 2000, 1000);                     //延时2000ms，然后每隔1000ms发送消息
    for(int i=0;i<hmax;i++) Sta[i]=0;                 //状态值初始化
}
//定义byte[]转float方法
public static float B2F(byte[] a) {
    int c = (a[0]<<24)|((a[1]&0xFF)<<16)|((a[2]&0xFF)<<8)|(a[3]&0xFF);
    return Float.intBitsToFloat(c);
}
//界面切换按钮响应
public void sw(View view){
    if(ll1.getVisibility()==View.VISIBLE){
        ll1.setVisibility(View.INVISIBLE);
        ll2.setVisibility(View.VISIBLE);
```

```
        }else {
            ll1.setVisibility(View.VISIBLE);
            ll2.setVisibility(View.INVISIBLE);
        }
    }
    //在主线程处理Handler传回来的message
    class  MyHandler extends Handler{
        @Override
        public void handleMessage(Message msg) {
            switch (msg.what) {
                case 0:                                          //定时时间到
                    Date now = new Date();
                    mtime = String.format("%tT",now);
                    mdate = String.format("%tF",now);
                    tvd.setText(mdate + "  " + mtime);     //显示当前日期和时间
                    //读取电度表数据
                    tn2++;
                    if(tn2>=hmax*2)tn2=0;
                    if(tn2<hmax){
                        DLT645((tn2),0x9010);                  //有功电量
                    }else {
                        DLT645((tn2-hmax),0x9110);             //无功电量
                    }
                    //读取直流电源和小电流接地选线装置数据
                    if(tn2%2==1){
                        byte[] tbuf1={(byte)0x05,(byte)0x03,(byte)0x00,(byte)
                            0x00,(byte)0x00,(byte)0x05,(byte)0x84,(byte)0x4D};
                        serialPort.write(tbuf1,8);       //发送tbuf1中前8字节数据
                    }else{
                        byte[] tbuf1={(byte)0x14,(byte)0x02,(byte)0x00,(byte)
                            0x00,(byte)0x00,(byte)0x13,(byte)0x3B,(byte)0x02};
                        serialPort.write(tbuf1,8);       //发送tbuf1中前8字节数据
                    }
                    //以太网
                    tn++;
                    if(tn>=hmax) tn=0;
                    for(int i=0;i<hmax;i++){
                        sn[i]++;
                        if(sn[i]>120) Sta[i]=0;//120s内收不到数据，判断为网络中断
                    }
                    if(Sta[tn]==0) {
                        strip=pcsip[tn];
                        st=new StartThread();
                        st.start();                 //若网络未连接或中断，则重新建立连接
                    }else{
                        try {                       //若网络正常，则发送报文
                            String s = pcsip[tn];
```

```
                    Socket ss = (Socket) mtable.get(s);
                    out = ss.getOutputStream();//获取客户端对应的socket
                    tbuf[10] = (byte) 0x0A;     //本机IP末位
                    String[] ips = s.split("\\.");
                    int n = Integer.parseInt(ips[3]); //分解出IP末位地址
                    tbuf[14] = (byte) (n & 0xFF);
                    tbuf[16] = (byte) (bn[tn] & 0xFF);//报文计数
                    tbuf[17] = (byte) ((bn[tn] >> 8) & 0xFF);
                    tbuf[31] = tbuf[14];
                    tbuf[34] = tbuf[16];
                    tbuf[2] = (byte) 0x1F;
                    tbuf[30] = (byte) 0x2A;
                    tbuf[33] = (byte) 0xF4;
                    tbuf[36] = (byte) 0x05;
                    tbuf[37] = (byte) 0x01;
                    out.write(tbuf, 0, 39);  //发送数据，读开关状态，兼作为
心跳包

                    bn[tn]++;
                } catch (IOException e) {
                    e.printStackTrace();
                }
            }
            //显示回路数据
            byte[] a = new byte[4];
            for(int i=0;i<hmax;i++){
                for(int j=0;j<4;j++) a[3-j] = Reg6[i][j];
                float f=B2F(a);
                //显示回路电流
                IA[i].setText(String.format("I=%.1fA",f));
                //显示开关状态，红色为合位，绿色为断位
                if((Reg5[i][0]&0x01)==(byte)0x01)
                                HL[i].setBackgroundColor(Color.RED);
                else HL[i].setBackgroundColor(Color.GREEN);
            }
            //显示系统电压
            for(int j=0;j<4;j++) a[3-j] = Reg6[0][16+j];
            float f=B2F(a);
            U[0].setText(String.format("Ua1=%.2fkV",f));
            for(int j=0;j<4;j++) a[3-j] = Reg6[0][20+j];
            f=B2F(a);
            U[1].setText(String.format("Ub1=%.2fkV",f));
            for(int j=0;j<4;j++) a[3-j] = Reg6[0][24+j];
            f=B2F(a);
            U[2].setText(String.format("Uc1=%.2fkV",f));
            for(int j=0;j<4;j++) a[3-j] = Reg6[1][16+j];
            f=B2F(a);
            U[3].setText(String.format("Ua2=%.2fkV",f));
```

```
for(int j=0;j<4;j++) a[3-j] = Reg6[1][20+j];
f=B2F(a);
U[4].setText(String.format("Ub2=%.2fkV",f));
for(int j=0;j<4;j++) a[3-j] = Reg6[1][24+j];
f=B2F(a);
U[5].setText(String.format("Uc2=%.2fkV",f));
for(int j=0;j<4;j++) a[3-j] = Reg6[0][28+j];
f=B2F(a);
U[6].setText(String.format("Uab=%.2fkV",f));
for(int j=0;j<4;j++) a[3-j] = Reg6[0][32+j];
f=B2F(a);
U[7].setText(String.format("Ubc=%.2fkV",f));
for(int j=0;j<4;j++) a[3-j] = Reg6[0][36+j];
f=B2F(a);
U[8].setText(String.format("Uca=%.2fkV",f));
//小电流报警显示
int m1 = Reg[0]&0xFF;
int m2 = Reg[2]&0xFF;
for(int i=0;i<7;i++){
   if((m1&0x01)==1) XX[i].setBackgroundColor(Color.RED);
   else XX[i].setBackgroundColor(Color.GREEN);
   if((m2&0x01)==1)  XX[i+7].setBackgroundColor(Color.RED);
   else XX[i+7].setBackgroundColor(Color.GREEN);
   m1>>=1;
   m2>>=1;
}
//直流电源显示
for(int i=0;i<5;i++){
   int m = ((Reg[2*i+10]&0xFF)<<8)|((Reg[2*i+11]&0xFF));
   ZL[i].setText(String.format("%.1f",(float)m/10));
}
//电度表底数显示
for(int i=0;i<24;i++){
   String dbs = String.format("%02X",Reg[4*i+20]&0xFF)+
          String.format("%02X",Reg[4*i+21]&0xFF)+
          String.format("%02X",Reg[4*i+22]&0xFF)+
          String.format(".%02X",Reg[4*i+23]&0xFF);
   DB[i].setText(String.format("%.2f", Float.valueOf(dbs)));
}
//运行记录显示
String[] ss = strSta.split("\\n");
int n = ss.length;          //获取记录数
if(n>20){                   //只保留最近20条记录
   strSta="";
   for(int i=0;i<20;i++) strSta = strSta + ss[i] + "\n";
}
tvSta.setText(strSta);
```

```
                    break;
                case 1:                              //已建立连接
                    String s=msg.obj.toString();
                    for(int i=0;i<hmax;i++){
                        if(s.equals(pcsip[i])){
                            Sta[i]=1;
                            sn[i]=0;
                        }
                    }
                    strSta=mdate +" " + mtime + " "+s+"已连接\n"+strSta;
                    break;
            }
        }
    }
    //建立socket连接的线程
    private class StartThread extends Thread{
        @Override
        public void run() {
            try {
                mSocket = new Socket(strip, 6000);    //连接微机综合保护器
                mtable.put(strip,mSocket);            //新服务端加入列表
                //启动接收数据的线程
                rt = new RecThread(mSocket);
                rt.start();
                running = true;
                if(mSocket.isConnected()){ //成功连接获取socket对象则发送成功消息
                    Message msg = mHandler.obtainMessage();
                    msg.obj=strip;
                    msg.what=1;
                    mHandler.sendMessage(msg);
                }
            } catch (IOException e) {
                e.printStackTrace();
            }
        }
    }
    //TCP服务器数据接收线程
    private class RecThread extends Thread {
        private final Socket mmSocket;
        private final InputStream mmInStream;
        public RecThread(Socket socket) {
            mmSocket = socket;
            InputStream tmpIn = null;
            try {
                tmpIn = mmSocket.getInputStream();    //创建数据通道
            } catch (IOException e) { }
            mmInStream = tmpIn;
```

```
        }
        public final void run() {
            while (!mmSocket.isClosed()) {
                try {
                    int cnt = mmInStream.read(rbuf);
                    if(cnt>27) {                          //数据长度大于27字节为有效数据
                        len=cnt;
                        asdu10();                         //报文解析
                    }
                } catch (NullPointerException e) {
                    e.printStackTrace();
                    break;
                } catch (IOException e) {
                    break;
                }
            }
        }
    }
    //以太网报文解析
    public void gin(int addr) {
        if((buf[0]==(byte) 0x0A)&&(buf[1]==(byte) (0x81&0xFF))) {   //ASDU10
报文
            int hz = buf[8]&0xFF;                         //取得组号
            int hn = buf[7]&0x3F;                         //组数
            if (hz == 6) {                                //遥测
                for(int i=0;i<hn;i++){
                    int hm = buf[10*i+9];                 //取得条目号
                    for (int j = 0; j < 4; j++) {
                        if (hm <= 16)
                            //遥测量为4字节浮点数，低位在前
                            Reg6[addr][4 * (hm - 1) + j] = buf[10 * i + 14+j];
                    }
                }
            }
            if (hz == 2) {                                //继电保护
                for(int i=0;i<hn;i++){
                    int m = ((Reg2[addr][2]&0xFF)<<16)|((Reg2[addr][1]&0xFF)
<<8)|(Reg2[addr][0]&0xFF);
                    int hm = buf[19*i+9];                 //取得条目号
                    if ((buf[19*i+14]&0x03)==(byte)0x02){  //保护动作，对应位置1
                        m = m|(1<<(hm-1));
                        if(hm>1) strSta = mdate +" " + mtime + " " + hname
                                                [addr] +"继电保护动作\n"+strSta;
                    }
                    if ((buf[19*i+14]&0x03)==(byte)0x01){ //保护返回，对应位置0
                        m = m&(~(1<<(hm-1)));                 //保护返回，暂不记录
                    }
```

```
                Reg2[addr][2] = (byte)((m>>16)&0xFF);
                Reg2[addr][1] = (byte)((m>>8)&0xFF);
                Reg2[addr][0] = (byte)(m&0xFF);
            }
        }
        if (hz == 3) {                                      //报警信息
            for(int i=0;i<hn;i++){
                int m =((Reg3[addr][3]&0xFF)<<24)|((Reg3[addr][2]&0xFF)
                    <<16)|((Reg3[addr][1]&0xFF)<<8)|(Reg3[addr][0]&0xFF);
                int hm = buf[15*i+9];                       //取得条目号
                if ((buf[15*i+14]&0x03)==(byte)0x02){ //报警动作，对应位置1
                    m = m|(1<<(hm-1));
                    if(hm==16) strSta = mdate +" " + mtime + " " + hname
                                        [addr] +"事故总信号\n"+strSta;
                    if(hm==18) strSta = mdate +" " + mtime + " " + hname
                                            [addr] +"PT断线\n"+strSta;
                    if(hm==20) strSta = mdate +" " + mtime + " " + hname
                                      [addr] +"控制回路断线\n"+strSta;
                    if(hm==23) strSta = mdate +" " + mtime + " " +
                                    hname[addr] +"接地报警\n"+strSta;
                    if(hm==24) strSta = mdate +" " + mtime + " " +
                                  hname[addr] +"过负荷报警\n"+strSta;
                }
                if ((buf[15*i+14]&0x03)==(byte)0x01){ //报警返回，对应位置0
                    m = m&(~(1<<(hm-1)));                   //报警返回暂不记录
                }
                Reg3[addr][3] = (byte)((m>>24)&0xFF);
                Reg3[addr][2] = (byte)((m>>16)&0xFF);
                Reg3[addr][1] = (byte)((m>>8)&0xFF);
                Reg3[addr][0] = (byte)(m&0xFF);
            }
        }
        if (hz == 5) {                                           //遥信
            for(int i=0;i<hn;i++){
                int m = ((Reg5[addr][3]&0xFF)<<24)|((Reg5[addr][2]&0xFF)
                    <<16)|((Reg5[addr][1]&0xFF)<<8)|(Reg5[addr][0]&0xFF);
                int hm = buf[15*i+9];                            //取得条目号
                if ((buf[15*i+14]&0x03)==(byte) 0x02){ //遥信变位，对应位置1
                    m = m|(1<<(hm-1));
                    if ((buf[15*i+2]==(byte) 0x01)&&(hm==1)) strSta =
              mdate +" " + mtime + " " + hname[addr] +"开关合闸\n"+strSta;
                }
                if ((buf[15*i+14]&0x03)==(byte) 0x01){ //遥信变位，对应位置0
                    m = m&(~(1<<(hm-1)));
                    if ((buf[15*i+2]==(byte) 0x01)&&(hm==1)) strSta =
              mdate +" " + mtime + " " + hname[addr] +"开关跳闸\n"+strSta;
                }
```

```
                Reg5[addr][3] = (byte)((m>>24)&0xFF);
                Reg5[addr][2] = (byte)((m>>16)&0xFF);
                Reg5[addr][1] = (byte)((m>>8)&0xFF);
                Reg5[addr][0] = (byte)(m&0xFF);
            }
        }
    }
}
//以太网报文处理
public void asdu10() {
    if((rbuf[0]==(byte)(0x90&0xFF))&&(rbuf[1]==(byte)(0xEB&0xFF))) {
        int m = rbuf[10] & 0xFF;
        int adr = (int) adrtable.get(m);
        if (adr < 40) sn[adr] = 0;
        bw = 0;
        if (len > 28) {                      //数据量小的数据包是心跳包，不解析
            int n1 = (rbuf[2] & 0xFF) + 8;
            bw = 1;
            for (int i = 0; i < (n1 - 28); i++) buf[i] = rbuf[28 + i];
            gin(adr);
            if (len > n1) {                  //数据包包含第2帧数据
                if ((rbuf[n1] == 0x90) && (rbuf[n1 + 1] == 0xEB)) {
                    bw = 2;
                    int n2 = (rbuf[n1 + 2] & 0xFF) + 8;
                    for (int i = 0; i < (n2 - 28); i++)
                                        buf[i] = rbuf[n1 + 28 + i];
                    gin(adr);
                    if (len > (n1 + n2)) {     //数据包包含第3帧数据
                    if ((rbuf[n1 + n2] == 0x90) && (rbuf[n1 + n2 + 1] ==
0xEB)) {
                        bw = 3;
                        int n3 = (rbuf[n1 + n2 + 2] & 0xFF) + 8;
                        for (int i = 0; i < (n3 - 28); i++)
                            buf[i] = rbuf[n1 + n2 + 28 + i];
                        gin(adr);
                    }
                }
            }
        }
    }
}
//COM1读取数据的线程
private class ReadThread1 extends Thread {
    @Override
    public void run() {
        super.run();
```

```
            while(true){
                try {
                    int n = serialPort.read(rbuf1,32);
                    if(n > 10) {                    //直流电源
                        if((rbuf1[0]==(byte)0x05)&&(rbuf1[1]==(byte)0x03)) {
                            for (int i=0;i<10;i++) Reg[i+10]=rbuf1[i+3];
                        }                           //小电流接地选线
                        if((rbuf1[0]==(byte)0x14)&&(rbuf1[1]==(byte)0x02)) {
                            for (int i=0;i<3;i++) Reg[i]=rbuf1[i+3];
                        }
                    }
                } catch (Exception e) {
                    e.printStackTrace();
                }
            }
        }
    }
    //COM2读取数据的线程
    private class ReadThread2 extends Thread {
        @Override
        public void run() {
            super.run();
            while(true){
                try {
                    byte[] mbuf =new byte[32];
                    int n1 = serialPort2.read(mbuf,32);
                    for(int i=0;i<n1;i++) rbuf2[i]=mbuf[i];
                    if(n1>10){
                        try {    //每次接收16字节，当超过16字节时，延时100ms再接收剩
余数据
                            sleep(100);
                        } catch (InterruptedException e) {
                        }
                        int n2 = serialPort2.read(mbuf,32);
                        for(int i=0;i<n2;i++) rbuf2[i+n1]=mbuf[i];
                        int fn=0;
                        for(int i=0;i<5;i++)
                        {
                            if(rbuf2[i]==(byte)0x68)
                            {
                                fn=i;
                                break;
                            }
                        }
                        int CS=0;
                        int mn = 10 + rbuf2[9+fn]+fn;
                        for(int i=fn;i<mn;i++) CS=CS+rbuf2[i]&0xFF;
```

```
                    if((rbuf2[mn]&0xFF)==(CS&0xFF)) {
                        if(tn2<hmax) {          //有功电量
                            int i=20+8*tn2;
                            Reg[i]= (byte) ((rbuf2[15+fn]&0xFF)-0x33);
                            Reg[i+1]= (byte) ((rbuf2[14+fn]&0xFF)-0x33);
                            Reg[i+2]= (byte) ((rbuf2[13+fn]&0xFF)-0x33);
                            Reg[i+3]= (byte) ((rbuf2[12+fn]&0xFF)-0x33);
                        }else {                 //无功电量
                            int i=24+8*(tn2-hmax);
                            Reg[i]= (byte) ((rbuf2[15+fn]&0xFF)-0x33);
                            Reg[i+1]= (byte) ((rbuf2[14+fn]&0xFF)-0x33);
                            Reg[i+2]= (byte) ((rbuf2[13+fn]&0xFF)-0x33);
                            Reg[i+3]= (byte) ((rbuf2[12+fn]&0xFF)-0x33);
                        }
                    }
                }
            } catch (Exception e) {
                e.printStackTrace();
            }
        }
    }
  }
  //读取电度表数据
  public void DLT645(int nd,int addrd)
  {
     byte[] tbuf2 = new byte[14];
     tbuf2[0]=(byte)0x68;
     for(int i=0;i<6;i++) tbuf2[i+1]=mymt[6*nd+i];
     tbuf2[7]=(byte)0x68;
     tbuf2[8]=(byte)1;
     tbuf2[9]=(byte)2;
     tbuf2[10]=(byte) ((addrd&0xFF)+0x33);          //地址低字节在前
     tbuf2[11]=(byte) (((addrd>>8)&0xFF)+0x33);     //高字节在后
     int CS=0;
     for(int i=0;i<12;i++) CS=CS+tbuf2[i]&0xFF;
     tbuf2[12]=(byte)(CS&0xFF);                     //校验和
     tbuf2[13]=(byte)0x16;                          //结束符
     serialPort2.write(tbuf2,14);                   //发送数据
  }
}
```

8.3.3 程序测试

高压配电所监控程序运行效果如图8-2所示。主界面中运行的电气回路开关编号背景色为红色，同时显示运行电流值，停运的电气回路开关编号背景色为绿色，运行电流值为零。

辅助界面分3个区域分别显示直流电源运行参数、小电流接地选线装置告警和各电气回路的电度表底数。

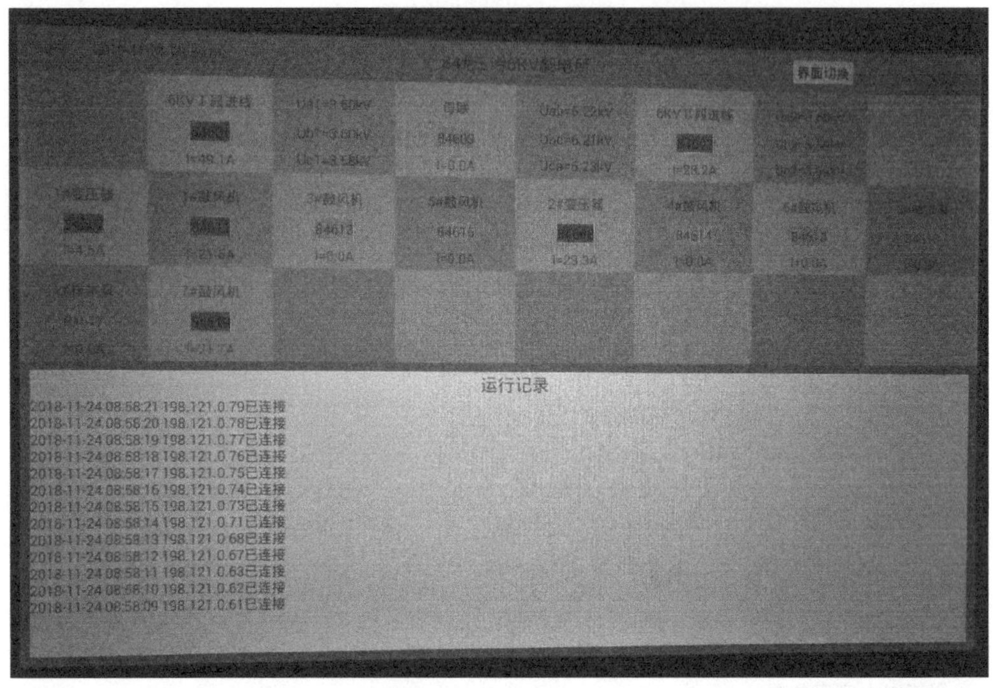

（1）主界面

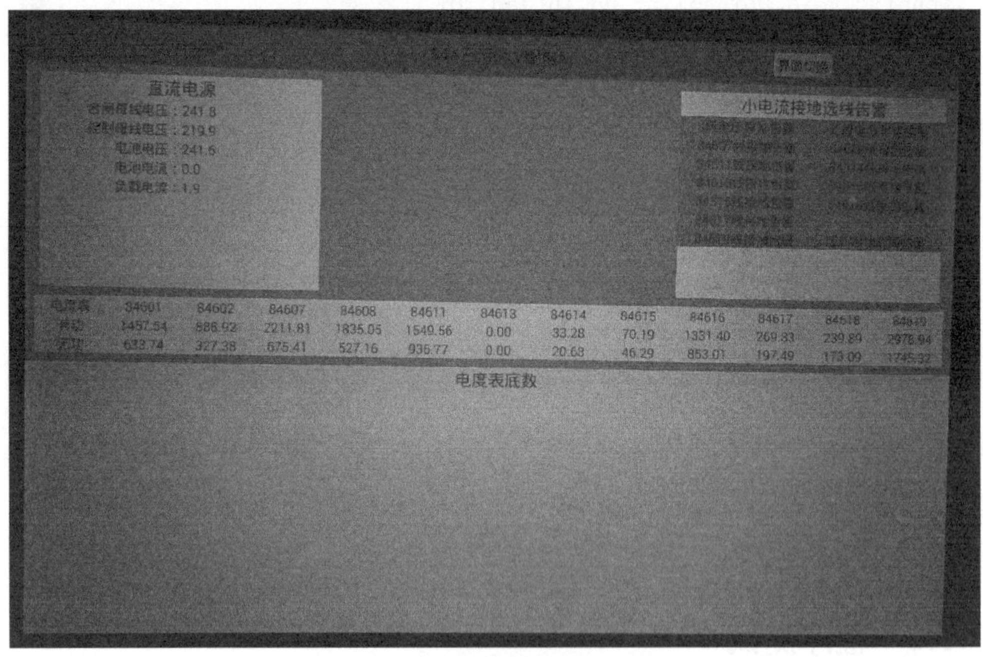

（2）辅助界面

图8-2　高压配电所监控程序运行效果

第 9 章　工业平板电脑与 PLC 通信

便携式工业平板电脑通过蓝牙或WiFi转为串口，能实现与PLC的串口通信，进而实现遥控等功能。嵌入式工业平板电脑直接通过串口或以太网与PLC通信，可以替代PLC的专用触摸屏，也可以替代PLC的上位机，无需专用组态软件，用Android编程实现上位机功能。本章没有项目实例，但有通信实例，在通信的基础上比较容易实现其他功能。

9.1　与西门子S7-200 SMART串口通信

9.1.1　S7-200 PPI协议简介

1．协议概述

PPI（Point-to-point Interface）是西门子为S7-200开发的一种通信协议，属于主从协议，使用PPI协议进行通信时，PLC可以不用编程，并且可读/写所有数据区，快捷方便，S7-200的自由端口默认协议是PPI的从站模式，默认通信参数为9600,e,8,1，可以通过设置端口0（1）的控制寄存器SMB30（SMB130）来修改通信参数。

2．协议格式说明

PPI协议有4种帧格式，分别是SD1、SD2、SD4和SC帧格式，其具体帧格式分别见表9-1、表9-2、表9-3和表9-4。

上位机和PLC用PPI协议的通信过程：

（1）PLC上电后先建立连接。

- 上位机向PLC发送SD1帧查询PLC状态，功能码为0x49。
- PLC用SD1帧确认，功能码为0x00，建立连接。

（2）上位机对PLC读/写数据。

- 上位机先向PLC发送SD2请求帧，功能码为0x6C。
- PLC用SC帧确认，SC帧为单字节0xE5。
- 上位机再发送SD1帧查询，功能码为0x5C。
- PLC用SD2帧返回请求结果，功能码为0x08。

表9-1　SD1帧格式

符　号	意　义	说　明
SD1	Start Delimiter 1(0x10)	起始符 0x10

续表

符　号	意　义	说　明
DA	Destination Address	目标地址
SA	Source Address	源地址
FC	Frame Control	功能码
FCS	Frame Check Sequence(DA+SA+FC)	校验码
ED	End Delimiter(0x16)	结束符 0x16

功能码FC在请求帧中数值的意义如下：

- 0x5C—alternating FCB。
- 0x7C—alternating FCB。
- 0x49—FDL_STATUS。

功能码FC在确认帧中数值的意义如下：

- 0x02—NAK(no resource,RR)。
- 0x03—NAK(no service activited,RS)。
- 0x00—FDL_STATUS(slave station)。
- 0x10—FDL_STATUS(master station,not ready)。
- 0x20—FDL_STATUS(master, ready to enter ring)。
- 0x30—FDL_STATUS(master, already in ring)。

表9-2　SD2帧格式

符　号	意　义	说　明
SD2	Start Delimiter 2(0x68)	起始符 0x68
LE	Length Byte	从DA到Data Unit的字节长度
LEr	Length Byte repeated	重复字节长度
SD2	Start Delimiter 2(0x68)	起始符 0x68
DA	Destination Address	目标地址
SA	Source Address	源地址
FC	Frame Control	功能码
Data Unit	Message Data and Control	数据单元
FCS	Frame Check Sequence(DA+SA+FC)	校验码，从DA至FCS之前数据和的低8位
ED	End Delimiter(0x16)	结束符 0x16

功能码FC在请求帧中代表SRD（Send and Request Data），数值的意义如下：

- 0x6C—first message cycle（首次通信）。
- 0x5C—alternating FCB（再次通信0x5C和0x7C交替使用）。
- 0x7C—alternating FCB。

功能码FC在确认帧中代表DL，数值固定为0x08。

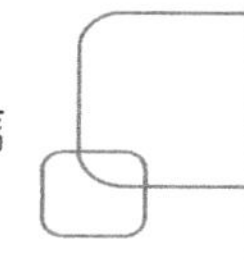

表9-3　SD4帧格式

符　号	意　义	说　明
SD4	Start Delimiter 4(0xDC)	起始符 0xDC
DA	Destination Address	目标地址
SA	Source Address	源地址

表9-4　SC帧格式

符　号	意　义	说　明
SC	Short Acknowledge(0xE5)	短应答

3．读命令具体格式

SD2帧中数据单元又称为PDU（Protocol Data Unit），包括Header（单元头）、Parameter Block（参数区）、Data Block（数据区）三部分。读命令SD2帧格式见表9-5，响应读命令SD2帧格式见表9-6。

表9-5　读命令SD2帧格式

字节序号	十六进制数值	符　号	说　明		
0	68	SD2	起始符 0x68		
1	1B	LE	从DA到PDU的字节长度		
2	1B	LEr	重复字节长度		
3	68	SD2	起始符 0x68		
4	02	DA	目标地址		
5	00	SA	源地址		
6	6C	FC	功能码		
7	32	PROTO_ID	协议识别码 0x32：S7-200协议识别码	Header（单元头）	数据单元PDU
8	01	ROSCTR	远程操作服务控制码 0x01：请求 0x02：无参数及数据确认 0x03：带参数及数据确认		
9　10	00　00	RED_ID	冗余标识，暂不使用		
11　12	00　00	PDU_REF	协议数据单元编号，响应帧与此一致		
13　14	00　0E	PAR_LG	参数长度		
15　16	00　00	DAT_LG	数据长度		
17	04	SERVICE_ID	Service Identification　服务码 0x04：读 0x05：写 0x00：虚拟设备状态 0xF0：设置应用连接	Parameter Block（参数区）	

续表

<table>
<tr><th>字节序号</th><th>十六进制数值</th><th>符　号</th><th colspan="3">说　明</th></tr>
<tr><td>18</td><td>01</td><td>No.of Variables</td><td>参数区编号，不限于1个参数区</td><td rowspan="9">Parameter Block（参数区）</td><td rowspan="9">数据单元PDU</td></tr>
<tr><td>19</td><td>12</td><td>Varible Spec</td><td>可变地址区标识</td></tr>
<tr><td>20</td><td>0A</td><td>V_ADDR_LG</td><td>可变地址区数据长度</td></tr>
<tr><td>21</td><td>10</td><td>Syntax_ID</td><td>固定值0x10</td></tr>
<tr><td>22</td><td>04</td><td>Type</td><td>数据类型
0x01：BOOL
0x02：BYTE
0x04：WORD
0x06：DWORD
0x1E：C
0x1F：T
0x20：HC</td></tr>
<tr><td>23　24</td><td>00　01</td><td>Number_Elements</td><td>读取数量</td></tr>
<tr><td>25　26</td><td>00　01</td><td>Snbarea</td><td>0x0001：V区
0x0000：其他区</td></tr>
<tr><td>27</td><td>84</td><td>Area</td><td>数据区码：
0x04：S
0x05：SM
0x06：AI
0x07：AQ
0x1E：C
0x1F：T
0x20：HC
0x81：I
0x82：Q
0x83：M
0x84：V</td></tr>
<tr><td>28 29 30</td><td>00 03 20</td><td>Offset</td><td>24位地址，后3位为位地址，前面为字节地址
0x0320右移3位变为0x64，字节地址为100</td></tr>
<tr><td>31</td><td>8D</td><td>FCS</td><td colspan="3">校验码</td></tr>
<tr><td>32</td><td>16</td><td>ED</td><td colspan="3">结束符 0x16</td></tr>
</table>

表9-6　响应读命令SD2帧格式

字节序号	十六进制数值	符　号	说　明
0	68	SD2	起始符 0x68
1	17	LE	从DA到PDU的字节长度
2	17	LEr	重复字节长度

续表

字节序号	十六进制数值	符　号	说　明		
3	68	SD2	起始符 0x68		
4	00	DA	目标地址		
5	02	SA	源地址		
6	08	FC	功能码		
7	32	PROTO_ID	协议识别码 0x32：S7-200协议识别码	Header（单元头）	数据单元PDU
8	03	ROSCTR	远程操作服务控制码 0x01：请求 0x02：无参数及数据确认 0x03：带参数及数据确认		
9　10	00　00	RED_ID	冗余标识，暂不使用		
11　12	00　00	PDU_REF	协议数据单元编号，响应帧与此一致		
13　14	00　02	PAR_LG	参数长度		
15　16	00　06	DAT_LG	数据长度		
17　18	00　00	ERR	错误码，0x0000表示正常		
19	04	SERVICE_ID	服务码 0x04：读 0x05：写 0x00：虚拟设备状态 0xF0：设置应用连接	Parameter Block（参数区）	
20	01	No.of Variables	参数区编号，不限于1个参数区		
21	FF	Access Result	返回结果 0xFF：无错误 0x01：硬件错误 0x03：不支持的对象 0x05：地址错误 0x06：不支持的数据类型 0x0A：对象不存在或长度错误	Data Block（数据区）	
22	04	Data Type	数据类型 0x00：数据错误 0x03：位 0x04：字节、字、双字等		
23　24	00　10	Length	字节数*8，=0时表示出错		
25　26	00　00	Variable Value	返回数据		
27	5F	FCS	校验码		
28	16	ED	结束符 0x16		

4．写命令具体格式

写命令SD2帧格式见表9-7，响应写命令SD2帧格式见表9-8。

表9-7　写命令SD2帧格式

<table>
<tr><th>字节序号</th><th>十六进制数值</th><th>符　号</th><th colspan="3">说　明</th></tr>
<tr><td>0</td><td>68</td><td>SD2</td><td colspan="3">起始符 0x68</td></tr>
<tr><td>1</td><td>21</td><td>LE</td><td colspan="3">从DA到PDU的字节长度</td></tr>
<tr><td>2</td><td>21</td><td>LEr</td><td colspan="3">重复字节长度</td></tr>
<tr><td>3</td><td>68</td><td>SD2</td><td colspan="3">起始符 0x68</td></tr>
<tr><td>4</td><td>02</td><td>DA</td><td colspan="3">目标地址</td></tr>
<tr><td>5</td><td>00</td><td>SA</td><td colspan="3">源地址</td></tr>
<tr><td>6</td><td>6C</td><td>FC</td><td colspan="3">功能码</td></tr>
<tr><td>7</td><td>32</td><td>PROTO_ID</td><td>协议识别码
0x32：S7-200协议识别码</td><td rowspan="6">Header
（单元头）</td><td rowspan="12">数据
单元
PDU</td></tr>
<tr><td>8</td><td>01</td><td>ROSCTR</td><td>远程操作服务控制码
0x01：请求
0x02：无参数及数据确认
0x03：带参数及数据确认</td></tr>
<tr><td>9　10</td><td>00　00</td><td>RED_ID</td><td>冗余标识，暂不使用</td></tr>
<tr><td>11　12</td><td>00　00</td><td>PDU_REF</td><td>协议数据单元编号，响应帧与此一致</td></tr>
<tr><td>13　14</td><td>00　0E</td><td>PAR_LG</td><td>参数长度</td></tr>
<tr><td>15　16</td><td>00　06</td><td>DAT_LG</td><td>数据长度</td></tr>
<tr><td>17</td><td>05</td><td>SERVICE_ID</td><td>服务码
0x04：读
0x05：写
0x00：虚拟设备状态
0xF0：设置应用连接</td><td rowspan="6">Parameter
Block
（参数区）</td></tr>
<tr><td>18</td><td>01</td><td>No.of Variables</td><td>参数区编号，不限于1个参数区</td></tr>
<tr><td>19</td><td>12</td><td>Varible Spec</td><td>可变地址标识</td></tr>
<tr><td>20</td><td>0A</td><td>V_ADDR_LG</td><td>可变地址区数据长度</td></tr>
<tr><td>21</td><td>10</td><td>Syntax_ID</td><td>固定值0x10</td></tr>
<tr><td>22</td><td>02</td><td>Type</td><td>数据类型
0x01：BOOL
0x02：BYTE
0x04：WORD
0x06：DWORD
0x1E：C
0x1F：T
0x20：HC</td></tr>
</table>

续表

<table>
<tr><th>字节序号</th><th>十六进制数值</th><th>符　号</th><th colspan="3">说　明</th></tr>
<tr><td>23　24</td><td>00　02</td><td>Number_Elements</td><td>读取数量</td><td rowspan="5">Parameter Block（参数区）</td><td rowspan="9">数据单元PDU</td></tr>
<tr><td>25　26</td><td>00　01</td><td>Snbarea</td><td>0x0001：V区
0x0000：其他区</td></tr>
<tr><td>27</td><td>84</td><td>Area</td><td>数据区码：
0x04：S
0x05：SM
0x06：AI
0x07：AQ
0x1E：C
0x1F：T
0x20：HC
0x81：I
0x82：Q
0x83：M
0x84：V</td></tr>
<tr><td>28，29，30</td><td>00 00 00</td><td>Offset</td><td>24位地址，后3位为位地址，前面为字节地址
0x0320右移3位变为0x64，字节地址为100</td></tr>
<tr><td>31</td><td>00</td><td>Reserved</td><td></td></tr>
<tr><td>32</td><td>04</td><td>Data Type</td><td>数据类型：
0x03：位
0x04：字节、字、双字等</td><td rowspan="3">Data Block（数据区）</td></tr>
<tr><td>33　34</td><td>00　10</td><td>Length</td><td>字节数×8</td></tr>
<tr><td>35　36</td><td>0C　22</td><td>Variable Value</td><td>待写入数据</td></tr>
<tr><td>37</td><td>B2</td><td>FCS</td><td colspan="3">校验码</td></tr>
<tr><td>38</td><td>16</td><td>ED</td><td colspan="3">结束符 0x16</td></tr>
</table>

表9-8　响应写命令SD2帧格式

字节序号	十六进制数值	符　号	说　明
0	68	SD2	起始符 0x68
1	12	LE	从DA到PDU的字节长度
2	12	LEr	重复字节长度
3	68	SD2	起始符 0x68
4	00	DA	目标地址
5	02	SA	源地址
6	08	FC	功能码

续表

<table>
<tr><th>字节序号</th><th>十六进制数值</th><th>符　号</th><th colspan="3">说　明</th></tr>
<tr><td>7</td><td>32</td><td>PROTO_ID</td><td>协议识别码
0x32：S7-200协议识别码</td><td rowspan="7">Header
（单元头）</td><td rowspan="10">数据
单元
PDU</td></tr>
<tr><td>8</td><td>03</td><td>ROSCTR</td><td>远程操作服务控制码
0x01：请求
0x02：无参数及数据确认
0x03：带参数及数据确认</td></tr>
<tr><td>9　10</td><td>00　00</td><td>RED_ID</td><td>冗余标识，暂不使用</td></tr>
<tr><td>11　12</td><td>00　00</td><td>PDU_REF</td><td>协议数据单元编号，响应帧与此一致</td></tr>
<tr><td>13　14</td><td>00　02</td><td>PAR_LG</td><td>参数长度</td></tr>
<tr><td>15　16</td><td>00　01</td><td>DAT_LG</td><td>数据长度</td></tr>
<tr><td>17　18</td><td>00　00</td><td>ERR</td><td>错误码，0x0000表示正常</td></tr>
<tr><td>19</td><td>05</td><td>SERVICE_ID</td><td>服务码
0x04：读
0x05：写
0x00：虚拟设备状态
0xF0：设置应用连接</td><td rowspan="2">Parameter
Block
（参数区）</td></tr>
<tr><td>20</td><td>01</td><td>No.of Variables</td><td>参数区编号，不限于1个参数区</td></tr>
<tr><td>21</td><td>FF</td><td>Access Result</td><td>返回结果：
0xFF：无错误
0x01：硬件错误
0x03：不支持的对象
0x05：地址错误
0x06：不支持的数据类型
0x0A：对象不存在或长度错误</td><td>Data
Block
（数据区）</td></tr>
<tr><td>22</td><td>5F</td><td>FCS</td><td colspan="3">校验码</td></tr>
<tr><td>23</td><td>16</td><td>ED</td><td colspan="3">结束符 0x16</td></tr>
</table>

9.1.2 PPI协议通信测试

1．Android程序界面设计

PPI协议通信测试程序界面设计如图9-1所示，S7-200 SMART的CPU每秒读取VB100～VB103的4个数值并显示在TextView上，单击“写入”按钮，将对应数值写入VB120～VB123。

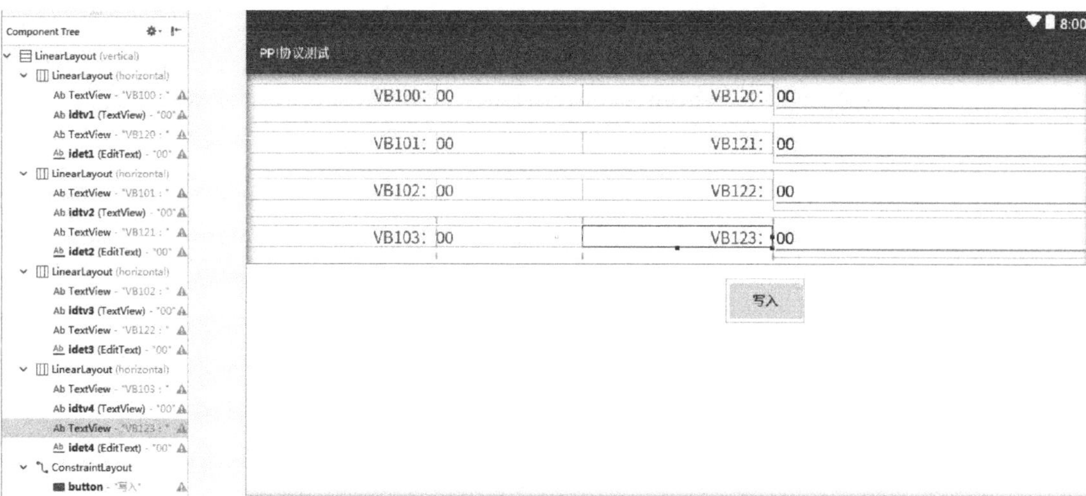

图9-1　PPI协议通信测试程序界面设计

2．Android程序的编写

程序中关于串口的微嵌动态库配置同实例4-8，程序代码如下：

```
public class MainActivity extends AppCompatActivity {
    TextView tv1,tv2,tv3,tv4;              //显示读取到的寄存器值
    EditText et1,et2,et3,et4;              //编辑写入寄存器的值
    private SerialPort serialPort;         //声明串口
    private ReadThread mReadThread;        //读取线程
    private Handler myhandler;             //信息通道
    boolean running = false;
    byte[] rbuf = new byte[256];           //接收缓冲区
    byte[] tbuf = new byte[256];           //发送缓冲区
    //将待发送命令按结构初始化，发送时放入发送缓冲区，对少量数据更改后即可发送
    byte[] SD1fdl =
          {(byte)0x10,(byte)0x02,(byte)0x00,(byte)0x49,(byte)0x4B,(byte)
0x16};
    byte[] SD1poll =
        {(byte)0x10,(byte)0x02,(byte)0x00,(byte)0x5C,(byte)0x5E,(byte)0x16};
    byte[] SD2read =
        {(byte)0x68,(byte)0x1B,(byte)0x1B,(byte)0x68,(byte)0x02,
         (byte)0x00,(byte)0x6C,(byte)0x32,(byte)0x01,(byte)0x00,
         (byte)0x00,(byte)0x00,(byte)0x00,(byte)0x00,(byte)0x0E,
         (byte)0x00,(byte)0x00,(byte)0x04,(byte)0x01,(byte)0x12,
         (byte)0x0A,(byte)0x10,(byte)0x02,(byte)0x00,(byte)0x04,
         (byte)0x00,(byte)0x01,(byte)0x84,(byte)0x00,(byte)0x03,
         (byte)0x20,(byte)0xFF,(byte)0x16};
    byte[] SD2write =
         {(byte)0x68,(byte)0x21,(byte)0x21,(byte)0x68,(byte)0x02,
          (byte)0x00,(byte)0x6C, (byte)0x32,(byte)0x01,(byte)0x00,
          (byte)0x00,(byte)0x00,(byte)0x00,(byte)0x00,(byte)0x0E,
```

```
            (byte)0x00,(byte)0x06,(byte)0x05,(byte)0x01,(byte)0x12,
            (byte)0x0A,(byte)0x10,(byte)0x02,(byte)0x00,(byte)0x04,
            (byte)0x00,(byte)0x01,(byte)0x84,(byte)0x00,(byte)0x03,
            (byte)0xC0,(byte)0x00,(byte)0x04,(byte)0x00,(byte)0x20};
    int len;                    //接收区字节数
    int tn=10;                  //程序运行后与PLC建立连接，5s收不到PLC数据则重新连接
    boolean enw = false;        //写命令使能
    @Override
    protected void onCreate(Bundle savedInstanceState) {
        super.onCreate(savedInstanceState);
        setContentView(R.layout.activity_main);
        tv1 = (TextView)findViewById(R.id.idtv1);    //实例化控件
        tv2 = (TextView)findViewById(R.id.idtv2);
        tv3 = (TextView)findViewById(R.id.idtv3);
        tv4 = (TextView)findViewById(R.id.idtv4);
        et1 = (EditText)findViewById(R.id.idet1);
        et2 = (EditText)findViewById(R.id.idet2);
        et3 = (EditText)findViewById(R.id.idet3);
        et4 = (EditText)findViewById(R.id.idet4);
        serialPort = new SerialPort();          //创建串口
        //打开串口1，串口参数：9600,e,8,1，注意是偶校验
        serialPort.open("COM1",9600, 8, "E", 1);
        mReadThread = new ReadThread();         //声明串口接收数据线程
        mReadThread.start();    //启动串口接收数据线程
        myhandler = new MyHandler();            //实例化Handler，用于进程间的通信
        Timer mTimer = new Timer();             //新建Timer
        mTimer.schedule(new TimerTask() {
            @Override
            public void run() {
                tn++;                           //每秒加1
                Message msg = myhandler.obtainMessage();        //创建消息
                msg.what = 1;                                   //变量what赋值
                myhandler.sendMessage(msg);                     //发送消息
            }
        }, 2000, 1000);                         //延时1000ms，然后每隔1000ms发送消息
    }
    //读取数据的线程
    private class ReadThread extends Thread {
        @Override
        public void run() {
            super.run();
            byte[] buff = new byte[256];
            while(true){
                try {
                    int n = serialPort.read(buff,256,100);      //接收数据
                    if(n > 0) {
                        for (int i=0;i<n;i++){
```

```
                    rbuf[i] = buff[i];                    //保存数据
                }
                try {
                    sleep(100);                  //延时100ms，等1帧数据接收完成
                } catch (InterruptedException e) {
                }
                int m = serialPort.read(buff,256,100); //接收数据
                for (int i=0;i<m;i++){
                    rbuf[i+n] = buff[i];                  //保存数据
                }
                Message msg = myhandler.obtainMessage();
                msg.obj = m+n;
                msg.what = 0;
                myhandler.sendMessage(msg);           //收到数据，发送消息
            }
        } catch (Exception e) {
            e.printStackTrace();
        }
    }
}
}
//在主线程处理Handler传回来的message
class MyHandler extends Handler {
    public void handleMessage(Message msg) {
        switch (msg.what) {
            case 0:                                           //收到串口数据
                len = Integer.parseInt(msg.obj.toString());  //获取数据长度
                if((len==1)||(rbuf[0]==(byte)0xE5)){          //收到确认帧
                    tn=1;
                    for(int i=0;i<6;i++) tbuf[i] = SD1poll[i];
                    serialPort.write(tbuf,6);                 //发送查询命令
                }
                if((len>26)||(rbuf[19]==(byte)0x04)){         //收到读取数据
                    tv1.setText(String.format("%d", rbuf[25]));
                    tv2.setText(String.format("%d", rbuf[26]));
                    tv3.setText(String.format("%d", rbuf[27]));
                    tv4.setText(String.format("%d", rbuf[28]));
                }
                break;
            case 1:                                           //定时时间到
                if(tn>5){
                    tn=0;
                    for(int i=0;i<6;i++) tbuf[i] = SD1fdl[i];
                    serialPort.write(tbuf,6);                 //建立连接
                }
                if(enw){                                      //写入操作
                    enw=false;
```

```
                    byte[] buf =new byte[4];
                    String s = et1.getText().toString();
                    buf[0] = (byte) (Integer.parseInt(s)&0xFF);
                    s = et2.getText().toString();
                    buf[1] = (byte) (Integer.parseInt(s)&0xFF);
                    s = et3.getText().toString();
                    buf[2] = (byte) (Integer.parseInt(s)&0xFF);
                    s = et4.getText().toString();
                    buf[3] = (byte) (Integer.parseInt(s)&0xFF);
                    writePPI('V',120,buf,4);          //写入VB120～VB123
                }
                else{
                    if(tn > 0){
                        readPPI('V',100, 4);          //读取VB100～VB103
                    }
                }
                break;
            }
        }
    }
    //按钮响应程序
    public void wr(View view){
        enw=true;                          //不能直接发送，在每秒发送数据里排队发送
    }
    //生成FCS校验码
    private byte FCS(int n){
        int m = 0;
        for(int i=0;i<n;i++){
            m = m + (byte) (tbuf[i+4]&0xFF); //字节相加
        }
        return (byte)(m&0xFF);             //返回低8位
    }
    //PPI读字节，area-数据区，addr-起始地址，bty-读取字节数
    private void readPPI(char area, int addr, int bty){
        for(int i=0;i<33;i++) tbuf[i] = SD2read[i];
        if(area=='I'){
            tbuf[26]=(byte)0x00;
            tbuf[27]=(byte)0x81;
        }
        if(area=='Q'){
            tbuf[26]=(byte)0x00;
            tbuf[27]=(byte)0x82;
        }
        if(area=='M'){
            tbuf[26]=(byte)0x00;
            tbuf[27]=(byte)0x83;
        }
```

```
        if(area=='V'){
            tbuf[26]=(byte)0x01;
            tbuf[27]=(byte)0x84;
        }
        addr<<=3;                                  //地址×8
        tbuf[28]=(byte)((addr>>16)&0xFF);
        tbuf[29]=(byte)((addr>>8)&0xFF);
        tbuf[30]=(byte)(addr&0xFF);
        tbuf[23]=(byte)((bty>>8)&0xFF);
        tbuf[24]=(byte)(bty&0xFF);
        tbuf[31]= FCS(27);                         //校验
        serialPort.write(tbuf,33);                 //发送读数据命令
    }
    //PPI写字节，area-数据区（只支持M区和V区），addr-起始地址
    //dat-待写入数据，bty-写入字节数
    private void writePPI(char area,int addr,byte[] dat,int bty){
        for(int i=0;i<35;i++) tbuf[i] = SD2write[i];
        if((area=='M')||(area=='V')) {
            if (area == 'M') {
                tbuf[26] = (byte) 0x00;
                tbuf[27] = (byte) 0x83;
            }
            if (area == 'V') {
                tbuf[26] = (byte) 0x01;
                tbuf[27] = (byte) 0x84;
            }
            addr <<= 3;                                    //地址×8
            tbuf[28] = (byte) ((addr >> 16) & 0xFF);
            tbuf[29] = (byte) ((addr >> 8) & 0xFF);
            tbuf[30] = (byte) (addr & 0xFF);
            tbuf[23] = (byte) ((bty >> 8) & 0xFF);
            tbuf[24] = (byte) (bty & 0xFF);
            tbuf[1] = (byte) ((bty + 31) & 0xFF);
            tbuf[2] = (byte) ((bty + 31) & 0xFF);
            tbuf[16] = (byte) ((bty + 4) & 0xFF);
            int m = bty<<3;                                //字节数×8
            tbuf[33] = (byte)((m >> 8) & 0xFF);
            tbuf[34] = (byte)(m & 0xFF);
            for(int i=0;i<bty;i++){
                tbuf[35+i]=(byte) (dat[i]&0xFF);          //待写入数据
            }
            tbuf[35+bty] = FCS(31+bty);                    //校验
            tbuf[36+bty] = (byte) 0x16;
            serialPort.write(tbuf, 37+bty);                //发送读数据命令
        }
    }
    @Override                                              //程序退出前关闭串口
```

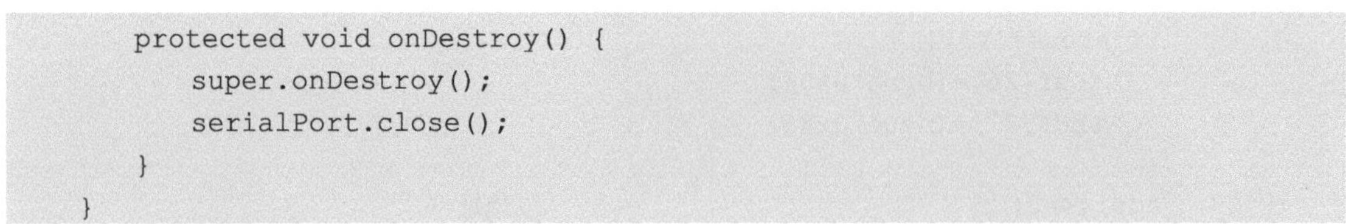

```
    protected void onDestroy() {
        super.onDestroy();
        serialPort.close();
    }
}
```

3. 测试结果

PPI协议通信测试PLC编程界面如图9-2所示，使用的CPU是S7-200 SMART的ST20，打开状态图表，输入要查看的内存地址，其中VB100～VB103需手动设置数值，平板电脑读取数据时所读到的内容应与设置值一致，当单击平板电脑软件运行界面的“写入”按钮后，VB120～VB123的数值应与平板电脑的写入数值一致，图中数值为十进制。

图9-2　PPI协议通信测试PLC编程界面

PPI协议通信测试平板电脑界面如图9-3所示，每秒刷新VB100～VB103数据，改变VB120～VB123数据后，单击“写入”按钮，PLC才会接到数据并更新。

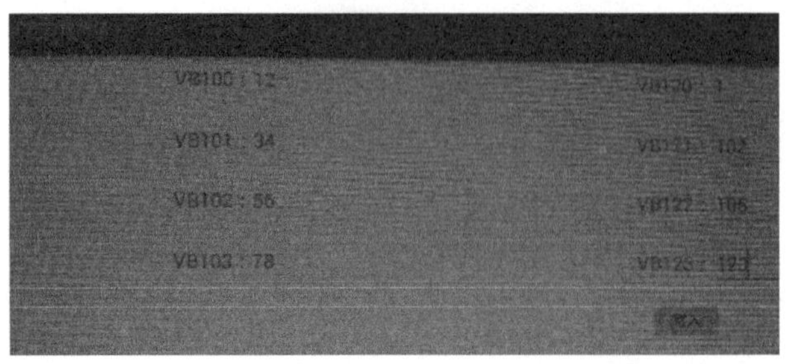

图9-3　PPI协议通信测试平板电脑界面

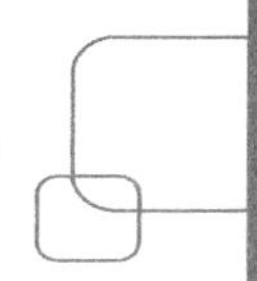

9.2　与西门子S7-200 SMART以太网通信

9.2.1　S7-200 SMART开放式TCP通信

S7-200 SMART在CPU硬件固件及编程软件版本均升级到V2.2之后才开始支持开放式通信，通过调用Open User Communication库指令TCP_CONNECT、TCP_SEND、TCP_RECV实现以太网通信。

1．PLC编程

S7-200 SMART开放式TCP通信编程如图9-4所示，这个测试用程序分为3段，第1段调用指令TCP_CONNECT，启动TCP Server连接，本地端口3000，第2段在TCP连接完成后每秒调用指令TCP_SEND发送数据，第3段调用指令TCP_RECV接收数据。指令库分配库存储器地址占用50字节，范围可选，测试中选择VB0～VB49，其他程序不得再使用该段地址。

2．Android程序界面设计

开放式TCP通信测试程序界面和图9-1所示的PPI协议通信测试程序界面相同。

3．Android程序的编写

在AndroidManifest.xml中加入网络权限许可：

```
<uses-permission android:name="android.permission.INTERNET" />
```

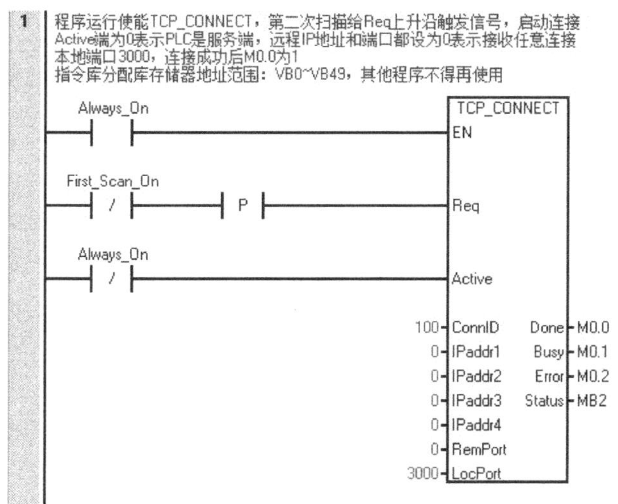

（1）TCP_Server启动

图9-4　S7-200 SMART开放式TCP通信编程

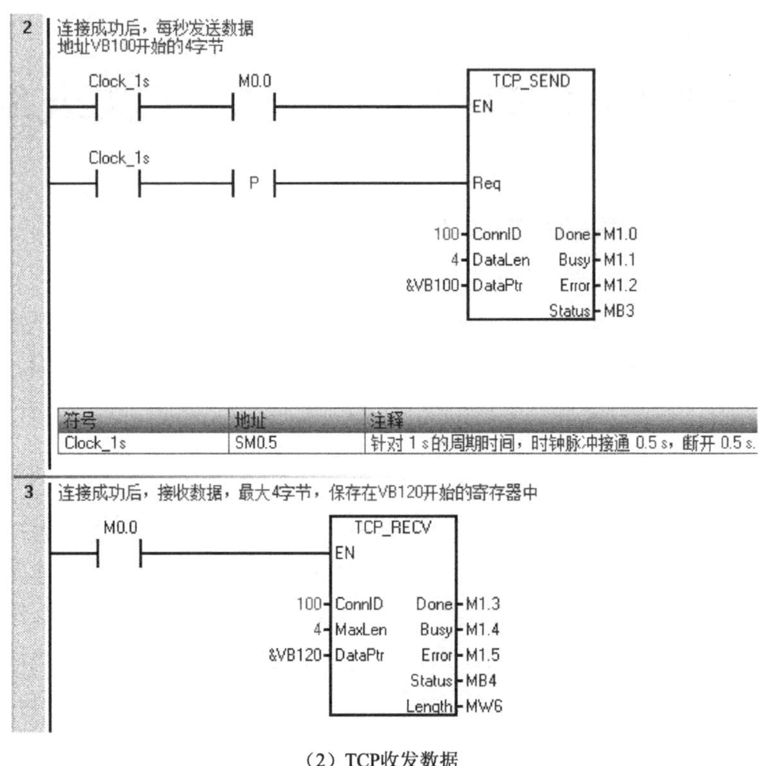

（2）TCP收发数据

图9-4　S7-200 SMART开放式TCP通信编程（续）

程序代码如下：

```
public class MainActivity extends AppCompatActivity {
    TextView tv1, tv2, tv3, tv4;                          //显示读取到的寄存器值
    EditText et1, et2, et3, et4;                          //编辑写入寄存器的值
    Button btwrite;                                       //写入PLC数据按钮
    private Handler mHandler;                             //消息线程
    private Socket mSocket;                               //TCP_Client Socket
    private StartThread st;                               //TCP客户端线程
    private ConnectedThread rt;                           //TCP数据交换线程
    private byte rbuf[] = new byte[512];                  //接收数据
    boolean running = false;
    @Override
    protected void onCreate(Bundle savedInstanceState) {
        super.onCreate(savedInstanceState);
        setContentView(R.layout.activity_main);
        tv1 = (TextView) findViewById(R.id.idtv1);        //实例化控件
        tv2 = (TextView) findViewById(R.id.idtv2);
        tv3 = (TextView) findViewById(R.id.idtv3);
        tv4 = (TextView) findViewById(R.id.idtv4);
        et1 = (EditText) findViewById(R.id.idet1);
        et2 = (EditText) findViewById(R.id.idet2);
        et3 = (EditText) findViewById(R.id.idet3);
        et4 = (EditText) findViewById(R.id.idet4);
```

```
        btwrite=(Button) findViewById(R.id.button);
        btwrite.setEnabled(false);
        mHandler = new MyHandler();           //实例化Handler，用于进程间的通信
        st = new StartThread();
        st.start();                           //连接服务器
    }
    //按钮响应程序
    public void wr(View view){
        byte[] buf =new byte[4];
        String s = et1.getText().toString();
        buf[0] = (byte) (Integer.parseInt(s)&0xFF);
        s = et2.getText().toString();
        buf[1] = (byte) (Integer.parseInt(s)&0xFF);
        s = et3.getText().toString();
        buf[2] = (byte) (Integer.parseInt(s)&0xFF);
        s = et4.getText().toString();
        buf[3] = (byte) (Integer.parseInt(s)&0xFF);
        rt.write(buf);                                       //向PLC发送数据
    }
    //建立socket连接的线程
    private class StartThread extends Thread {
        @Override
        public void run() {
            try {
                mSocket = new Socket("192.168.2.1", 3000);   //连接PLC
                //启动接收数据的线程
                rt = new ConnectedThread(mSocket);
                rt.start();
                running = true;
                if (mSocket.isConnected()) {  //如果成功连接获取socket对象，则发
送成功消息
                    Message msg = mHandler.obtainMessage();
                    msg.what = 0;
                    mHandler.sendMessage(msg);
                }
            } catch (IOException e) {
                e.printStackTrace();
            }
        }
    }
    //数据输入/输出线程
    private class ConnectedThread extends Thread {
        private final Socket mmSocket;
        private final InputStream mmInStream;
        private final OutputStream mmOutStream;
        public ConnectedThread(Socket socket) {          //socket连接
            mmSocket = socket;
```

```
            InputStream tmpIn = null;
            OutputStream tmpOut = null;
            try {
                tmpIn = mmSocket.getInputStream();          //数据通道的创建
                tmpOut = mmSocket.getOutputStream();
            } catch (IOException e) {
            }
            mmInStream = tmpIn;
            mmOutStream = tmpOut;
        }
        public final void run() {
            while (running) {
                int byt;
                try {
                    byt = mmInStream.read(rbuf);            //监听接收到的数据
                    if (byt > 0) {
                        Message msg1 = mHandler.obtainMessage();
                        msg1.what = 1;
                        msg1.obj = byt;
                        mHandler.sendMessage(msg1);     //通知主线程已经接收到数据
                        try {
                            sleep(200);
                        } catch (InterruptedException e) {
                            e.printStackTrace();
                        }
                    }
                } catch (NullPointerException e) {
                    running = false;
                    Message msg2 = mHandler.obtainMessage();
                    msg2.what = 2;
                    mHandler.sendMessage(msg2);
                    e.printStackTrace();
                    break;
                } catch (IOException e) {
                    break;
                }
            }
        }
        public void write(byte[] bytes) {                   //发送字节数据
            try {
                mmOutStream.write(bytes);
            } catch (IOException e) {
            }
        }
        public void cancel() {                              //关闭连接
            try {
                mmSocket.close();
```

```
            } catch (IOException e) {
            }
        }
    }
    //在主线程处理Handler传回来的message
    class MyHandler extends Handler {
        @Override
        public void handleMessage(Message msg) {
            switch (msg.what) {
                case 0:                                       //已连接网络
                    btwrite.setEnabled(true);
                    break;
                case 1:                                       //收到数据
                    int n=Integer.parseInt(msg.obj.toString());
                    if(n==4){                                 //收到读取数据
                        tv1.setText(String.format("%d", rbuf[0]));
                        tv2.setText(String.format("%d", rbuf[1]));
                        tv3.setText(String.format("%d", rbuf[2]));
                        tv4.setText(String.format("%d", rbuf[3]));
                    }
                    break;
                case 2:                                       //网络中断
                    btwrite.setEnabled(false);
                    break;
            }
        }
    }
}
```

4. 测试结果

开放式TCP通信测试正常，效果和PPI协议通信测试相同。

9.2.2　S7-200 SMART Modbus TCP通信

S7-200 SMART在CPU硬件固件及编程软件版本均升级到V2.2之后，除了支持开放式通信，还支持Modbus TCP通信，但需要另外安装MB_Server或MB_Client指令库，下面用MB_Client指令库和平板电脑进行通信测试。

1. PLC编程

S7-200 SMART Modbus TCP通信编程如图9-5所示，这个测试用程序分为4段，第1段调用指令MBC_Connect_0，启动TCP Client连接服务器192.168.2.6，服务器端口为8080，本地端口为3000，第2段用VB301计数实现轮流读/写数据，第3段调用指令MBC_Msg读取数据保存在VB310开始的存储区，第4段调用指令MBC_Msg将两个VB320开始的WORD数据写到服务器，指令库分配库存储器地址占用300字节，范围可选，测试中选择VB0～VB299，其他程序不得再使用该段地址。

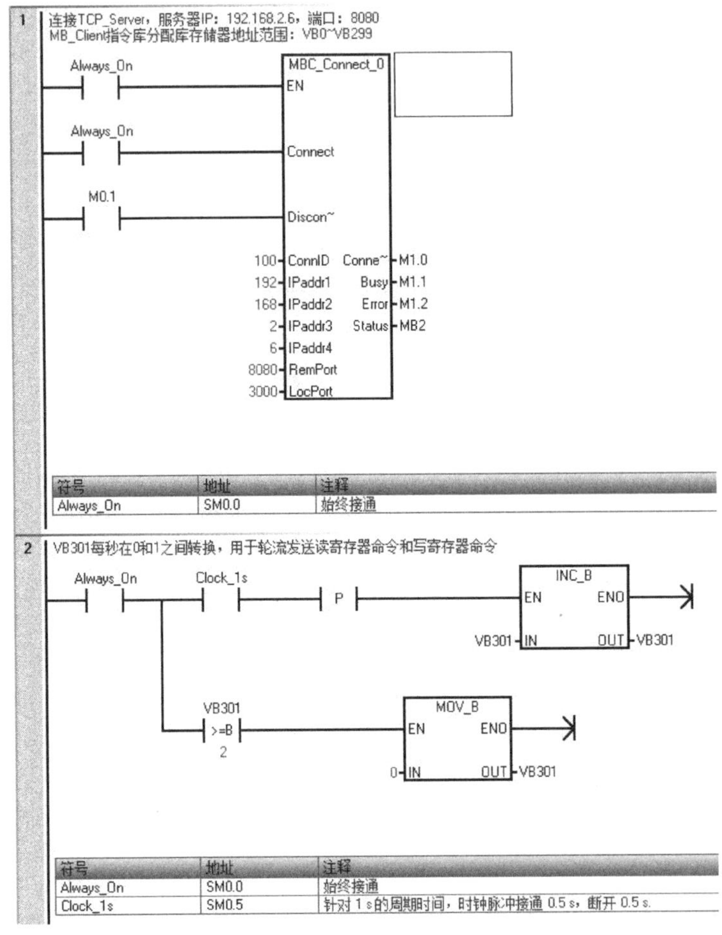

（1）TCP Client启动

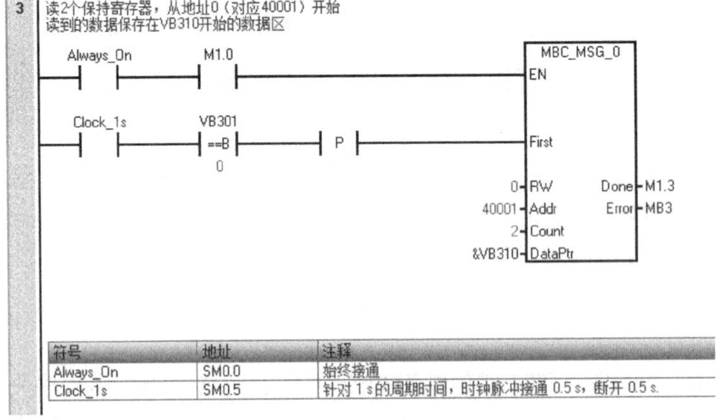

（2）轮流收发数据

图9-5 S7-200 SMART Modbus TCP通信编程

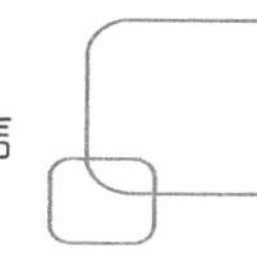

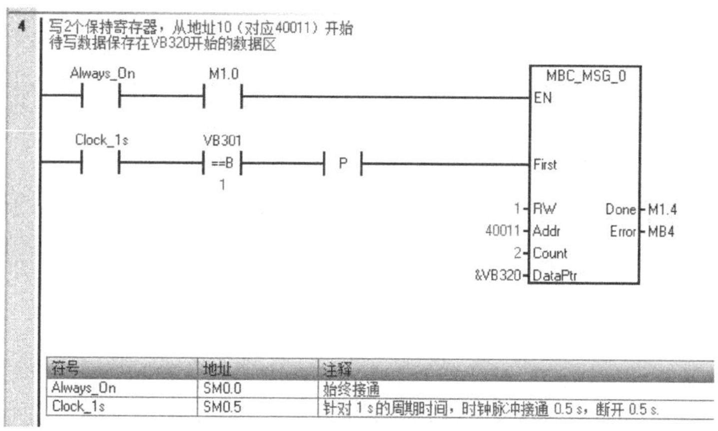

（2）轮流收发数据

图9-5　S7-200 SMART　Modbus TCP通信编程（续）

2．测试结果

直接用第4章实例4-10的程序进行测试，Modbus　TCP通信测试PLC状态图如图9-6所示，VB310～VB313是PLC读取到的数据，VB320～VB323是PLC写入平板电脑的数据。Modbus　TCP通信测试平板电脑界面如图9-7所示，可以看到PLC轮流发来的Modbus　TCP报文及平板电脑返回的报文。

状态图表

	地址	格式	当前值
1	VB310	无符号	0
2	VB311	无符号	1
3	VB312	无符号	2
4	VB313	无符号	3
5	VB320	无符号	11
6	VB321	无符号	12
7	VB322	无符号	13
8	VB323	无符号	14

图9-6　Modbus TCP通信测试PLC状态图

图9-7　Modbus TCP通信测试平板电脑界面

9.3　与欧姆龙CJ2M串口通信

9.3.1　欧姆龙Hostlink/C-mode协议简介

1. 协议概述

Hostlink协议是欧姆龙PLC与上位机连接的公开协议，Hostlink协议有两种模式：C-mode和FINS。C-mode模式使用ACSII码，适用范围较广。上位机通过发送Hostlink命令，可以对PLC进行读/写，改变操作模式，强制置位、复位等操作。

2. 协议格式说明

Hostlink协议常用功能的数据格式见表9-9，1帧协议最多可包含131个字符，起始符和结束符是固定的，FCS校验码由FCS之前数据的二进制数进行异或运算获得。

表9-9　Hostlink协议常用功能的数据格式

功　能	命令帧		响应帧	
	数　据	说　明	数　据	说　明
读DM区寄存器	@	起始符	@	起始符
	00	节点号	00	节点号
	RD	命令符	RD	命令符
	0000	起始地址	00	状态符
	0001	数据长度	1234	数据
	57	FCS校验码	52	FCS校验码
	*\r	结束符	*\r	结束符
写DM区寄存器	@	起始符	@	起始符
	00	节点号	00	节点号
	WD	命令符	WD	命令符
	0001	起始地址	00	状态符
	ABCD	数据长度	53	FCS校验码
	56	FCS校验码	*\r	结束符
	*\r	结束符		
进入监视模式	@	起始符	@	起始符
	00	节点号	00	节点号
	SC	命令符	SC	命令符
	02	监视模式	00	状态符
	52	FCS校验码	50	FCS校验码

续表

功　能	命令帧		响应帧	
	数　据	说　明	数　据	说　明
进入监视模式	*\r	结束符	*\r	结束符
进入运行模式	@	起始符	@	起始符
	00	节点号	00	节点号
	SC	命令符	SC	命令符
	03	运行模式	00	状态符
	53	FCS校验码	50	FCS校验码
	*\r	结束符	*\r	结束符

Hostlink协议中命令符功能见表9-10，状态符说明见表9-11。部分命令符在PLC的运行状态是无效的，需要先进入监视模式，执行命令后，重新进入运行模式。表9-10中★代表该命令在该模式下有效，☆代表无效。

表9-10　Hostlink协议中命令符功能

命令符	PLC工作模式			说　明
	运行	监视	编程	
RR	★	★	★	读输入/输出内部辅助/特殊辅助继电器区
RL	★	★	★	读链接继电器（LR）区
RH	★	★	★	读保持继电器（HR）区
RC	★	★	★	读定时器/计数器当前值区
RG	★	★	★	读定时器/计数器
RD	★	★	★	读数据内存（DM）区
RJ	★	★	★	读辅助记忆继电器（AR）区
WR	☆	★	★	写输入/输出内部辅助/特殊辅助继电器区
WL	☆	★	★	写链接继电器（LR）区
WH	☆	★	★	写保持继电器（HR）区
WC	☆	★	★	写定时器/计数器当前值区
WG	☆	★	★	写定时器/计数器
WD	☆	★	★	写数据内存（DM）区
WJ	☆	★	★	写辅助记忆继电器（AR）区
R#	★	★	★	设定值读出1
R$	★	★	★	设定值读出2
W#	☆	★	★	设定值写入1
W$	☆	★	★	设定值写入2
MS	★	★	★	读状态
SC	★	★	★	写状态
MF	★	★	★	读故障信息

续表

命令符	PLC工作模式			说明
	运行	监视	编程	
KS	☆	★	★	强制置位
KR	☆	★	★	强制复位
FK	☆	★	★	多点强制置位/复位
KC	☆	★	★	解除强制置位/复位
MM	★	★	★	读机器码
TS	★	★	★	测试
RP	★	★	★	读程序
WP	☆	☆	★	写程序
QQ	★	★	★	复合命令
XZ	★	★	★	放弃（仅命令）
**	★	★	★	初始化（仅命令）

表9-11　状态符说明

状态符	说明	状态符	说明
00	正常完成	18	帧长度错误
01	PLC在运行方式下不能执行	19	不可执行
02	PLC在监视方式下不能执行	20	不能识别远程I/O单元
04	地址超出区域	23	用户存储区写保护
0B	编程模式下不能执行命令	A3	FCS错误终止
13	FCS校验错误	A4	格式错误终止
14	格式错误	A5	地址错误终止
15	地址数据错误	A8	帧长度错误终止
16	命令不支持		

9.3.2　Hostlink协议通信测试

1．PLC接线与参数设定

PLC使用欧姆龙CJ2M系列CPU31，如图9-8所示，扩展槽安装串行通信板，端子RDA-与端子SDA-连到一起接工业平板电脑RS-485的接口B，端子RDB+与端子SDB+连到一起接工业平板电脑RS-485的接口A。

运行PLC编程软件CX-Programmer，新建项目，进入PLC设置串口界面，如图9-9所示，默认模式是Host Link，通信设置改为“定制”，波特率为9600，格式为8,1,N，然后在“选项”选项卡里单击“传送到PLC”，完成设定，PLC程序关于串口通信部分无需编程，只需按约定内存地址读取或写入数据即可。

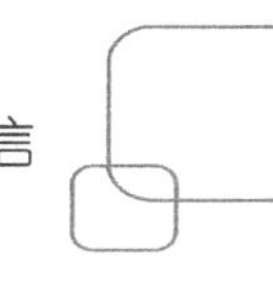

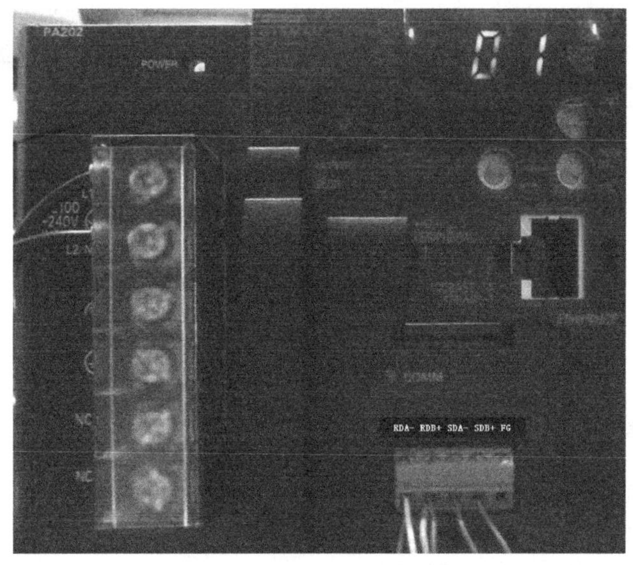

图9-8　CJ2M系列的CPU31

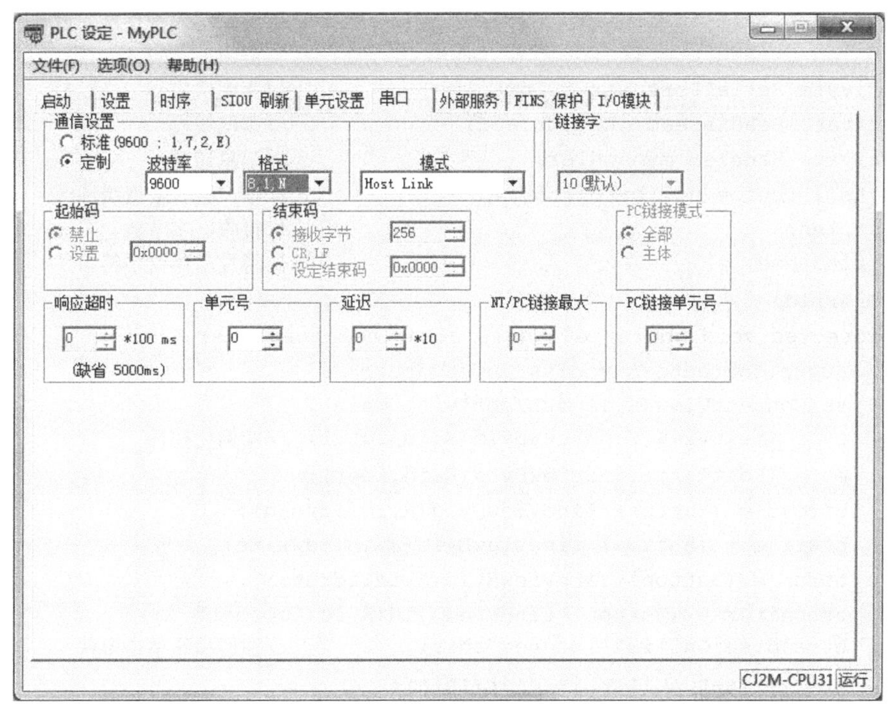

图9-9　PLC串口设置界面

2. Android程序界面设计

测试Hostlink协议程序界面设计如图9-10所示，单击“读取”按钮读取DM区内存D0～D4中的5个数值显示在TextView上，单击“监视”按钮，PLC进入监视模式，单击“写入”按钮，将EditText中的5个数据写入内存D10～D14中，然后单击“运行”按钮，PLC进入运行模式。

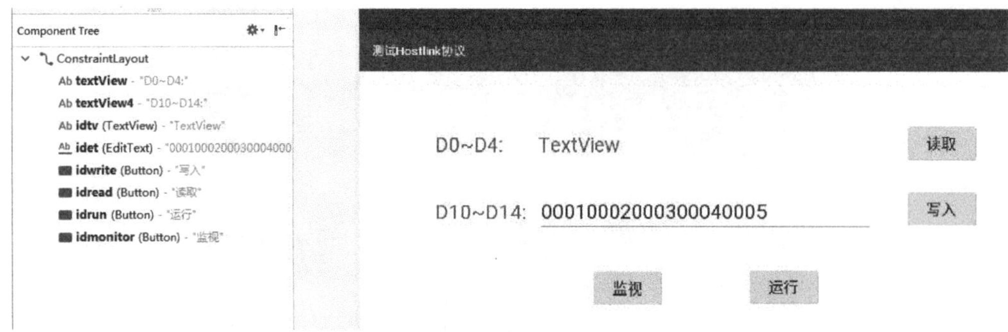

图9-10　测试Hostlink协议程序界面设计

3. Android程序的编写

程序中关于串口的微嵌动态库配置同实例4-8，程序代码如下：

```
public class MainActivity extends AppCompatActivity
implements View.OnClickListener{
    TextView tv;                                     //显示读取到的寄存器值
    EditText et;                                     //编辑写入寄存器的值
    Button btread,btwrite,btrun,btmonitor;           //按钮
    private SerialPort serialPort;                   //声明串口
    private ReadThread mReadThread;                  //读取线程
    private Handler myhandler;                       //信息通道
    byte[] rbuf = new byte[256];                     //串口接收数据缓冲区
    int len;                                         //接收区字节数
    String cmd;                                      //待发送协议字符串
    @Override
    protected void onCreate(Bundle savedInstanceState) {
        super.onCreate(savedInstanceState);
        setContentView(R.layout.activity_main);
        tv = (TextView)findViewById(R.id.idtv); //实例化控件
        et = (EditText)findViewById(R.id.idet);
        btread = (Button) findViewById(R.id.idread);
        btwrite = (Button) findViewById(R.id.idwrite);
        btrun = (Button) findViewById(R.id.idrun);
        btmonitor = (Button) findViewById(R.id.idmonitor);
        btread.setOnClickListener(this);         //注册按钮单击事件
        btwrite.setOnClickListener(this);
        btrun.setOnClickListener(this);
        btmonitor.setOnClickListener(this);
        serialPort = new SerialPort();           //创建串口
        //打开串口1，串口参数：9600,n,8,1
        serialPort.open("COM1",9600, 8, "N", 1);
        mReadThread = new ReadThread();              //声明串口接收数据线程
        mReadThread.start();                         //启动串口接收数据线程
        myhandler = new MyHandler();             //实例化Handler，用于进程间的通信
    }
```

```
    @Override
    public void onClick(View view) {
        switch (view.getId()){
            case R.id.idread:                   //读取按钮
                cmd = "@00RD00000005";          //从D0开始读取5个寄存器数据
                break;
            case R.id.idwrite:                  //写入按钮
                cmd = "@00WD0010"+et.getText().toString();   //从D10开始写寄存
器数据
                break;
            case R.id.idrun:                    //运行按钮
                cmd = "@00SC03";                //进入运行状态
                break;
            case R.id.idmonitor:                //监视按钮
                cmd = "@00SC02";                //进入监视状态
                break;
        }
        cmd = cmd + String.format("%02X", FCS(cmd)) + "*\r";  //加校验及结束符
        int n = cmd.length();
        byte[] tbuf = cmd.getBytes();
        serialPort.write(tbuf,n);               //发送协议数据
    }
    //读取数据的线程
    private class ReadThread extends Thread {
        @Override
        public void run() {
            super.run();
            byte[] buff = new byte[32];
            while(true){
                try {
                    int n = serialPort.read(buff,32,100);      //接收数据
                    if(n > 0) {
                        for (int i=0;i<n;i++){
                            rbuf[i] = buff[i];                 //保存数据
                        }
                        try {
                            sleep(100);             //延时100ms，等1帧数据接收完成
                        } catch (InterruptedException e) {
                        }
                        int m = serialPort.read(buff,32,100); //接收数据
                        for (int i=0;i<m;i++){
                            rbuf[i+n] = buff[i];               //保存数据
                        }
                        Message msg = myhandler.obtainMessage();
                        msg.obj = m+n;
                        msg.what = 0;
```

```
                        myhandler.sendMessage(msg);          //收到数据，发送消息
                    }
                } catch (Exception e) {
                    e.printStackTrace();
                }
            }
        }
    }
    //在主线程处理Handler传回来的message
    class MyHandler extends Handler {
        public void handleMessage(Message msg) {
            switch (msg.what) {
                case 0:                                      //收到串口数据
                    len = Integer.parseInt(msg.obj.toString());   //获取数据长度
                    String s = new String(rbuf);
                    s = s.substring(0,len);                       //响应帧内容
                    //如果是返回数据，则只显示数据内容
                    if(s.indexOf("RD") != -1) s = s.substring(7,len-4);
                    tv.setText(s);
                    break;
            }
        }
    }
    //生成FCS校验码
    private byte FCS(String s){
        byte m= (byte)s.charAt(0);
        int n = s.length();
        for(int i=1;i<n;i++){
            m = (byte) (m^(byte)s.charAt(i));                     //异或运算
        }
        return m;
    }
    @Override                                                 //程序退出前关闭串口
    protected void onDestroy() {
        super.onDestroy();
        serialPort.close();
    }
}
```

4. 测试结果

测试时的PLC编程界面如图9-11所示，使PLC进入监视模式，打开视图中的查看窗口，输入要查看的内存地址，其中D0～D4需手动设置数值，平板电脑读取数据时所读到的内容应与设置值一致，当单击平板电脑软件运行界面的“写入”按钮后，D10～D14的数值应与平板电脑写入数值一致。

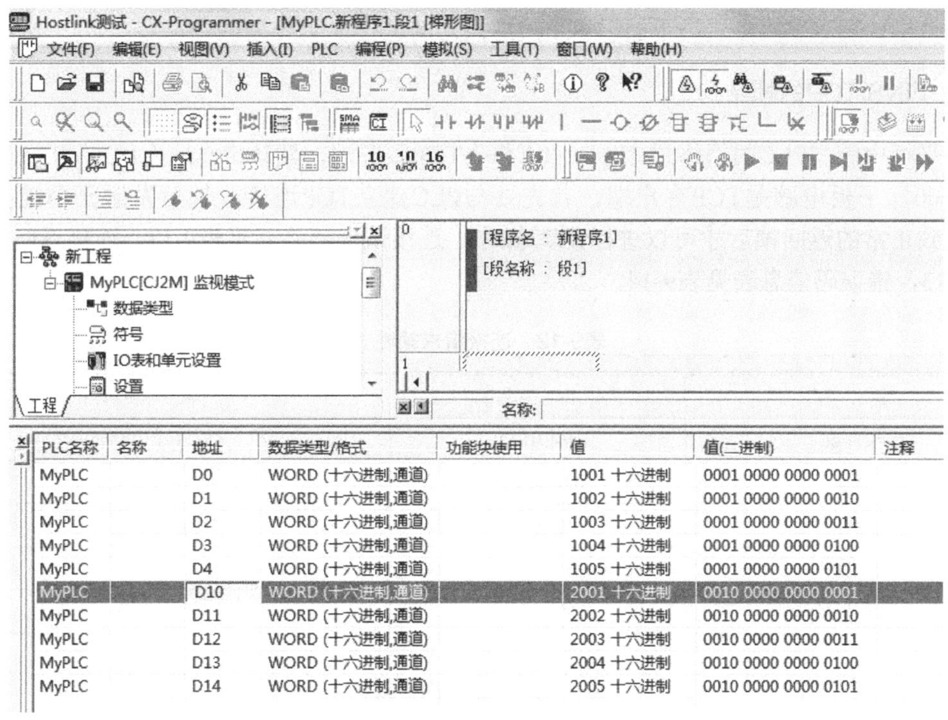

图9-11　PLC编程界面

平板电脑测试界面如图9-12所示，PLC重新上电会自动进入运行模式，此时如果直接写入数据，会返回“@00WD0152”，状态码为“01”，意为PLC在运行方式下不能执行写命令，一定要进入监视模式才可以写入数据。

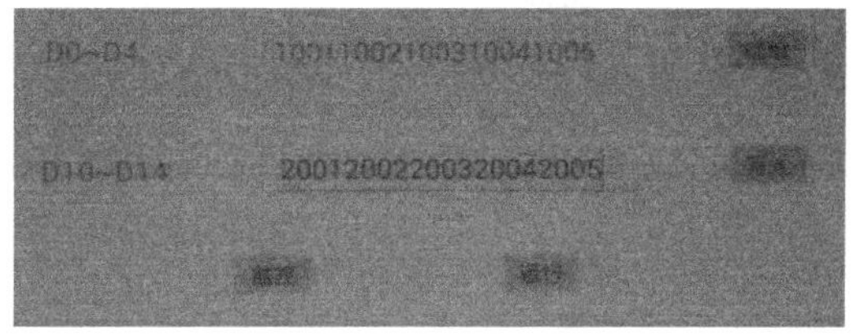

图9-12　平板电脑测试界面

9.4　与欧姆龙CJ2M以太网通信

9.4.1　欧姆龙FINS/TCP

1. 协议概述

FINS（Factory Interface Network Service）是欧姆龙开发的支持工业以太网的通信协议，上位机通过FINS，可以与欧姆龙PLC通信，读/写数据区内容。FINS在以太网上的帧格式分

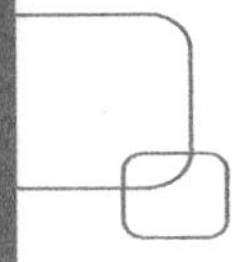

为UDP帧格式和TCP帧格式，下面以TCP帧格式为例进行说明和测试。

2. FINS/TCP的帧结构

在平板电脑与PLC的网络通信中，PLC作为TCP服务端，默认IP地址为192.168.250.1，端口为9600，平板电脑是TCP客户端，首先要与PLC建立TCP连接，然后发送一个连接请求帧，收到正常的返回帧后才可以进行读/写操作。连接请求帧格式见表9-12，连接返回帧格式见表9-13，错误码信息表见表9-14。

表9-12　连接请求帧格式

名　称	内　容	说　明
头标识	46494E53	ASCII码：FINS
长度	0000000C	后续字节数为12
命令码	00000000	连接请求帧
错误码	00000000	正常
客户端节点地址	00000008	IP地址末位

表9-13　连接返回帧格式

名　称	内　容	说　明
头标识	46494E53	ASCII码：FINS
长度	00000010	后续字节数为16
命令码	00000001	连接返回帧
错误码	00000000	正常
客户端节点地址	00000008	平板电脑IP地址末位
服务端节点地址	00000001	PLC以太网IP地址末位

表9-14　错误码信息表

错 误 码	说　明
00000000	正常
00000001	头标识不是“FINS”
00000002	数据长度太长
00000003	不支持的命令
00000020	连接/通信被占用
00000021	节点已连接
00000023	客户端FINS节点超出范围
00000024	指定节点被占用
00000025	全部可用节点被占用

读寄存器命令帧格式见表9-15，目标节点号由表9-13所示的连接返回帧获得，服务号任

意，一般每发送一次数据服务号加1，响应帧的服务号与命令帧相同。读寄存器响应帧格式见表9-16，要从响应帧解析出返回数据，可先判断头标识和命令码正确，结束码为0代表读取数据成功，用长度值减去22个固定字节数就是收到数据的字节数，从接收缓冲区第30个字节（从0算起）开始就是读取到的数据。

表9-15　读寄存器命令帧格式

<table>
<tr><th colspan="2">名　称</th><th>内容（HEX）</th><th>说　明</th></tr>
<tr><td colspan="2">头标识</td><td>46494E53</td><td>ASCII码：FINS</td></tr>
<tr><td colspan="2">长度</td><td>0000001A</td><td>后续字节数为26</td></tr>
<tr><td colspan="2">命令码</td><td>00000002</td><td>FINS帧</td></tr>
<tr><td colspan="2">错误码</td><td>00000000</td><td>正常</td></tr>
<tr><td rowspan="14">FINS帧</td><td>ICF</td><td>80</td><td>发送接收标志，0x80-发送报文，0xC0-响应报文</td></tr>
<tr><td>RSV</td><td>00</td><td>固定值</td></tr>
<tr><td>GCT</td><td>02</td><td>固定值</td></tr>
<tr><td>DNA</td><td>00</td><td>目标网络号，0x00-本网络，0x01～0x7F-远程网络</td></tr>
<tr><td>DA1</td><td>01</td><td>目标节点号</td></tr>
<tr><td>DA2</td><td>00</td><td>目标单元号</td></tr>
<tr><td>SNA</td><td>00</td><td>源网络号</td></tr>
<tr><td>SA1</td><td>08</td><td>源节点号，IP地址末位</td></tr>
<tr><td>SA2</td><td>00</td><td>源单元号</td></tr>
<tr><td>SID</td><td>00</td><td>服务号任意</td></tr>
<tr><td>Command code
（命令码）</td><td>0101</td><td>命令码：
0x0101-读寄存器</td></tr>
<tr><td>I/O Memory
area code
（寄存器区代码）</td><td>82</td><td>寄存器区代码：
0x82-DM 区 Word
0x02-DM 区 Bit
0x80-CIO 区</td></tr>
<tr><td>Beginning address
（起始地址）</td><td>0000 00</td><td>字起始地址 0000+位起始地址 00</td></tr>
<tr><td>NO. of items
（寄存器数量）</td><td>0002</td><td>读取 2 个字</td></tr>
</table>

表9-16　读寄存器响应帧格式

名　称	内容（HEX）	说　明
头标识	46494E53	ASCII码：FINS
长度	0000001A	后续字节数为26
命令码	00000002	FINS帧
错误码	00000000	正常

续表

名　　称		内容（HEX）	说　　明
FINS帧	ICF	C0	发送接收标志，0x80-发送报文，0xC0-响应报文
	RSV	00	固定值
	GCT	02	固定值
	DNA	00	目标网络号，0x00-本网络，0x01～0x7F-远程网络
	DA1	08	目标节点号
	DA2	00	目标单元号
	SNA	00	源网络号
	SA1	01	源节点号，IP地址末位
	SA2	00	源单元号
	SID	00	服务号同发来报文服务器号
	Command code（命令码）	0101	命令码： 0x0101-读寄存器
	End code（结束码）	0000	结束码为 0x0000，读取数据成功
	Data（数据）	A001 A002	2 组数据

写寄存器命令帧格式见表9-17，写寄存器响应帧格式见表9-18，写寄存器后检查响应帧结束码是否为0，不为0可重新再写一次，重写时服务号不变。

表9-17　写寄存器命令帧格式

名　　称		内容（HEX）	说　　明
头标识		46494E53	ASCII码：FINS
长度		0000001E	后续字节数为30
命令码		00000002	FINS帧
错误码		00000000	正常
FINS帧	ICF	80	发送接收标志，0x80-发送报文，0xC0-响应报文
	RSV	00	固定值
	GCT	02	固定值
	DNA	00	目标网络号，0x00-本网络，0x01～0x7F-远程网络
	DA1	01	目标节点号
	DA2	00	目标单元号
	SNA	00	源网络号
	SA1	08	源节点号，IP地址末位
	SA2	00	源单元号
	SID	00	服务号任意

续表

名　称		内容（HEX）	说　明
FINS 帧	Command code（命令码）	0102	命令码： 0x0102-写寄存器
	I/O Memory area code（寄存器区代码）	82	寄存器区代码： 0x82-DM 区 Word 0x02-DM 区 Bit 0x80-CIO 区
	Beginning address（起始地址）	0002 00	字起始地址 0002+位起始地址 00
	NO. of items（寄存器数量）	0002	写入 2 个字
	Data（数据）	B001 B002	待写入数据

表9-18　写寄存器响应帧格式

名　称		内容（HEX）	说　明
头标识		46494E53	ASCII码：FINS
长度		0000001C	后续字节数为28
命令码		00000002	FINS帧
错误码		00000000	正常
FINS帧	ICF	C0	发送接收标志，0x80-发送报文，0xC0-响应报文
	RSV	00	固定值
	GCT	02	固定值
	DNA	00	目标网络号，0x00-本网络，0x01～0x7F-远程网络
	DA1	08	目标节点号
	DA2	00	目标单元号
	SNA	00	源网络号
	SA1	01	源节点号，IP地址末位
	SA2	00	源单元号
	SID	00	服务号同发来报文服务器号
	Command code	0102	写寄存器
	End code	0000	结束码为0x0000，写入数据完成

9.4.2　FINS/TCP通信测试

1. PLC参数设定

运行PLC编程软件CX-Programmer，新建项目，进入“IO表和单元设置”，在“内置端口/插口板”选CJ2M-EIP21，进入CJ2M-EIP21参数设置界面，如图9-13所示，首先设置IP地

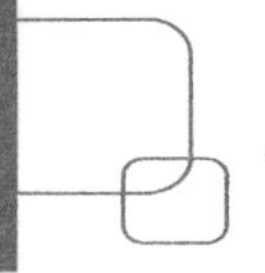

址，设置完后单击“传送[PC到单元](T)”，等待提示传输完成，如果与原IP地址不同还需按提示重启模块，然后查看“FINS/TCP”选项，确定FINS/TCP端口默认为9600。

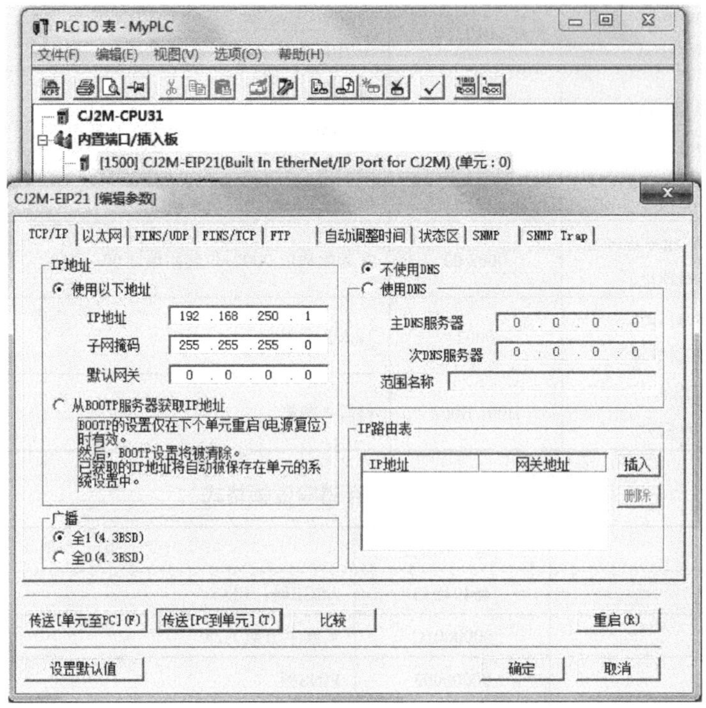

图9-13　CJ2M-EIP21参数设置界面

与Hostlink协议相同，PLC程序关于FINS/TCP以太网的通信部分也无需编程，程序只需按约定内存地址读取或写入数据即可，不同之处在于FINS/TCP协议可以在PLC运行状态写入数据。

2. 工业平板电脑IP地址设定

进入工业平板电脑IP地址设定界面，使能静态IP地址，并将IP地址改为192.168.250.8。

3. Android程序界面设计

测试FINS/TCP协议程序界面设计如图9-14所示，单击“读取”按钮读取DM区内存D0～D1的2个数值并显示在TextView上，单击“写入”按钮，将EditText中的2个数据写入内存D2～D3中。

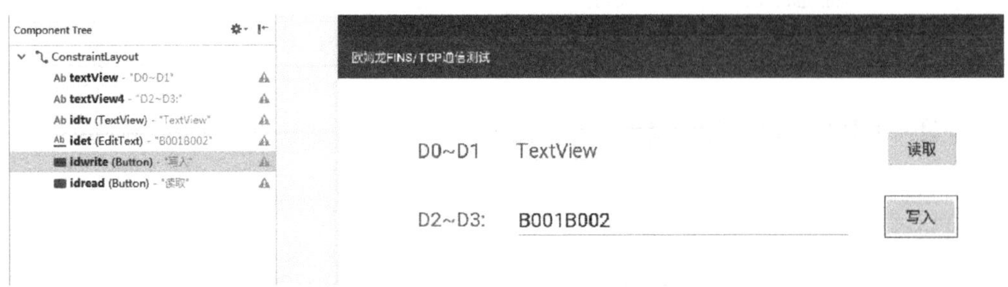

图9-14　测试FINS/TCP协议程序界面设计

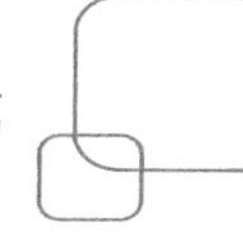

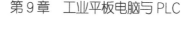

4. Android程序的编写

先在AndroidManifest.xml中加入网络权限许可：

```
<uses-permission android:name="android.permission.INTERNET" />
```

程序代码如下：

```
public class MainActivity extends AppCompatActivity
                                    implements View.OnClickListener{
    TextView tv;                                //显示读取到的寄存器值
    EditText et;                                //编辑写入寄存器的值
    Button btread,btwrite;                      //按钮
    private Handler myhandler;                  //信息通道
    private Socket mSocket;                     //Socket
    private StartThread st;                     //TCP客户端线程
    private ConnectedThread rt;                 //TCP数据交换线程
    boolean running = false;
    byte[] rbuf = new byte[256];                //接收缓冲区
    byte[] tbuf;                                //发送缓冲区
    byte[] tcpbuf = {(byte)0x46,(byte)0x49,(byte)0x4E,(byte)0x53,
            (byte)0x00,(byte)0x00,(byte)0x00,(byte)0x0C,
            (byte)0x00,(byte)0x00,(byte)0x00,(byte)0x00,
            (byte)0x00,(byte)0x00,(byte)0x00,(byte)0x00};
    byte[] qbuf = {(byte)0x00,(byte)0x00,(byte)0x00,(byte)0x08};
    byte[] finsbuf = {(byte)0x80,(byte)0x00,(byte)0x02,(byte)0x00,
            (byte)0x01,(byte)0x00,(byte)0x00,(byte)0x08,
            (byte)0x00,(byte)0x00,(byte)0x01,(byte)0x01,
            (byte)0x82,(byte)0x00,(byte)0x00,(byte)0x00,(byte)0x00,(byte)
0x02};
    int len;                                    //接收区字节数
    @Override
    protected void onCreate(Bundle savedInstanceState) {
        super.onCreate(savedInstanceState);
        setContentView(R.layout.activity_main);
        tv = (TextView)findViewById(R.id.idtv); //实例化控件
        et = (EditText)findViewById(R.id.idet);
        btread = (Button) findViewById(R.id.idread);
        btwrite = (Button) findViewById(R.id.idwrite);
        btread.setOnClickListener(this);          //注册按钮单击事件
        btwrite.setOnClickListener(this);
        btread.setEnabled(false);                 //按钮在连接请求成功后才有效
        btwrite.setEnabled(false);
        myhandler = new MyHandler();          //实例化Handler，用于进程间的通信
        st = new StartThread();
        st.start();                           //进入TCP Client线程
    }
    @Override
    public void onClick(View view) {
        switch (view.getId()){
```

```
            case R.id.idread:                       //读取按钮
                tbuf = new byte[34];
                tcpbuf[7] = 0x1A;                   //长度
                tcpbuf[11] = 0x02;                  //命令码
                for(int i=0;i<16;i++) tbuf[i]=tcpbuf[i];
                finsbuf[11] = 0x01;                 //读寄存器
                finsbuf[14] = 0x00;                 //起始地址
                for(int i=0;i<18;i++) tbuf[16+i]=finsbuf[i];
                rt.write(tbuf);                     //发送读寄存器命令
                break;
            case R.id.idwrite:                      //写入按钮
                tbuf = new byte[38];
                tcpbuf[7] = 0x1E;                   //长度
                tcpbuf[11] = 0x02;                  //命令码
                for(int i=0;i<16;i++) tbuf[i]=tcpbuf[i];
                finsbuf[11] = 0x02;                 //写寄存器
                finsbuf[14] = 0x02;                 //起始地址
                for(int i=0;i<18;i++) tbuf[16+i]=finsbuf[i];
                String s = et.getText().toString();   //待写入数据
                len = s.length();
                for (int i = 0; i < len; i += 2) {
                    tbuf[34+i/2] = (byte) ((Character.digit(s.charAt(i), 16)
<< 4) + Character.digit(s.charAt(i + 1), 16));
                }
                rt.write(tbuf);                               //发送写寄存器命令
                break;
        }
    }
    //在主线程处理Handler传回来的message
    class MyHandler extends Handler {
        public void handleMessage(Message msg) {
            switch (msg.what) {
                case 0:                                 //建立Socket连接
                    tbuf = new byte[20];
                    tcpbuf[7] = 0x0C;                   //长度
                    tcpbuf[11] = 0x00;                  //命令码
                    for(int i=0;i<16;i++) tbuf[i]=tcpbuf[i];
                    for(int i=0;i<4;i++) tbuf[16+i]=qbuf[i];
                    rt.write(tbuf);                     //发送连接请求
                    break;
                case 1:                                 //收到数据
                    if((rbuf[11]==1)&&(rbuf[15]==0)){ //连接请求通过
                        btread.setEnabled(true);        //按钮使能，可以读/写数据
                        btwrite.setEnabled(true);
                    }
                    if((rbuf[11]==2)&&(rbuf[15]==0)&&(rbuf[27]==1)){
                        //收到读寄存器响应帧
```

```
                String s = "";
                for(int i=0;i<4;i++){
                    s = s + String.format("%02X",rbuf[30+i]);
                }
                tv.setText(s);                      //显示收到数据
            }
            break;
        }
    }
}
//TCP Client连接线程
private class StartThread extends Thread{
    @Override
    public void run() {
        try {                                       //连接服务端的IP地址和端口
            mSocket = new Socket("192.168.250.1",9600);
            rt = new ConnectedThread(mSocket);      //启动接收数据的线程
            rt.start();
            running = true;
        } catch (IOException e) {
            e.printStackTrace();
        }
    }
}
//TCP数据传输线程
private class ConnectedThread extends Thread {
    private final Socket mmSocket;
    private final InputStream mmInStream;
    private final OutputStream mmOutStream;
    public ConnectedThread(Socket socket) {      //socket连接
        mmSocket = socket;
        InputStream tmpIn = null;
        OutputStream tmpOut = null;
        try {
            tmpIn = mmSocket.getInputStream();     //数据通道的创建
            tmpOut = mmSocket.getOutputStream();
            Message msg0 = myhandler.obtainMessage();
            msg0.what = 0;
            myhandler.sendMessage(msg0);
        } catch (IOException e) { }
        mmInStream = tmpIn;
        mmOutStream = tmpOut;
    }
    public final void run() {
        while (running) {
            int byt;
            try {
```

```
                    byt = mmInStream.read(rbuf);        //监听接收到的数据
                    if(byt>0){
                        Message msg1 = myhandler.obtainMessage();
                        msg1.what = 1;
                        msg1.obj=byt;
                        myhandler.sendMessage(msg1);   //通知主线程接收到数据
                        try{
                            sleep(200);
                        }catch (InterruptedException e){
                            e.printStackTrace();
                        }
                    }
                } catch (NullPointerException e) {
                    running = false;
                    e.printStackTrace();
                    break;
                } catch (IOException e) {
                    break;
                }
            }
        }
        public void write(byte[] bytes) {                   //发送字节数据
            try {
                mmOutStream.write(bytes);
            } catch (IOException e) { }
        }
        public void cancel() {                              //关闭连接
            try {
                mmSocket.close();
            } catch (IOException e) { }
        }
    }
    @Override                                               //程序退出前关闭Socket
    protected void onDestroy() {
        super.onDestroy();
        rt.cancel();
    }
}
```

5. 测试结果

测试时的PLC编程界面如图9-15所示，使PLC进入监视模式，打开视图中的查看窗口，输入要查看的内存地址，其中D0、D1需手动设置数值，平板电脑读取数据时所读到的内容应与设置值一致，当单击平板电脑软件运行界面的“写入”按钮后，D2、D3的数值应与平板电脑写入数值一致。

图9-15　测试时的PLC编程界面

平板电脑测试界面如图9-16所示，程序运行后自动连接PLC并发送连接请求帧，收到连接请求响应帧后使能“读取”和“写入”按钮，分别测试读/写寄存器操作，通信数据正确。

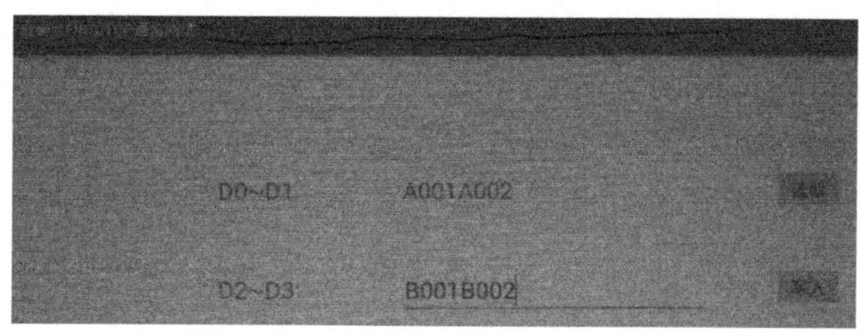

图9-16　平板电脑测试界面

参考文献

[1] 施威铭. Android App开发入门——使用Android Studio环境. 北京：机械工业出版社，2016.

[2] 李天祥. Android物联网开发细致入门与最佳实践. 北京：中国铁道出版社，2016.

举报电话：（010）88254396；（010）88258888

传　　真：（010）88254397

E-mail:　　dbqq@phei.com.cn

通信地址：北京市海淀区万寿路173信箱

电子工业出版社总编办公室

邮　　编：100036